KB064824

주기율표를 읽는 시간

신비한 원소 사전

주기율표를 읽는 시간
신비한 원소 사전

초판 1쇄 펴낸날 2020년 4월 30일
초판 4쇄 펴낸날 2022년 8월 31일

지은이 김병민
감수자 장홍제
펴낸이 한성봉
편집 조유나·하명성·최창문·김학제·이동현·신소윤·조연주
콘텐츠제작 안상준
디자인 전혜진·김현중
마케팅 박신용·오주형·강은혜·박민지
경영지원 국지연·지성실
펴낸곳 도서출판 동아시아
등록 1998년 3월 5일 제1998-000243호
주소 서울시 중구 소파로 131 [남산동 3가 34-5]
페이스북 www.facebook.com/dongasiabooks
전자우편 dongasiabook@naver.com
블로그 blog.naver.com/dongasiabook
인스타그램 www.instargram.com/dongasiabook
전화 02) 757-9724, 5
팩스 02) 757-9726

ISBN 978-89-6262-332-1 03430

이 도서의 국립중앙도서관 출판예정도서목록(CIP)은
서지정보유통지원시스템 홈페이지(http://seoji.nl.go.kr)와
국가자료종합목록 구축시스템(http://kolis-net.nl.go.kr)에서
이용하실 수 있습니다. (CIP제어번호 : CIP2020015575)

만든 사람들

편집 최창문
크로스교열 안상준
디자인 전혜진
일러스트 최경식
본문조판 안성진

주기율표를 읽는 시간

김병민 지음 | 장홍제 감수

동아시아

들

주기율표는 마냥 어렵기만 하고 매력 없는 대상일까? 천문학과 물리학은 신비한 미지의 우주를 탐구하고 자연의 기원과 작동 원리를 알려주며 인류가 얼마나 작은 존재인지 깨닫게 한다. 생물학은 생명체와 물질의 상호작용을 알려주며 우리의 생로병사를 고민하게 한다. 그리고 지구과학은 우리의 터전인 지구가 단순한 행성이 아니라 공생해야 하는 환경이며, 살아 움직이는 생명체와 다를 바 없다는 것을 알려준다. 그렇다면 화학은 무엇을 알려주고, 과학이라는 큰 분야 안에서 어떤 위치를 차지할까?

나는 여기에서 고민 없이 주기율표를 꺼낸다. 그리고 주기율표를 관통하는 맥락으로 전자의 존재를 책에서 끊임없이 이야기하고 있다. 왜냐하면 화학은 전자의 학문이기 때문이다. 전자는 어디에나 존재한다. 우주에도 있고 우리 몸과 주변의 모든 물질에도 존재한다. 전자의 상호작용이 세상을 만들고 움직인다. 우리의 모든 일상이 화학이고 세상을 지배하는 학문이 화학인 셈이다.

화학의 영역은 실로 광범위하지만, 굳이 지리적 위치를 말하자면 물리학과 생물학이나 지구과학 사이 정도가 되겠다. 물리학은 입자 외에는 큰 관심이 없다. 대신 미시세계의 정체와 운동을 밝혀내고 있다. 그리고 생물학과 지구과학은 복잡한 생태계를 다루며 세상이 작동하는 메커니즘을 이해하는 데 도움을 준다. 화학은 미시세계와 그 메커니즘 사이를 메우고 있다. 그래서 세상이 어떻게 만들어졌는지, 세상이 왜 그렇게 작동할 수밖에 없는지를 알려준다. 그 중심에 118개의 원소가 있고, 이 원소들이 만들어 가는 세상의 중심에 전자가 있다. 그러니까 주기율표는 세상을 만든 118개의 재료와 전자의 정보를 정리한 표인 것이다.

광활한 우주에 우리가 존재하게 된 것은 수많은 우연의 결과이지만, 거기에는 특별한 조건이 있었다. 이 필연적 우연을 완성한 것이 바로 전자electron이다. 인류는 수많은 우연의 충돌로 인해 탄생했고 긴 시간에서 보면 공룡처럼 소멸할지도 모르는 자연의 일부일 뿐이다. 그런데도 우리는 존재 이유를 필연으로 해석하고, 우리 자신을 우주의 중심으로 여긴다. 주기율표를 시작으로 지금의 인류는 어떤 물질이라도 만들 수 있게 됐다. 화학의 도움으로 자연의 거대한 힘을 흉내 낼 수 있게 된 인류는 그 욕망에 날개를 달았고, 그 결과 각종 부작용이 부메랑이 되어 돌아와 인류의 생존을 위협하고 있다. 하지만 인류에게 암울한 미래만 있는 것은 아닐 것이다. 어쩌면 우리가 바라는 미래로 가기 위한 이정표의 시작 또한 주기율표이지 않을까.

세상이 만들어진 원리를 알려주는 『주기율표를 읽는 시간』을 통해 화학이 매혹적이고 중요한 학문이란 것을 확인할 수 있었으면 한다. 이 시간이 인류가 얼마나 위대한지 혹은 얼마나 나약한 존재인지 사유하는 시간이길 바라며, 동시에 거대한 자연의 겸손을 배우는 소중한 나눔이 된다면 더 바랄 게 없겠다.

마지막으로 이 책을 완성하기까지 까다로운 저자의 꼼꼼함을 참아가며 도움을 주신 한성봉 대표님 이하 출판사 직원과 장인용 선생님, 장홍제 교수님께 감사를 드린다.

2020년 4월 김병민

| 차례 |

3장
주기율표 저택의 주민들

4장
원소의 성질과 주기율표의 미래

1

우주를 담은 주기율표

세상은 **원자**로 이루어져 있다

사람의 몸에 있는 원소는 탄소(C)와 수소(H) 그리고 산소(O), 질소(N), 황(S)과 인(P), 칼슘(Ca)이 대부분입니다. 우리 몸은 이런 대표적 원소를 포함해 약 60가지의 원소로 구성되어 있습니다. 대부분의 원소는 서로 결합하여 조직을 이루고, 각 조직은 생명을 유지하는 역할을 하죠. 우리 몸에서 각 원소의 분포량은 서로 다르지만 어느 하나의 원소라도 부족하면 사람은 생명을 유지하기 어렵습니다.

생명체는 이 원소들을 중심으로 대사를 하며 생명을 유지합니다. 우리가 흔히 아는 영양소인 탄수화물과 지방 그리고 단백질과 여러 가지 미네랄의 성분은 탄소와 산소, 수소 그리고 질소와 황을 중심으로 다양한 금속과 비금속 원소로 이루어져 있지요. 한 명의 인간은 평균적으로 1년에 약 1톤의 물질을 섭취합니다. 인간의 몸으로 들어온 음식물은 분해되고 반응하여 다른 물질로 변하며, 필요한 성분은 몸에 흡수되어 몸을 구성하는 원자를 교체합니다. 이 대사 과정에서 가장 중요한 물질은 물입니다. 액체 상태인 물은 산소 원자 하나와 수소 원자 둘이 모인 분자로 이루어져 있지만, 떨어져 있지는 않습니다. 물 분자끼리 수소결합을 하며 덩어리로 존재하지요. 물 분자는 가장 간단한 분자이지만 우리가 상상하는 것 이상으로 복잡한 운동을 합니다. 우리는 아직 이 운동을 완전하게 밝혀내지 못했습니다.

우리가 매일 들여다보는 휴대전화 화면을 살펴보지요. 단단하고 투명한 액정은 규소(Si)로 이루어진 사파이어 강화 유리이고, 그 아래에 화면을 구성하는 물질은 탄소를 기반으로 다른 원소와 결합하여 만들어진 전도성 유기화합물입니다. 물질 안에서 전자의 이동으로 다양한 빛이 방출되고, 우리는 천연색의 화면을 볼 수 있습니다. 그리고 화면을 터치해 조절할 수 있는 기능에는 인듐(In)과 주석(Sn)이 원료로 사용됩니다. 휴대전화의 진동 기능은 네오디뮴(Nd) 자석이 들어 있는 작은 모터가 진동하기 때문이지요. 전화기 안의 마이크로프로세서는 저마늄(Ge)과 갈륨(Ga) 그리고 비소(As)가 섞인 반도체이고, 전자회로에는 타이타늄(Ti, 티탄), 텅스텐(W)이나 니켈(Ni), 탄탈럼(Ta)과 팔라듐(Pd), 지르코늄(Zr) 등이 사용됩니다. 배터리를 구성하는 주요 성분은 리튬(Li)입니다.

우리가 사용하는 물질 중에 가장 흔한 것이 플라스틱입니다. 탄소와 수소로 이루어진 탄화수소화합물에 다른 원소나 분자가 치환되거나 결합해 사슬로 이어져 여러 종류의 플라스틱 제품이 만들어집니다. 보통 석유화학제품이라고 말하는 이유는 탄화수소화합물의 기본적인 재료를 석유에서 얻기 때문입니다. 가솔린과 디젤과 같은 자동차 연료는 탄소가 사슬처럼 연결된 구조에 수소가 결합한 분자입니다. 사슬이 짧으면 가벼워 기체가 되고 사슬이 길어지면 무거워지며 액체나 고체가 되지요. 사슬을 이루는 탄소 수가 한 개면 메테인, 세 개면 프로페인, 일곱 개면 헵테인, 여덟 개면 옥테인이 됩니다. 우리가 아는 휘발유(가솔린)는 헵테인과 옥테인의 혼합물이지요. 참고로 경유(디젤)의 성분은 탄소 수가 열여섯 개입니다. 수십 개가 넘게 모이면 단단해지면서 양초의 재료이기도 한 파라핀이 됩니다.

지방 분자는 자동차 연료와 비슷한 탄화수소 사슬로 이뤄진 지방산 세 개가 프로페인 구조를 가진 글리세롤 분자에 붙어 있습니다. 지방은 기름이라고 표현되기도 합니다. 지방을 산소와 결합해 연소하는 것처럼 우리 몸의 지방도 에너지로 사용할 수 있습니다. 같은 종류의 원자로 이루어진 분자이지만, 어떻게 결합하느냐에 따라 전혀 다른 모습과 성질을 지닌 물질로 존재합니다.

세상은 수많은 물질과 생명체로 가득 채워져 있어 복잡해 보입니다. 하지만 원자를 기준으로 보면 118개의 원소만으로 만들어진 겁니다. 세상을 만드는 재료는 우주가 생겨났을 때 모두 만들어졌고, 더 이상 새롭게 생겨나지 않습니다. 이 재료들은 계속 다른 모습으로 변하며 물질을 구성하고 우주 안에서 순환합니다. 우리 몸을 구성하는 원자도 끊임없이 새로운 원자로 교체되고 있습니다. 수소와 질소, 탄소와 산소는 끊임없이 순환하며 대기에서 물로, 토양에서 동·식물로 그리고 인간의 몸을 거쳐 다시 토양으로 돌아갑니다. 그리고 가벼운 원소는 지구에 머물지 못하고 머나먼 우주로 돌아가기도 하죠. 그러니까 우리 몸의 원소 중 일부는 우주의 또 다른 별을 만들기도 하는 겁니다.

우리가 소중하게 생각하는 사람을 잃었을 때, 별에 빗대어 이야기를 하곤 합니다. 사람이 죽으면 다시 별로 돌아간다고 생각했지요. 이 말은 마치 시나 에세이에 나오는 문학적인 이야기처럼 들리지만 과학적 사실이기도 합니다. '인간은 별의 먼지'라는 말처럼 우리는 별에서 만들어진 원소로 구성되어 있고, 우리가 사라지면 다시 원자의 모습으로 우주 공간에서 생성되는 별의 일부가 되기 때문이지요. 세상은 원자로 이루어져 있고 모든 원자는 별에서 왔기 때문입니다.

모든 것은 **별**에서 왔다

별 하나에 추억과 / 별 하나에 사랑과 / 별 하나에 쓸쓸함과
별 하나에 동경과 / 별 하나에 시와 / 별 하나에 어머니, 어머니
어머님, 나는 별 하나에 아름다운 말 한 마디씩 불러봅니다.

윤동주 시인의 〈별 헤는 밤〉이란 시의 일부입니다. 암울했던 일제 강점기를 살았던 그는 이 시에서 별과 그리움의 대상을 하나씩 연결하고 있습니다. 그에게 별은 자신을 성찰하는 창문이고, 꿈의 대상입니다. 과거와 현재를 이어주고 미래로 연결하는 매개였지요. 아마도 그는 은연중에 세상의 기원을 알았던 것 같습니다.

윤동주의 시 외에도 알퐁스 도데Alphonse Daudet는 「별」이라는 소설에서, 빈센트 반 고흐Vincent Willem van Gogh는 〈별이 빛나는 밤에〉라는 그림에서 별빛의 아름다움뿐 아니라 고독하고 고요한 세계에 담겨진 비밀스러운 자연의 철학을 우리가 사는 세상에 옮겨놓았습니다. 태양이 사라진 반대편의 또 다른 세계는 문명이 시작된 인류에게 세상의 근원에 대한 질문을 만들었고 점성술사는 신의 응답을 대변하기도 했습니다. 별들을 묶은 별자리에 이야기를 만들고 신화를 완성했고 별똥별과 같은 천문 현상을 신의 언어로 해석했지요. 인간의 힘을 넘어서는 신의 존재를 등

장시킬 수밖에 없는 이유는 정교하게 작동하는 우주가 분명 인간의 솜씨가 아니었을 거라 생각했기 때문입니다. 당시 주술과 거리가 멀 것 같은 천문학자조차 점성술사와 경계가 흐릿했습니다. 천문학자도 밤하늘에 그들만의 이야기를 새겨 넣었습니다. 천문학天文學은 하늘에 글이 있다는 의미입니다. 별은 하늘의 뜻이자 언어였고 인류의 위치와 나아가야 할 운명을 알려주는 절대 권력이기도 했습니다. 조선의 세종도 장영실을 통해 하늘에 새겨진 별을 읽어 중국 명나라의 권력에서 벗어나 조선만의 시간을 가지려고 했습니다. 인류는 미지의 별을, 다가갈 수 없는 존재로 여겼습니다. 별은 어디까지나 감동과 경외의 대상이었고, 인간의 역사와는 무관한 존재였습니다.

그러나 별은 우리가 생각했던 것보다 훨씬 더 거대한 진실을 비밀스레 담고 있었습니다. 바로 "우리가 어디에서 왔는가"라는 질문에 대한 답을 별이 알고 있었던 것입니다. 별이 가지고 있던 특별한 비밀을 읽어내는 실마리는 바로 빛입니다. 16세기에 망원경이 등장하며 보이지 않았던 비밀의 영역에서 신이 작업한 엄격하고 기하학적 세계를 보게 됐고 이 비밀을 푸는 열쇠를 처음 제공한 사람은 영국의 이론물리학자이자 수학자인 맥스웰James Clerk Maxwell입니다. 그는 1862년에 전자기파의 일종인 빛의 정체를 밝혔고, 덕분에 인류는 빛이 초속 약 30만 킬로미터라는 일정한 속도로 달려간다는 사실을 알게 됐습니다. 그리고 약 40년 후 아인슈타인Albert Einstein은 상대성이론을 통해 이 주장을 더욱 견고하게 만듭니다. 빛의 정체를 알게 된 인류는 감동과 신비스러운 예언의 수단인 별을 과학이란 울타리 안으로 들여왔습니다.

우리는 별이 가득한 밤하늘의 사진을 봅니다. 과학기술은 전파망원경을 통해 우리 눈으로 볼 수 없는 우주의 깊은 곳에 숨겨진 별빛까지 찾아냅니다. 그런데 사진에 보이는 별은 현재의 모습이 아닙니다. 유한한 속도를 가진 별빛은 우주의 역사를 간직하고 있습니다. 빛의 속도가 유한하고 일정하기 때문에 별빛의 색으로 별까지의 거리와 별빛이 출발한 시간을 계산할 수 있습니다. 예를 들어 지구와 가장 가까운 별인 태양 빛은 약 1억 5,000만 킬로미터 떨어진 곳에서 약 8분 전에 출발해 지금 우리에게 도착했고, 시간과 계절을 알기 위해 별자리와 운동의 기준으로 사용한 북극성의 별빛은 약 800년 전에 출발한 것입니다.

허블 망원경이 찍은 우주에 별이 가득한 사진은 평면이지만 각각의 빛의 스펙트럼을 보면 우주의 시간을 담은 3차원 정보가 됩니다. 마치 CT(컴퓨터단층촬영)사진처럼 3차원 공간을 분리해 여러 장의 정보를 얻는 것처럼, 우주를 시간으로 분리해 여러 장의 사진을 합친 것과 같습니다. 한 장의 사진은 과거부터 현재까지 이르는 기나긴 우주의 역사를 담고 있었던 것이지요. 현재 인류는 빅뱅 초기에 있었던 빛의 흔적까지 알게 되었습니다. 물론 그 빛이 별빛은 아닙니다. 우주가 탄생하며 생겨난 빛이 오랫동안 물질에 갇혀 있다가 물질이 모여 원자라는 것이 생기면서 공간이 생기고 자유로워진 빛이 튀어나와 마이크로파로 관측된 겁니다. 마이크로파는 전파이지만, 전파도 전자기파의 일종이기 때문에 빛이라고 표현해도 큰 무리가 없습니다. 이렇게 밤하늘의 빛은 마치 타임머신처럼 138억 년에 이르는 우주의 역사에서 특정한 시간의 모습을 보여줍니다.

고흐의 〈별이 빛나는 밤〉이라는 작품에는 별빛이 아름답게 묘사되어 있습니다. 이 작품은 풍경화이지만 전경에 놓인 마을의 풍경은 비교적 간략합니다. 그가 묘사하는 데 집중한 것은 바로 밤하늘에 빛나는 별들입니다. 별빛을 자세히 보면 저마다 다른 색을 가지고 있습니다. 붉은빛은 푸른빛이나 노란빛보다 훨씬 멀리에서 날아온 빛입니다. 그러니까 붉은 별은 더 깊은 과거를 품고 있는 거지요. 별빛의 저마다 다른 색깔에 거대한 우주의 역사가 담겨 있다는 사실을 그는 알았을까요?

그런데 별이 과거의 시간과 모습만 담고 있는 것은 아닙니다. 우리는 이 책에서 우주를 구성하는 물질인 118개의 원소에 대해 알아볼 겁니다. 이 원소들은 어디에서 왔을까요? 처음부터 118개가 있었던 것일까요? 너무도 궁금한 게 많습니다. 그런데 우리가 우주를 들여다볼 수 있는 유일한 창이 별빛입니다. 인류가 우주와 직접 만나기 위해 만든 도구는 이제 태양계를 벗어나고 있으니까요. 매일 밤 무수히 우리에게 다가오는 별빛이 우리가 하늘에 질문한 답을 알려줄 겁니다. 이제 모든 비밀을 담고 있는 별을 향해 긴 여정을 떠나야겠습니다.

원소의 기원, **빅뱅**과 **별**의 탄생

별빛의 색은 지구에서 별까지의 거리를 알려주지만, 그보다 더 중요한 사실 또한 알려줍니다. 바로 우주가 계속해서 팽창하고 있다는 사실입니다. 과거에는 별과 우리가 사는 지구 사이의 거리가 일정할 거라고 생각했지만, 관찰 결과를 보면 별은 점점 멀어져가며 보이는 색도 달라집니다. 사이렌을 울리며 달려오는 구급차의 소리가 높게 들리다가 지나가고 나면 소리가 늘어지는 현상을 도플러 효과라고 합니다. 소리도 파동이고 빛도 파동의 성질을 가지고 있으니, 별빛과 관측자인 우리 중에 하나라도 운동하고 있다면 이런 현상이 나타나겠지요. 사이렌 소리가 늘어지는 것은 진동수가 낮아지면서 파장이 길어지기 때문에 일어나는 현상입니다. 마찬가지로 빛의 경우에도 서로 멀어지면 파장이 길어지는 현상이 나타나는 것입니다.

관측지점에서 멀어지는 별빛의 파장이 길어지는 적색편이가 나타났고, 그래서 과학자들은 우주공간이 팽창하기 때문에 이런 현상이 일어난다는 가설을 세웠습니다. 그리고 우주의 팽창 속도를 계산했죠. 마치 영화를 거꾸로 되돌리며 보는 것처럼, 팽창 속도만큼 거꾸로 계산하면 축소되는 우주를 알 수 있고, 초기 우주의 크기 또한 알 수 있을 거라 생각한 겁니다. 그렇게 138억 년 전으로 돌려보니, 우주는 작은 점으로 모이게 됐지요. 빅뱅이론은 어떤 점에서 폭발한 것처럼 우주가 생겨났다는 가설입니다. 물론 빅뱅의 순간에 대해서는 아직 정확히 밝혀지지 않았습니다. 그리고 그 이전도 알지 못합니다. 하지만 인류는 빅뱅이 일어나고 10^{-43}초 이후부터 지금까지에 대해서는 우주를 설명하는 꽤 괜찮은 증거와 이론들을 가지고 있습니다.

빅뱅이 일어났지만 우주에는 아직 원자라는 물질조차 없습니다. 빅뱅이 일어난 뒤 3분까지 쿼크와 렙톤이 생성되고 양성자와 중성자, 전자가 만들어집니다. 일부 수소나 헬륨 핵도 만들어지지만 높은 온도에서 이들이 결합하지 못하고 우주는 이런 몇 가지 입자들로만 가득 차 있었습니다. 3분 동안 많은 일들이 일어났지만 신기하게도 3분 후부터는 아무런 일도 일어나지 않습니다. 3분 동안 만들어진 모든 것들을 포함해, 우주는 그저 팽창했을 뿐입니다. 무려 38만 년 동안을 말입니다. 빅뱅 때 생겨난 빛은 이런 입자들 사이에서 여전히 갇혀 있었습니다. 그래서 우리는 아무리 좋은 망원경으로도 이 시기의 빛을 직접 볼 수 없습니다. 이 시기를 암흑기라고 하는 이유입니다.

38만 년이 지나면 팽창하던 우주의 온도가 더 내려 갑니다. 온도가 절대온도 3,000켈빈(K)까지 내려가면 우주에 있던 입자들에 미세한 변화가 생깁니다. 수증기의 온도가 내려가면 물로 응결되는 것과 마찬가지로, 느려진 전자는 수소나 핼륨핵에 잡힙니다. 수소와 약간의 헬륨 원자가 만들어지고, 전기적으로 중성을 띠게 되지요. 물질들이 중성이 되며 전하 때문에 갇혀 있던 빛은 자유로워집니다. 우리는 이 빛을 최초의 빛이라 부르고 '우주배경복사'라는 이름을 붙였습니다. 이후에 우주는 매우 균일한 밀도를 유지합니다. 시간이 지나며 공간에 아주 작은 온도의 차이가 나기 시작했고, 이 차이로 밀도가 변합니다. 온도가 아주 조금 높은 부분에 중력이 발생해 물질들이 모이기 시작하지요. 아직은 물질이라고 해봐야 수소와 헬륨 정도입니다.

하지만 이곳에서 중력수축이 증가하며 별이 탄생합니다. 온도가 상승하고 그 에너지로 수소 양성자가 충돌하며 대규모의 에너지를 방출하기 시작하지요. 바로 질량-에너지 등가의 법칙($E=mc^2$)을 따르는 겁니다. 수소 양성자 네 개가 모여 헬륨 핵을 만드는데, 이때 헬륨 핵의 질량이 두 개의 수소 양성자와 중성자 합보다 미세하게 작습니다. 모자란 질량만큼 에너지를 방출하는데 그 에너지 세기가 엄청나지요. 이제 별은 스스로 빛을 내는 엔진을 지니게 된 겁니다. 우주의 암흑기가 지나가고, 이 별들의 빛으로 우주는 조금씩 밝아지기 시작합니다. 빅뱅 이후 2억 년이 지나면 우주를 가득 채울 정도의 별들이 탄생합니다.

별은 질량에 따라 서로 다른 원소를 재료로 빛을 냅니다. 수소를 재료로 하던 질량이 큰 별은 핵융합을 거치며 탄소와 산소, 네온과 소듐, 마그네슘, 규소 등 점점 무거운 원소를 만들며 별의 에너지원을 스스로 조달해 사용합니다. 그리고 가장 마지막으로 원자 번호 26번 원소인 철을 재료로 사용합니다. 별은 이렇게 다양한 원소를 사용하면서 커지다가, 마지막으로 철을 태우며 죽음을 맞이합니다. 양성자 스물여섯 개를 가진 철을 만들려면 섭씨 30억 도 이상이 돼야 합니다. 이제 핵융합 에너지가 그 이상의 에너지를 만들지 못하기 때문에 별에서 철보다 무거운 원소를 더 이상 만들지 못합니다. 그래서 중심에 철이 가득한 별은 더 이상 핵융합을 하지 못하고 내부 압력을 견디지 못해 스스로 붕괴합니다.

이것을 '초신성 폭발supernova'이라고 하지요. 이로 인한 고에너지는 별이 가지고 있던 여러 원소를 붕괴시켜 철 이전의 가벼운 원소를 만들기도 하지만, 우리가 알고 있는 무거운 원소도 만듭니다. 그런데 모든 것이 이때 만들어진 것은 아닙니다. 초신성 폭발 후 중성자별이 만들어지기도 합니다. 중성자별中性子-, neutron star은 초신성 폭발 과정에서 중심핵이 붕괴하며 전자와 양성자가 결합해 중성자가 된 물질들이 엄청난 밀도로 수축하면서 만들어지는 또 다른 별입니다. 각설탕 하나 크기의 질량이 10억 킬로그램 이상 나갈 정도로 무겁지요. 이 밀도는 우리가 상상하기 어려울 정도인데, 이런 중성자별들이 서로 충돌하면 우주에 거대한 중력의 파동이 발생합니다. 이 파동이 바로 중력파입니다.

최근에 중력파 관측이 가능해지면서 '킬로노바Kilonova' 현상을 밝힐 수 있었습니다. 킬로노바는 중성자별들이 충돌하면서 주변에 강렬한 파동을 내는 현상입니다. 중력파의 관측은 중성자별 충돌을 증명했고, 그 지점에서 무거운 금속이 내는 파장의 빛을 찾는 데 성공한 것입니다. 중성자 없이 철보다 무거운 원소를 만들기 위해서는 많은 양성자가 전기적 반발력을 이기고 핵과 결합해야 합니다. 어려운 일이죠. 여기서 자연은 중성자를 사용합니다. 중성자별의 충돌로 다량의 중성자가 공급되고, 핵과 결합한 중성자가 베타붕괴를 해 무거운 원소가 만들어진 겁니다. 이 새로운 이론으로, 무거운 원소들은 원자핵을 이루는 중성자가 다른 원소보다 많이 뭉쳐 있다는 사실도 설명할 수 있게 됩니다. 인류 문명을 탄생시킨 텅스텐·금·백금·우라늄·납 등은 중성자별 충돌에서도 기원하는 겁니다. 물론 모든 별이 초신성 폭발과 중성자별이라는 형태로 죽음을 맞이하지는 않습니다. 우리 태양계에 있는 태양은 질량이 작은 별입니다. 태양은 수소와 헬륨을 태우다 적색거성으로 커졌다가 외부대기를 방출하고 백색왜성으로 작아지며 더 무거운 원소를 만들지 못하고 조용히 죽음을 맞이할 겁니다.

별의 죽음으로 만들어진 원소는 우주에 흩어져 어딘가에 다시 모여서 별이 되기도 하고, 지구와 같은 행성과 생명체를 만들기도 합니다. 이런 과학적 사실을 모르면서도 우리는 밤하늘의 별을 보며 그 너머의 세상을 동경해왔습니다. 어쩌면 우리는, 고향을 그리워하는 것처럼 우리 스스로가 별에서 왔다는 사실을 무의식 중에 알고 있었던 것만 같습니다. 마찬가지로, 앞으로 우리가 맞이하게 될 미래도 별빛 안에 있을지도 모르겠습니다.

인류에게 물질이란 어떤 의미였을까

별이 태어나며 원소가 만들어지고, 폭발로 흩어졌던 물질들이 다시 모입니다. 긴 시간이 흐르면서 또 다른 별과 별 주변에 지구와 같은 행성이 탄생합니다. 한동안 지구는 굉장히 뜨거운 채였고, 서서히 바다에 생명체가 생겨나고 육시로 올라와 인류가 탄생합니다. 우주의 나이인 138억 년을 1년의 달력으로 환산하면 1월 1일 오전 0시에 빅뱅이 일어났고 12월 31일 오전 6시에 최초의 인류가 나타납니다. 인류가 물질을 이용하는 문명 수준에 도달한 것은 12월 31일 오후 11시 59분 49초에 해당하는 기원전 2500년경이지요. 그때까지의 지난한 과정은 진화에서 잘 설명하고 있습니다. 인류에게 물질이 의미로 다가온 것은 1년 중 마지막 날 자정이 되기 10여 초 전부터입니다. 10초 동안의 의미를 찾기 위해서, 그 앞의 긴 시간은 여기서 다루지 않겠습니다.

물질의 정체 혹은 본질은 오랜 시간 인류를 괴롭혀온 질문입니다. 이 질문은 창조와 연결되었고, 각지의 초기 문명에서 다양한 창조 신화를 찾아볼 수 있습니다. 가령 바빌로니아에서는 땅·물·하늘·바람에 신을 대입했지요. 모든 것의 존재를 신에 의지하던 인류는 자연의 정교함을 설명할 수 있는 설계자와 규칙을 찾으려 합니다. 우리는 기록에 의존하여 그 시작을 기원전 인물인 탈레스Thales에게서 찾고 있습니다. 탈레스는 물을 모든 물질의 근원이라 생각했습니다. 지금 생각하면 어처구니없지만 모든 물질의 근원에 대한 진지한 고민 자체는, 지금 우리가 알고 있는 과학적 사실과 통하는 것이 있습니다. 바로 모든 것은 어떤 하나에서 출발한다는 점입니다. 우리가 알고 있는 원소도 결국 하나의 원자에서 출발했으니까요.

“태초의 단일한 무언가에서 세상을 구성하는 모든 것이 생겨난 것은 아닐까”라는 질문은 계속 이어졌고, 그 대상은 모습을 바꿔가며 서로 다른 방식으로 물질의 근원을 설명합니다. 때로는 공기로, 혹은 불과 흙을 내세웠습니다. 이렇게 축축하게 젖거나 뜨겁게 타오르거나 혹은 건조한 흙으로, 시원한 바람으로 시작된 세계가 인류의 사고 속에서 발전합니다.

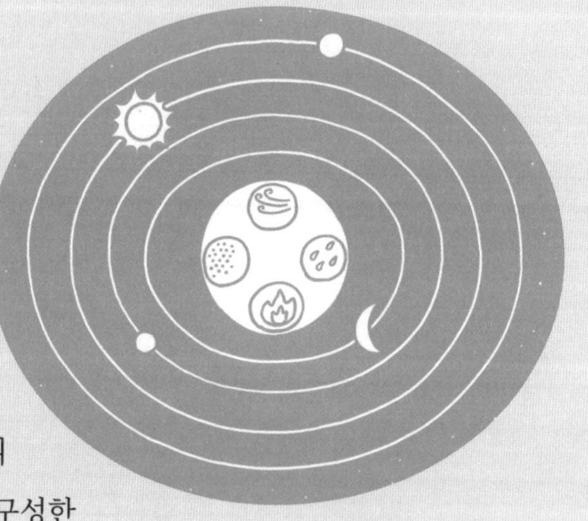

고대 그리스 철학자 엠페도클레스Empedocles의 모형에서 모든 형태의 물질은 이 네 가지 근원을 적절한 비율로 혼합해서 만들어진 것이었죠. 흙은 차갑고 건조하며, 물은 차갑고 습하고, 공기는 뜨겁고 습하며, 불은 뜨겁고 건조합니다. 이 네 가지 근원이 만나 세상을 구성한다고 생각한 것입니다. 그런데 흥미롭게도 엠페도클레스의 이런 논리가 18세기에 밝혀진 질량보존의 법칙과 부합합니다. 그는 네 가지 근원적 원소가 우주에 일정량 존재하고 파괴되지 않으며, 특성과 함께 모습을 바꿔가며 물질의 모습으로 존재한다고 주장했습니다. 그리고 각 원소는 사랑과 미움이라는 힘이 작용해서 인력과 척력이 발생하고, 원소가 서로 섞인다는 주장이었습니다. 지금은 이런 주장이 전혀 과학적이지 않은 주장으로 여겨집니다. 지금 보기에는 틀렸지만, 적어도 그때는 맞는 이야기였습니다. 비록 과학적으로 증명할 수 없는 이론이었고, 어디까지나 과학이 아니라 사상가들의 철학적 공상, 심지어 마법과 같았지만 당시에 자연 세계가 어떻게 구성되는가에 대한 고찰이 있었다는 것만은 부인할 수 없습니다.

이때 사람들을 혼란스럽게 만든 대상이 등장합니다. 바로 빈 공간이었죠. 물질이 존재하려면 물질이 없는 경계가 필요했기 때문입니다. 이 빈 공간을 설명하기 위해 원자의 개념이 나왔습니다. 기원전 5세기 원자주의에서는 눈에 보이지 않는 작은 입자 물질이 존재하는 광활한 공간이 있다고 여겼습니다. 우리가 보거나 만질 수 있는 모든 것은 서로 결합된 어떤 작은 입자들로 구성되어 있고, 물질의 특성은 그 안의 입자들의 제각기 다른 모양과 크기로 결정된다고 본 것이죠. 그리스 철학자 레우키포스와 데모크리토스는 그 작은 입자 물질은 더 이상 자를 수 없는 어떤 존재를 의미하는 '아토모스atomos'라고 불렀습니다. 이것이 원자atom라는 단어의 어원이기도 합니다. 그러니까 그들이 제안한 빈 공간은 완벽한 빈 공간이 아닌, 이 작은 입자로 채워져 있는 공간이었습니다.

하지만 당시 가장 영향력 있는 철학자 아리스토텔레스는 이 개념을 지지하지 않았습니다. 그는 지상의 네 가지 원소를 인정했지만, 우주를 설명하기 위해 한 원소를 더 추가했습니다. 공허하고 비어 있는 듯 보인 우주 때문이었을까요. 네 가지 물질이 채워지지 않은 빈 공간을 채우고 있는, 실체도 질량도 없는 무언가가 있다고 주장했습니다. 바로 다섯 번째 원소인 에테르입니다. 빈 공간을 에테르로 가득 채워 공허한 존재를 없앤 겁니다. 다른 원소와 달리 에테르는 결합하지도 않고, 특성도 없이 공간을 채웠죠. 그것이 지구 주위를 도는 태양과 달, 행성 그리고 별들을 움직이거나 멈추게 하는 근원 요소라고 여겼습니다. 심지어 이 주장은 프톨레마이오스 우주 모형Ptolemaic model에서도 나타납니다. 지구에 흙, 물, 공기 그리고 불을 배치하고 다른 동심 구체들은 에테르로 채워놨지요. 이런 오원소설은 17세기까지도 심심찮게 등장합니다. 주기율표를 만든 멘델레예프도 라듐의 방사성 에너지가 우주의 에테르 때문이라고 마리 퀴리에게 말했다고 할 정도니까요.

동양이라고 별반 다르지 않습니다. 목木·화火·토土·금金·수水의 다섯 가지 원소를 기반으로 한 오행 이론이 중국의 기록에 남아 있으니까요. 동서양의 차이가 있다면, 서양의 원소는 지금의 원자처럼 물리적 구성이 아닌 속성과 특성으로 구분한 반면, 동양의 원소는 존재의 상태나 힘과 에너지에 대입해 설명을 했다는 점에서 차이가 있습니다. 아리스토텔레스의 이론이 주류가 된 것도 물질의 기원에 대해 탐구하고 그 실체에 가까이 가기 위한 과정의 일이었습니다. 그렇지만 정작 인류의 지식은 운명의 장난처럼 퇴보하게 된 것이지요.

1417년 겨울, 30대 후반의 필사가였던 포조 브라촐리니는 남부 독일의 한 수도원의 서가에서 고대 로마의 시인 루크레티우스의 철학 서사시 『사물의 본성에 관하여』를 발견합니다. 이 책의 발견을 계기로 기독교의 교리에 의해서 인간의 사상과 자유가 속박당했던 '암흑'의 중세가 막을 내리고, '재생'의 르네상스가 태동하게 되었습니다. 현대의 우리가 인정하는 근대 과학사는 바로 이때부터 시작됩니다. 각종 과학적 사실들과 과학자들이 등장하는 것이죠.

그렇다면 그 긴 시간 동안 인류는 무엇을 탐구하고 있었을까요. 사원소 개념이 재등장하면서, 인류는 세상에 사원소 이외의 것으로 구성된 물질이 존재하는 것은 아닐지 의심하기 시작합니다. 동시에 인류는 물질이 형성되는 네 가지 원소의 비율에 대해서는 정확히 알 수 없다는 사실도 알게 되지요. 금과 같은 물질은 절대 기존의 사원소설을 바탕으로 만들어낼 수 없다는 것을 알게 됐고, 만들어지고 변하는 근본 원리를 찾기 시작합니다. 흙·물·공기·불의 본질을 사용해 형태를 바꾸고 정제하거나 변형시켜 원하는 물질을 만드는 것을 목표로 하게 됩니다. 이 목표가 바로 연금술사의 목표와 일치했습니다.

욕망의 학문, **연금술**

원소의 이야기는 화학이라는 학문의 범주 안에 있습니다. 물론 물리학에서 원자를 더 근원적인 입자로 다루지만 원소의 종류와 그 성질에 대한 것은 화학에서 다룹니다. 하지만 이런 분류도 현대 과학의 기준입니다. 인류는 원소에 관해 언제부터 인지하고 있었을까요? 철학자인 동시에 수학자이기도 했던 데카르트가 기틀을 마련한 서양철학의 출발점은 바로 이성주의 또는 합리주의였습니다. 그는 지금까지도 통용될 만한 과학적 방법론을 제시하지요. 바로 의심입니다. 호기심에서 출발한 의심이 우리를 진리로 이끌었지요. 끊임없는 의심과 질문으로 답을 구하고 더 이상 의심할 수 없는 지점에 도달했을 때 비로소 원리principle가 만들어집니다.

인문학과 철학, 수학 그리고 과학과 의학이 뒤범벅되어 학문의 경계마저 흐릿한 시대에도 인문학과 자연과학은 공통된 논제에 접근할 때 뚜렷한 방법의 차이를 보였습니다. 자연과학에서 의심을 해결하는 방법론에 실험을 적용한 겁니다. 실험의 대상은 자연이었지요. 하지만 데카르트적 사고방식의 과학은 아니었습니다. 특히 화학은 더했습니다. 적어도 18세기까지 화학이라고 하는 학문은 독립되어 존재하지도 않았으니까요. 인류가 원소의 정체를 찾아가는 과정은 한 갈래의 길이 아닙니다. 여러 학문 분야에서 동시에 접근했지요. 그리고 그 여정에서 화학이 탄생하고 정립됩니다. 이제 그 역사의 갈래를 살펴보겠습니다.

손대는 일마다 성공해서 부귀영화를 거머쥐는, 그러니까 사업수단이 좋은 사람을 빗대어 '마이더스의 손'을 가졌다고 합니다. 이는 그리스-로마 신화에 등장하는 왕의 이름 미다스Midas에서 유래합니다. 그는 손에 닿는 모든 것이 황금으로 변하는 능력을 갖게 되지만, 사실 그것은 행운이 아니라 불행이었습니다. 이 신화가 주는 교훈은 황금이란 물질에 대한 경계입니다. 인간에게 본질적인 욕망이 있습니다. 바로 마르지 않는 부와 영원한 생명입니다. 이 둘을 찾기 위해 인류는 수천 년을 보냅니다. 바로 그 중심에 서양의 연금술alchemy과 동양의 연단술練丹術이 있었지요. 흔한 물질이라고 여긴 납으로 귀한 황금을 만들 수 있다고 생각한 것이 바로 '현자의 돌'입니다. 연금술의 주된 목적이지요.

동양의 연단술도 이와 비슷했지만 무게 중심이 생명 연장에 있었습니다. 기원전 진시황이 염원한 것은 영원불멸과 불로장생이었습니다. 그가 이 목적을 달성하기 위해 수은을 사용했다는 건 잘 알려져 있습니다. 이런 욕망은 서양에서도 예외는 아니었습니다. 엘리자베스 여왕의 초상화에 그려진 하얀 얼굴은 회춘의 증거가 아니라 납 중독의 결과였으니까요. 세계에서 가장 오래된 서사시인 바빌로니아의 길가메시 서사시Epic of Gilgamesh에는 불로초가 등장합니다. 하지만 이 이야기 또한 어리석은 인간의 한계를 보여주는 것으로 끝납니다.

화학이 학문으로 발전하기 위해서 지나와야 했던 길이 바로 연금술입니다. 황금을 만들기 위한 온갖 실험과 경험적인 측정들이 지금 보기에 비과학적이고 엉뚱해 보이기까지 하지만 연금술사들은 분명 그 시대의 학자였습니다. 우리가 알고 있는 물리학자 아이작 뉴턴Isaac Newton도 연금술사였으니까요. 물론 그의 경우는 황금이 아니라 물질의 근원을 찾기 위해서였습니다. 이렇게 물리학자, 철학자 그리고 의학자와 약학자까지 동원되며 연금술의 맥을 이어갑니다. 실제로 연금술은 근대 화학의 기초이기도 했고, 그 방법 또한 데카르트의 과학적 방법론을 따랐습니다. 하지만 주된 목적은 황금과 생명 연장이었지요. 인간의 욕망과 직접적으로 닿아 있었던 것입니다.

오늘날 우리가 알고 있는 대부분의 과학적 지식은 200년이 채 되지 않는 짧은 시기에 완성된 것입니다. 가령 150여 년 전까지만 해도 우리는 원자에 대해서 아는 것이 많지 않았습니다. 얼핏 생각하기에, 가까운 18세기 정도만 되더라도 인류가 꽤 많은 것을 알게 되었을 것 같습니다. 사원소설이 나온 지 2,000년이나 지났으니까요. 돌연 새로운 과학이 우리 앞에 나타난다고 즉시 패러다임을 바꾸거나 시대를 지배할 수 있는 것은 아닙니다. 새로운 의심은 낡은 믿음과 자리다툼을 펼쳐야 하는 경우가 대부분이지요. 17세기 중반 로버트 보일의 경우도 그러했습니다. 추후 근대 화학의 아버지라 불리는 보일은 의심과 실험을 강조하는 주장을 펼쳤지만, 연금술의 기세는 여전했고, 오히려 아리스토텔레스의 사원소설이 되살아납니다. 이 시기에 '플로지스톤 이론'이 등장하지요. 물질이 불에 타면 원래 물질에 들어 있던 플로지스톤이 빠지고 재만 남는다는 이론입니다. 나무처럼 잘 타는 물질은 대부분 플로지스톤으로 이루어져 있다고 생각한 겁니다.

플로지스톤이란 그리스어로 '불꽃'이라는 뜻입니다. 플로지스톤설은 사원소의 개념 중에서 불의 원소와 연결되며 18세기에 지배적 지식이 됩니다. 오늘날 보기에는 말도 안 되는 이론이고, 용어조차 사라졌지만 당시에는 이것을 당연하게 여겼습니다. 이 흔적이 지금까지 남아 있기도 합니다. 지금 우리는 '열'이 에너지란 사실을 알고 있지만, 18세기만 해도 '열'을 물질처럼 취급했습니다. 칼로리는 라틴어로 열을 뜻하는 Calor에서 유래했지요. 그래서 당시에는 열을 빛과 같은 특별한 입자 물질이자 원소라고 여겨, 열에 '칼로릭'이라는 이름까지 붙였고 지금도 열량의 단위로 칼로리라는 용어를 사용하고 있습니다. 지금은 명백히 틀린 사실임을 알고 있지만 그때는 맞는다고 생각했지요.

그래도 합리적인 의심은 계속됐습니다. 점점 더 많은 사람들이 세상을 이룬 물질의 근원을 알고 싶어 했지요. 당시 과학은 신본 사회인 중세를 통과하며, 절대적 진리보다 자연에 대한 논리적인 설명을 추구하는 방향으로 나아갑니다. 당시에는 플로지스톤도 입자라 생각했으니 질량도 있다고 생각했을 겁니다. 그런데 사건이 하나 발생합니다. 18세기에 산소라는 기체를 발견한 조지프 프리스틀리Joseph Priestley의 등장입니다. 프리스틀리도 처음에는 산소의 존재를 몰랐지요. 붉은색 가루인 산화수은은 생명을 잃어버린 물질이고, 이것을 가열하면 공기에서 생명 입자인 플로지스톤이 들어와서 수은이 된다고 생각했습니다. 그런데 공기를 가열하고 보니, 플로지스톤이 빠져나갔을 터인 공기가 오히려 가열하기 전의 공기보다 상쾌하고 시원했죠. 불을 붙이면 다시 플로지스톤이 공기로 들어와 불이 붙는다고 억지를 부렸지만, 사실 공기에 있는 산소 때문이었지요.

이때부터 플로지스톤설은 위협을 받습니다. 프리스틀리는 과학자였지요. 이렇게 과학이 보급되면서 연금술은 근본적으로 흔들리기 시작했습니다. 프리스틀리는 라부아지에Antoine-Laurent de Lavoisier와 역사적 만남을 가집니다. 프리스틀리는 자신의 실험을 자랑했고 라부아지에는 바로 같은 실험을 합니다. 프리스틀리의 말만 들어서는 해소되지 않는 의심이 남았던 겁니다. 플로지스톤이 입자라면 산화수은을 가열할 때 들어온 플로지스톤 입자의 질량으로 인해, 반응한 다음 수은의 질량은 더 무거워져야 했습니다. 그런데 오히려 더 가벼웠지요. 결국 붉은색 산화수은에서 무언가 빠져나갔다는 사실을 알게 됩니다. 라부아지에는 이때 발견된 것을 고유한 성질을 가진 물질이라고 생각했습니다. 그리고 온갖 물질의 근본이라고 여겼지요.

물질의 본질을 파악하려 했던 그는 '물질을 분해할 때 더 이상 간단한 물질로 분해되지 않는 입자'가 존재한다는 것을 알게 되었고, 그렇게 원소를 정의합니다. 그리고 수백 번의 실험을 통해 다음과 같은 유명한 말을 남깁니다. "어떤 것도 사라지지 않고 만들어지지 않으며 모든 것은 변화할 뿐이다." 우주를 구성하고 있는 입자는 새로 생겨나거나 사라진 것이 아니라 존재하는 입자 사이에 화학적 변화가 있을 뿐이라는 겁니다. 그리고 물질은 원소가 결합한 분자로 이루어진다는 분자설과 함께 '질량 보존의 법칙'이 등장합니다. 그의 원소설과, 이 법칙의 등장과 동시에 물리학자들이 제기한 원자설이 나타나면서 사원소설과 플로지스톤을 기반으로 한 연금술은 사라지게 됩니다.

우리는 종종 연금술을 주술적이고 어리석으며 허무맹랑한 과정으로 그 가치를 폄하하지만 사실 연금술은 인류의 과학 발전에 긍정적 영향을 미쳤습니다. 연금술사들은 실용 화학에서 커다란 진보를 이루었고, 그들은 두 손으로 만들어낼 수 있는 모든 물질들을 철저히 연구했으며, 오늘날에도 사용하고 있는 귀중한 실험기구와 물질 그리고 실험 방법들을 고안해냈습니다.

주기율표의 탄생

지금은 맞고 그때는 틀린 것이 반복되는 것이 과학사입니다. 실패가 반복되며 답을 찾지 못하다가 인류사에 점을 찍듯 커다란 진리가 모습을 드러냅니다. 주기율표도 그런 과학사의 고비에 큰 획을 그은 발견 중 하나이지요. 특히 주기율표는 마치 전쟁을 치르듯, 이러한 맞고 틀림이 반복되어온 긴 역사를 가지고 있습니다.

당시 인류는 원자의 본질조차 모르고 있었지만, 세상을 구성하는 물질은 작은 원소들의 집합이라고 여겼습니다. 그 미시세계에 커다란 호기심을 지니고 원소를 탐색하는 '원소 사냥'을 시작합니다. 사냥이라고 표현한 이유는 그만큼 맞고 틀림을 반복한 치열한 경쟁이 있기 때문입니다. 이 사냥의 중심에는 다소 고집스러운 과학자가 있었죠. 원소의 주기율표를 만든 러시아 화학자 멘델레예프Dmitri Mendeleev입니다. 그가 없었더라면 화학은 지금처럼 주류 과학으로 발돋움하기 어려웠을 겁니다. 이런 업적에도 불구하고 그는 노벨상을 받지 못했습니다. 1906년에 수상 후보에 올랐지만 아쉽게 놓치고, 이듬해에 사망했지요. 노벨상은 살아 있는 사람에게만 주어지기에, 그와는 결국 인연이 닿지 않았습니다.

과학사를 들여다보면 1860년대를 중심으로 많은 일들이 동시에 일어납니다. 1862년 맥스웰은 전자기 방정식을 완성합니다. 인류는 빛이 전자기파의 일종이고 초속 30만 킬로미터의 속도로 움직인다는 사실을 알게 되죠. 앞서 별빛에 담겨 있는 우주의 거대한 역사를 알아냈다고 말했는데, 이 사실이 밝혀진 것도 이 때문이고, 원자의 정체와 본질을 알게 된 것도 이것 때문입니다. 비슷한 시기인 1869년에 멘델레예프는 「원소의 성질과 원자량의 상관관계」라는 논문을 발표합니다. 이 논문은 당시 물질의 본성에 대한 지식 기반을 흔드는 논문이었습니다. 흥미로운 점은 이때는 원자의 정체조차 제대로 모르고 있었다는 사실입니다. 그런데 주기율표가 온전히 멘델레예프의 작품인 것만은 아닙니다. 원소의 주기성은 멘델레예프 이전부터 연구되고 있었습니다.

독일 화학자 요한 되베라이너는 1829년에 브로민(Br)의 반응성이 염소(Cl), 아이오딘(I, 요오드)과 비슷하다는 것을 알아냈고 이어서 스트론튬(Sr)의 성질을 연구했습니다. 원소의 무게는 정확히 칼슘(Ca)과 바륨(Ba)의 중간이고, 화학적 성질은 두 원소의 혼합물 같았습니다. 그리고 황(S)과 셀레늄(Se), 텔루륨(Te)도 이런 경향을 따랐지요. 그는 이런 '세 쌍 원소'가 더 있을 것이라 확신했고 오늘날 주기율표의 세로줄인 '족Group'처럼 원소 집단을 탐색했죠. 최초의 주기율표는 '되베라이너의 세로기둥'에서 시작됩니다. 하지만 그의 세 쌍 원소에 대한 연구는 엉뚱한 방향으로 흘러갑니다. 연금술에 영향을 받은 화학자들은 모든 원소들의 본질을 찾으려 하지 않고, 세 쌍의 원소 개념이 적용되는 사례만을 파고들었습니다. 기존의 지식이 옳다고 믿으며, 이것이 틀릴 수 있다는 생각은 전혀 하지 않았지요. 심지어 1859년 프랑스 장 바스티스 뒤마는 네 쌍 원소가 맞는다고 주장했습니다.

이후 1862년 프랑스 지질학자인 샹쿠르투아Alexander Chancourtois

는 '땅의 나사' 개념을 만들어냅니다. 원기둥의 표면에 새긴 나선 홈을 따라 원소를 원자량 순으로 배열하면 수직선에서 만나는 원소들은 비슷한 속성을 가진다는 것이었죠. 하지만 연금술로 설명한 그의 속성 이론은 난해했고, 사람들은 이를 이해하지 못했습니다. 게다가 당시에는 과학에 서열이 있었습니다. 물리학과 수학의 아래에 화학이 있었고, 지질학은 그보다 더 아래였습니다. 아마도 지질학자의 의견은 서열이 낮은 편견에 의해 배척과 무시를 당했을 겁니다.

이듬해인 1863년에 영국의 화학자 존 뉴랜즈John Newlands는 독자적으로 '옥타브 법칙'을 내놓습니다. 원소를 질량 순서로 정렬하면 성질이 닮은 원소가 여덟 번째마다 나타나고, 이것이 마치 음계의 한 옥타브와 같다고 해서 붙인 이름입니다. 애석하게도 이 법칙은 가벼운 원소인 칼슘까지만 적용되는 것이었습니다. 원자의 구조를 모르니 무거운 원소에는 적용이 안 됐지요. 드디어 멘델레예프가 1869년에 논문을 발표합니다. 이 논문으로 이전의 모든 '주기성'이란 지식은 틀린 것이 됩니다. 그렇다면 멘델레예프가 맞았을까요?

그가 만든 주기율표도 지금의 것과는 달랐습니다. 1869년까지 과학자들에 의해 정체가 밝혀진 원소가 예순세 가지 있었고, 서로 성질이 닮은 원소도 있었지만 어느 누구도 이 모든 것을 명확하게 정리하지 못했습니다. 어느 날 카드 게임을 좋아했던 멘델레예프가 예순세 가지 원소의 무게와 성질을 카드에 적어 정리했더니 주기적으로 공통된 화학적 성질을 갖는 그룹마다 원자량이 커지게 배열이 가능하다는 사실을 알게 됩니다.

멘델레예프는 천재는 아니었지만 고집이 셌죠. 당시에 알려진 원자량 중에 주기율표 순서와 맞지 않는 원소들이 있었습니다. 그는 자신의 주기율표가 맞고 원소의 원자량이 틀렸다고 고집을 피웠습니다. 심지어 일부 원소들을 주기를 건너뛰어 배열했고, 일부는 빈칸으로 남겨두기까지 했지요. 분명 새로 발견되어 빈칸을 채울 원소가 더 남아 있다고 예측했습니다. 특히 알루미늄(Al), 붕소(B), 규소(Si)는 채 발견하기도 전에 영어 이름이 정해지기까지 했지요. 그런데 실제로 그의 발표 이후에 발견된 13족과 14족 원소 갈륨(Ga)과 저마늄(Ge)의 성질은 그의 예측과 맞아떨어졌습니다. 그는 원자의 정체도 모른 채 정답을 맞힌 것이죠.

예측이 맞자 그는 화학자로서 유명세를 얻게 됩니다. 과학자들은 그의 주기율표에 믿음을 가지고 나머지 빈칸의 원소를 찾기 시작합니다. 주기율표는 그가 발표한 이후 많은 변화를 겪었고 모양도 달라졌지요. 가령 초기의 주기율표는 세로 모양이었지만, 지금의 표준 주기율표는 가로 모양으로 바뀌었습니다. 이처럼 화학자들은 40년 동안 원소들의 위치를 바꾸면서 주기율표를 수정합니다. 그런데 여전히 원자량의 순서가 주기와 맞지 않는 것이 발견되었죠. 원자량 순서가 맞지 않는 것은 두루뭉술하게 원자 번호를 붙여 위치를 정했습니다. 화학자들에게 원자 번호는 그저 순서일 뿐 그 의미는 알지 못했기 때문입니다. 한편 물리학자인 모즐리Henry Moseley가 결국 이 의미를 찾아냅니다. 주기율표에서 원소의 번호는 원자량이 아닌 원자핵의 양성자수에 의한 것이라는 분명한 사실을 밝혀낸 것입니다.

당시 학계는 원자론조차 확실히 입증된 것으로 여기지 않았기에 이를 믿지 않는 학자들도 있었습니다. 그러나 화학자들은 원자들 사이의 결합과 관계에 집중했고, 물리학자들은 원자 내부의 구성입자를 연구했습니다. 물리학은 양자역학이라는 분야로 넓혀갑니다. 양자역학의 등장은 모호하고 진부한 화학을 물리학 분야로 끌어들입니다. 순조롭게 나아가던 멘델레예프의 원자론은 죽어갔으며, 물리학의 양자역학이 과학을 지배했다고 해도 과언이 아니었습니다. 물리학의 압승이었지요. 주기율표는 화학의 전유물이라고 생각했지만, 원소가 왜 그렇게 종류별로 만들어졌는지, 원자와 원자의 결합은 왜 그래야 하는지를 아는 것은 물리학의 설명 없이는 불가능해진 겁니다. 그렇다면 멘델레예프의 이론이 틀렸고, 그는 패배한 것일까요? 하지만 그의 주기율표는 원소의 주기성을 증명하는 데 있어서 큰 의미가 있습니다.

과학자가 자신의 이론이 맞는다는 것을 스스로 완벽하게 증명하기란 불가능에 가깝습니다. 왜냐하면 '맞음'을 증명하기 위한 유일한 방법은, 자신의 결론이 틀렸다는 것을 증명하려는 모든 시도가 실패하는 것뿐이기 때문입니다. 틀림의 부재가 '맞음'을 증명하지만, 틀림의 존재가 새로운 '옳음'을 만들기도 합니다. 이쯤 되면 맞다와 틀리다의 경계가 모호해집니다. 어쩌면 지금은 맞고 그때가 틀렸다는 말과, 그때는 맞고 지금은 틀렸다는 말은 동어반복이 아닌가 싶습니다. 어떤 일을 어떻게 바라보고 해석하는가에 따라 의미가 달라질 수 있습니다. 되베라이너처럼 세 쌍의 원소가 틀림없다는 생각에서 여기에 의심을 품지 않고 '틀림'을 찾지 않았던 시간보다, 끊임없이 의심하고 질문을 던지며 '틀림'을 찾아내는 시간 덕택에 우리는 진실에 가까이 갈 수 있었으니까요.

왜 **멘델레예프**가 '**주기율표의 아버지**'가 되었을까

주기율표를 연구하고 발표했던 과학자는 한두 명이 아닙니다. 그런데 지금 '주기율표의 아버지'라고 불리는 것은 멘델레예프뿐입니다. 그의 주기율표가 현재까지 사용하는 표준 주기율표의 시작이 되었지요. 대체 그의 주기율표의 어떤 점이 그렇게 특별했던 것일까요? 단지 그가 운이 좋거나, 앞선 과학자의 연구를 잘 정리했기 때문일까요? 분명 그는 그가 정리한 주기율표에서 원소의 규칙, 그러니까 주기성의 원인에 대해서는 아무 설명도 할 수 없었습니다. 단지 그는 규칙을 유지하기 위해 당시 발견되지 않은 원소들 자리를 비워놓았지요.

이후 과학자들은 그가 비워둔 자리에 그가 예언한 원소들이 채워지는 것을 보고 주기율표가 말하고 있는 진정한 의미를 알게 됩니다. 분명 그의 주기율표는 원소의 성질에 대한 근본적인 무언가를 말하고 있다고 믿게 된 것이죠. 이 규칙 때문에 미발견 원소를 예측할 수 있다는 것입니다. 그렇다면 그의 연구는 그 이전의 과학자들이 고민했던 방식과는 차이가 있다는 것이지요. 원자가 성질을 가지는 이유에 대해 설명이 가능한 이론적 배경 없이, 성질을 예측할 수 있는 표를 만든 것입니다. 열정이나 세심함 면에서 여간해서는 불가능한 일이지요. 이 점이 멘델레예프 주기율표가 갖는 또 다른 가치이기도 합니다.

그가 주기율표를 완성하려 했던 동기와 성실하게 과정을 수행했던 열정을 지켜낸 목표는 노벨상과 같은 거창한 게 아니었습니다. 이전의 원소 분류 방식은 세 쌍 혹은 네 쌍으로 집단을 묶어놓고 있었고 여기에 속하지 않는 원소들은 늘 혼란을 가중시켰습니다. 그래서 그는 원소 분류의 목표를 화학을 공부하는 사람들이 보다 쉽게 원소를 이해하는 데 두었죠. 이런 목표에 대한 그의 열정은 여간한 것이 아니었습니다. 어쩌면 그 비밀은 그의 생애를 통해 읽어낼 수 있을 것 같습니다. 지금 전해지는 그의 사진을 보면 그는 늘 긴 수염이 있고 허름한 옷을 입고 있습니다. 대화학자임에도 언제나 대중교통을 이용하며 평민들과 자유로운 대화를 즐겨 했습니다. 이러한 삶의 태도가 형성된 것은 아마도 어려운 환경 속에서도 시베리아에서 모스크바로 그를 데리고 온 어머니의 영향이었을 것입니다.

그의 어머니는 강하고 현명한 여성이었습니다. 당시 러시아는 여자에게 교육을 시키지 않았는데, 그녀는 스스로 공부해 지식을 쌓았고, 긍정적인 태도를 가지고 있었습니다. 그녀가 늘 멘델레예프에게 했던 말에서 그녀의 삶에 대한 태도를 엿볼 수 있지요. "육신을 걱정하며 살아가는 것은 진정 어리석은 일이다. 사람은 하루 중 몇 시간이라도 영혼에 자유로운 시간을 주어야 한다"라는 말입니다. 멘델레예프는 이 말을 늘 새겨들었습니다.

멘델레예프는 여느 과학자처럼 특별한 사람도 아니었고 환경도 특별하지 않았습니다. 아니, 오히려 어려운 환경이었죠. 사범대학을 졸업한 멘델레예프의 아버지는 시베리아의 작은 마을에서 교사 생활을 시작했고 그곳에서 결혼을 해 열네 명의 자녀를 낳았습니다. 멘델레예프는 막내로 태어났죠. 그의 가정은 부유하진 않아도 화목했지만 멘델레예프가 태어난 후 아버지가 병으로 실명에 이르고 교직을 그만두게 되면서 어려움이 닥쳐 왔습니다. 하지만 어머니는 유리 공장을 운영하며 생활을 꾸려나갔고 자녀들에게 삶의 목표를 갖도록 교육했습니다. 특히 아들 중에서 가장 똑똑한 멘델레예프를 과학자로 길러내겠다고 다짐했습니다.

하지만 우리가 알고 있는 여느 천재 과학자와 달리 멘델레예프가 영재는 아니었습니다. 그는 수학과 과학을 잘했지만 언어, 특히 라틴어에 흥미가 없었죠. 그가 고등학교를 졸업하는 날 친구들과 동산에 올라가 라틴어 책을 불사르고 좋아했다고 할 정도로 라틴어를 싫어했습니다. 당연히 성적도 좋을 리가 없었지요. 모르긴 몰라도 부모님 속을 꽤나 썩였을 겁니다. 그런데 이 시기에 그의 가정에 또 다른 위기가 닥칩니다. 실명으로 고생하시던 아버지가 세상을 떠났고, 유일한 생계 수단이었던 유리 공장에 화재가 발생한 겁니다. 하지만 멘델레예프의 어머니는 결코 좌절하지 않았습니다. 모든 것을 잃고도 자녀 교육을 포기할 수 없었던 멘델레예프의 어머니는 남은 재산을 모두 정리해 모스크바로 향했습니다. 오직 멘델레예프를 어엿한 과학자로 만들겠다는 일념에서였지요.

모스크바에서 멘델레예프를 받아줄 대학이 없었지만 어머니는 포기하지 않았습니다. 교사였던 남편의 인맥을 통해 상트페테르부르크의 사범학교를 찾아가 멘델레예프를 입학시켰지요. 하지만 고난은 여기서 멈추지 않았습니다. 그의 어머니마저 병으로 세상을 떠났지요. 그리고 고아가 된 그에게도 폐렴이란 중병이 찾아옵니다. 목숨이 위태로운 지경이었고, 그에게 도무지 희망이라고는 찾아볼 수 없는 상황이 되었지요. 그런데 어떤 이유인지 그는 학업에 더 몰두합니다. 어머니의 속을 그렇게 태웠던 멘델레예프의 후회였는지 아니면 어머니의 가르침에 뒤늦게 학문에 눈을 뜬 것인지 모르겠지만, 그는 학업에 몰두합니다. 사범학교를 졸업할 즈음 다행히 그는 건강을 회복했고 졸업 후 교사로 재직하게 됩니다. 몇 차례 지역을 옮겨가며 교사나 강사 일로, 혹은 과외로 생계를 이어갔습니다.

그렇게 어려운 상황 속에서도 끈질긴, 그리고 주기율표와는 아무런 관계가 없는 것 같은 삶을 이어가던 그에게 우연한 기회가 다가옵니다. 운 좋게도 국비로 유학을 갈 기회가 생긴 것입니다. 이 덕분에 독일의 하이델베르크대학에서 화학을 제대로 공부할 수 있었지요. 1859년의 일이었습니다. 주기율표 탄생 10년 전이고, 그의 나이 25세가 되던 해였습니다. 이 시기에 그는 화학에 더욱 관심을 가지게 됩니다. 그에게 인생의 전환점이 된 시기라고 할 수 있지요. 유학 당시에 학회에도 참여했는데, 당시 화학 관련 학회의 주된 화두는 새로운 원소의 발견이었습니다. 대부분의 화학자들은 원소의 질량을 통해서 원자가 가진 성질을 규명하고 있었는데, 멘델레예프는 이 학회에서 그들과 달리 원소의 분류에 대한 새로운 아이디어를 떠올리게 됩니다.

유학 과정이 끝나고 고국에 돌아온 그는 더욱 학문에 열의를 불태웠습니다. 그리고 주기율표를 비롯한 다양한 업적을 남기게 되지요. 그는 기술원과 대학 교수로 재직하는 동안 학생들에게 어떤 장벽도 만들지 않았으며, 학생들을 마치 친구 대하듯 했다고 합니다. 심지어 학생들과 관료들의 충돌 사건에서는 학생들의 변호인이 되었지요. 그러한 그의 자유주의적인 행동이 미움을 사서 교수직까지 해직되기도 했습니다. 그가 원소의 분류에 사명을 가지고 연구에 임했던 동력은 업적이 아니었습니다. 그가 화학교과서를 만들었다는 사실에서 그 이유를 짐작할 수 있지요.

그는 이전의 분류 방식과 달리 원자량의 순서와 화학적 성질을 입체적으로 배치하는 분류 방식을 생각했습니다. 이전의 분류 방식은 세 쌍 혹은 네 쌍 혹은 여덟 개의 주기성 등 질량을 기준으로 묶어놓고 있었기 때문에, 나머지 원소들을 분류하는 것이나 원소의 성질을 규명하는 게 문제였습니다. 이 분류 방식이 매우 혼란스러워서 화학을 공부하는 학생들이 원소를 이해하거나 유기화학을 공부하는 데 도움이 되지 못했습니다. 그래서 멘델레예프는 원소 분류의 목표를 화학을 보다 쉽게 공부하는 데 두었습니다. 만약 그가 논문 업적만을 목표로 했다면 원소 전체를 입체적으로 보지 못하고, 그 이전의 연구와 진배없이 특정 원소들의 공통점과 연관성만을 좇았겠지요. 그런 점에서 그가 업적이 아니라 학문 자체를 사랑했음을 엿볼 수 있습니다. 진정한 스승의 자세였다고 할 수 있겠지요.

그의 주기율표 방식은 이렇습니다. 알칼리 원소는 금속의 성질을 대표하고 비금속을 대표하는 원소는 할로젠 원소입니다. 그래서 금속과 비금속을 대표하는 두 그룹 사이에 다른 그룹을 끼워 넣으면 된다는 방식입니다. 그는 원소를 왼쪽 위에서 아래로 내려가면서 원자량 순서로 배열한 원소표를 기준으로 각 원소에 대해 알려진 성질을 대입했습니다. 일정한 순번마다 유사한 성질의 물질이 발견된다는 것을 알아낸 것이죠. 그리고 그는 이미 발견된 원소들로 표를 억지로 꿰어 맞추지 않았습니다. 그 자리에 해당하는 성질을 가진 원소가 없는 경우에는 그 자리를 빈칸으로 내버려두었지요. 역설적이지만 이 미완성 주기율표는 그 자체로 완성된 것이었습니다.

멘델레예프는 미지의 원소를 예측했습니다. 그의 예측은 물질의 성질이 주기성을 갖는다는 사실에 근거하여 이루어졌습니다. 그가 예측한 원소 중 대표적인 것이 현대 전자 산업의 혁명을 가져온 물질인 저마늄(Ge)입니다. 물론 당시 그가 표현한 이름은 에카규소입니다. 규소 다음에 오는 원소라는 의미지요. 그의 예언은 놀라울 만큼 정확했습니다. 하지만 그가 주기율표를 만들고 몇 가지 원소의 성질을 예언했을 당시 사람들의 반응은 지금의 그에 대한 예우처럼 열광적이지 않았습니다. 1860년대의 화학계에서, 시대를 앞서나간 그의 생각을 읽어내는 것은 어려웠을 것입니다. 물리학 또한 이제 겨우 원자의 정체를 알아가기 시작한 때이니, 그의 구상이 마치 점쟁이의 예언처럼 받아들여진 것도 무리가 아니지요.

과학은 증명의 학문이지만, 멘델레예프는 그 자신이 만든 주기율표를 설명하지는 못했습니다. 그러나 그는 원소의 세계에 규칙이 존재하고, 이 규칙에 근거해 만든 주기율표를 이용하면 화학을 공부하기 쉽다는 점에 대해서는 결코 물러서지 않고 주장을 피력했습니다. 주기율표가 지금의 모습을 갖추기까지 많은 수정이 있었지만, 지금 우리가 사용하는 주기율표는 그의 설계에 기초하고 있습니다. 화학이 엄연한 학문으로서 성립되고 발전하는 데 있어 그가 기여한 공로는 그 누구도 부정할 수 없는 것입니다.

원자의 정체를 알기 시작하다

화학의 상징과도 같은 주기율표에 대한 이야기를 풀어가면서 물리학을 꺼내는 것이 다소 어색할 수도 있습니다. 하지만 주기율표는 화학의 전유물이 아닙니다. 멘델레예프의 주기율표가 현재와 같은 구조를 갖추는 데는 물리학의 기여가 있었기 때문입니다. 실제로 원자의 정체를 밝혀낸 공로는 물리학에 있지요. 이제 물리학의 원자 탐험이 어느 지점에서 화학과 연결되는지 살펴볼 때가 왔습니다.

멘델레예프가 주기율표를 세상에 내놓았을 당시까지도, 물질의 최소단위를 원자라고 표현했을 뿐 그 실체는 모르고 있었습니다. 19세기 들어 화학과 물리학에서 원자를 연구했지만 서로 다른 길을 걸었지요. 화학자들은 원소의 종류와 그 성질에 집중한 반면, 물리학자들은 원자라는 입자에 몰입했습니다. 지금처럼 화학이 전자의 언어로 원자 사이의 결합에 집중하고, 물리학은 입자의 언어로 원자 내부 물질에 집중하도록 나뉜 것도 어쩌면 이때부터가 아닌가 싶습니다.

우리가 물 분자를 그리는 가장 쉬운 방법은 수소와 산소 원자를 둥근 당구공 모양으로 표현하는 겁니다. 원자 하나의 모습을 그려내는 데는 꽤 괜찮은 방법입니다. 원자의 정체를 모르던 시절에도 이 모양은 설득력이 있어 보이지요. 1806년 돌턴은 당구공을 닮은 '원자 가설'을 내놓게 됩니다. 그런데 원자론과 같은 이론이 아니라 가설입니다. 이유는 과학적 접근법 때문입니다. 이론은 바로 정해지는 게 아니라 가설을 정하고 가설에 맞게 성질과 운동을 설명합니다. 그리고 설명에 오류가 존재하는지를 증명하는 것이 과학적 과정이지요. 아무리 연구해도 오류가 없다는 것이 증명되어야 가설은 비로소 학설과 이론이 됩니다.

이미 언급했듯이 원자 자체는 기원전부터 다뤄졌습니다. 비록 추상적인 개념이지만 물질의 근본으로 언급이 됐지요. 실체를 인식할 수는 없었지만 분명 존재하는 어떤 것이었죠. 추상적 원자 개념은 물질과 세계관을 철학으로 이해하기에 적당했습니다. 그런데 이를 철학의 영역에서 과학의 영역으로 끌어들인 것이 돌턴의 '당구공' 모형입니다. 관념을 실체로 정의하기 시작한 겁니다. 측정을 할 수 없었기에 관념적인 '가설'로 남을 수밖에 없었지만 지금 생각해도 돌턴의 모형은 꽤나 근사한 가설입니다.

이제 가설이 이론과 학설이 되는 과정을 살펴보겠습니다. 물리학 분야에서 다시 원자에 대한 가설을 세웁니다. 원자가 가장 작은 입자라는 인식이 오류가 아닐까 의심한 것이 그 시작이지요. 여기에는 핵심적인 두 사건이 있습니다. 첫 번째 사건은 1870년 초, 진공관 안에 걸린 높은 전압으로 인해 전극에서 무언가 튀어나온다는 것을 발견한 일입니다. 바로 지금은 사라진 브라운관 텔레비전에 사용했던 음극선관입니다. 음극선관의 또 다른 이름은 '크룩스관'이라고도 하는데 발명자인 영국의 물리학자 윌리엄 크룩스의 이름을 딴 것입니다.

당시에는 방출된 빛의 정체가 전자라는 사실을 몰랐습니다. 그래서 '음극선Cathode ray'이라고 이름 지었지요. 두 번째 사건은 1896년에 일어납니다. 당시의 사진 기술은 사진 건판을 감광해 현상하는 방식이었습니다. 한 과학자가 '피치블렌드'라는 광석을 얹어놓은 사진 건판이 저절로 감광되는 현상을 발견합니다. 결국 이 원인이 광물에서 나온 방사능 때문이란 것을 알았고, 이 현상을 놓치지 않은 사람은 프랑스 물리화학자 베크렐입니다. 방사능 수치의 단위는 바로 이 과학자의 이름에서 따온 겁니다.

두 사건으로 물질의 가장 작은 단위인 원자 안에 다른 무언가가 더 있을 수도 있다는 의심이 생겼습니다. 과학자들이 이 의혹을 가만히 둘 리가 없었겠지요. 첫 번째 사건 이후 많은 일들이 벌어집니다. 1886년에 독일 물리학자 유겐 골드스타인Eugen Goldstein은 음극선관에서 음극선뿐만 아니라 양전하를 가진 입자도 방출된다는 사실도 발견합니다. 반대 전하를 가진 어떤 입자가 음극선과 다르게 자기장에 의해 거꾸로 움직인 것을 포착했지요. 그 입자에 양성자proton라는 이름이 붙은 것은 이때였습니다. 이듬해 영국의 물리학자 톰슨John Thomsom은 음극선이 음전하를 가진 입자로 이뤄졌고 입자의 질량은 수소 원자의 2,000분의 1 정도로 가볍다는 발표를 합니다. 정확한 수치는 20년 뒤 양성자의 1,837분의 1로 밝혀졌으니 상당한 근삿값입니다.

이 음전하를 가진 입자는 매우 안정하여 원자 사이에서 활발하게 이동하고, 변환되지 않은 채로 진공 혹은 공기 중에 나오기도 합니다. 이 입자가 바로 전자입니다. 하지만 우리는 전자의 정체를 모를 때부터 전자와, 전자가 방출되는 현상인 방전을 은연중에 활용하고 있었습니다. 기원전 600년경 그리스에서 호박amber을 닦을 때 발생하는 정전기 현상을 발견한 뒤로 인류는 전기를 초자연적 현상으로 받아들였고, 이후 라이덴병에 전기를 모아 축전지로 사용했습니다. 과거에 화학자가 원소를 발견하기 위해 전기분해를 사용하는 경우가 있었는데, 대부분 라이덴병에 모은 전기를 사용한 겁니다. 라이덴병에 들어 있던 것은 전자의 뭉치였지요. 그래서 전자electron의 이름은 호박이라는 뜻의 그리스어 'electron'에서 유래했습니다. 전자가 단위 전하로 이뤄져 있다는 걸 알아낸 사람은 밀리컨Robert Andrews Millikan이라는 물리학자입니다. 전자의 정체가 서서히 드러나고, 더이상 원자는 당구공이 될 수 없었습니다.

돌턴의 당구공 가설 이후 거의 100년 만인 1897년에, 톰슨은 새로운 원자 모형을 발표합니다. 돌턴 가설과 가장 큰 차이점은 측정을 했다는 겁니다. 관념 차원에서 머무르지 않고, 실제 인류의 눈앞으로 가지고 온 것이죠. 톰슨은 원자가 양전하를 가진 양성자와 양전하 크기만큼의 음전하 입자로 이루어져 있다고 했습니다. 매끈한 당구공은 양전하를 가진 양성자이고 전하를 상쇄시킬 만큼의 음전하 입자가 안에 존재한다는 것이지요. 모양이 마치 자두가 박힌 푸딩 같다고 해서 '플럼 푸딩Plum pudding'이라고 이름 지은 모형을 완성합니다. 하지만 전자라는 이름은 바로 등장하지 않았습니다. 이후에 톰슨의 연구를 이은 과학자들이 질량을 정확히 계산하면서 플럼이라는 별명을 가졌던 음전하 입자는 전자라는 이름을 가지게 됩니다.

톰슨의 제자인 물리화학자 어니스트 러더퍼드Ernest Rutherford는 '핵물리학의 아버지'로 불립니다. 러더퍼드의 연구는 베크렐의 방사선 발견의 바통을 이어받은 것입니다. 그는 우라늄과 라듐을 이용해 원자를 연구했습니다. 이 원소들에서 나오는 강한 에너지를 이용한 겁니다. 우라늄처럼 무겁고 불안정하고 커다란 원소는 핵을 유지하기가 힘들어 핵이 떨어져 나갑니다. 그렇게 떨어져 나온 입자는 양전하를 가졌지요. 핵 안의 양성자가 가진 반발력이 강력을 이기고 튀어 나가는 겁니다. 하지만 그 입자의 정체를 몰랐기 때문에 미지의 입자라는 의미로 '알파 입자alpha particle'라고만 불렀지요.

러더퍼드는 방사능 원소에서 튀어나온 '알파 입자'를 가지고 다시 온갖 원소에 충돌시켜보았습니다. 미지의 알파 입자는 물질을 파고드는 성질이 있었기 때문이지요. 톰슨의 원자 모형이 맞는다면 알파 입자는 물질을 통과할 겁니다. 그런데 아주 적은 확률이지만 튕겨 나왔고 알파 입자가 양전하이기 때문에 분명 물질 안에 양전하가 뭉쳐진 어떤 것이 있다는 가설을 세우게 됩니다. 바로 핵의 존재를 세상에 꺼낸 겁니다. 러더퍼드가 이때를 묘사하기를 "이것은 마치 휴지에 대포를 쐈는데 대포알이 튕겨서 나오는 것을 보는 듯한 충격이었다"라고 말했습니다.

충돌 실험은 입자물리학에서 중요한 연구 방법입니다. 아니, 입자를 연구할 유일한 방법이라고 할 수도 있겠군요. 지금도 입자를 연구하는 물리학자들은 입자끼리 충돌시키며 파편처럼 튀어나온 대상을 연구합니다. '강입자 가속기Large Hadron Collider, LHC'가 입자를 충돌시키는 대표적인 거대 실험장치입니다. 러더퍼드의 실험은 핵의 존재를 알아내는 데 그치지 않았습니다. 입자를 충돌시키면 튕겨 나오기도 했지만, 심지어 물질을 파고들어 원자핵이 부서지기도 했습니다. 1920년에 충돌기에서 수소가 떨어져 나가며 질소가 산소로 바뀐다는 사실을 알았고, 이 결과를 통해 수소핵이 모든 원자핵의 기본이란 사실을 알아냅니다. 이 수소핵을 양성자proton라고 부른 것은 이때부터입니다. 실험에 사용한 알파 입자는 두 개의 양성자와 두 개의 중성자를 가진 헬륨 핵이었습니다.

1911년에 그는 자신의 이름을 딴 원자 모형을 발표합니다. 그 핵심은 '원자의 중심에는 양전하를 가진 핵이 압축되어 있고 그 주변에는 전자가 마치 태양 주위를 도는 행성처럼 무질서하게 돈다'라는 것이었습니다. 러더퍼드의 모형은 우리가 알고 있는 원자의 구성입자와 차이가 하나 있습니다. 바로 중성자neutron의 부재입니다. 중성자의 존재는 1932년 영국의 물리학자 채드윅James Chadwick에 의해 밝혀집니다.

이 발견 전에 영국의 또 다른 물리학자인 모즐리Henry Moseley는 여러 종류의 원소에 전자를 충돌시킬 때 발생되는 X선의 강한 에너지를 연구했습니다. 원소의 종류에 따라 고유한 파장이 방출되는 것을 관찰했고, 이 파장은 핵 안의 양성자수와 관계가 있지요. 화학자들이 원소의 순서를 그저 무게를 기준으로 정했을 때, 모즐리가 그 번호의 정체가 양성자 개수임을 밝혀낸 겁니다. 원자량인 질량만을 기준으로 하면, 같은 원소일지라도 중성자의 수가 다른 동위원소 때문에 주기율표에서 설명할 수 없는 부분이 있었습니다. 화학자들은 이런 현상 때문에 골머리를 썩였지요. 원자량 기준에 따르면 니켈과 코발트의 경우 서로 자리를 바꿔야 합니다. 그렇다고 자리를 바꾸자니 세로줄로 정의한 원소의 성질과 맞지 않습니다. 배열이 틀어지니 화학자들의 자존

심에 상처를 입게 됐고, 결국 화학계는 세로줄에 맞춰 두 원소의 원자량을 예외로 처리합니다. 이유는 알 수가 없었으니 당시에는 이 방법이 최선이었지요.

모즐리 덕분에 멘델레예프의 주기율표는 더욱 아름다워집니다. 화학자들을 괴롭혔던 원자량도 그 정체가 드러냈습니다. 원자량은 원소가 가진 양성자와 중성자 전체의 질량 표시입니다. 원자량이 원자 하나의 실제 질량은 아닙니다. 원자가 너무 작아 탄소 원자 1몰mole(㏖), 그러니까 6.02×10^{23}개의 탄소 원자가 모인 질량 12.01115그램을 원자량 12로 정하고, 이를 기준으로 나머지 원소의 상대 질량을 정합니다.

같은 원소라면 핵 안에 있는 양성자수가 같습니다. 모든 수소 원자는 양성자가 한 개이고 칼슘 원자에는 스무 개의 양성자가 있습니다. 일반적으로 중성자수는 핵에 양성자수만큼 있습니다. 그런데 같은 원소임에도 중성자수가 다른 원소가 존재합니다. 하지만 각 원소의 성질은 변하지 않습니다. 이런 원소를 동위원소라고 부릅니다. 중성자수가 다르기 때문에 동위원소의 질량은 모두 다릅니다. 주기율표를 보면 원자량이 소수점으로 나와 있습니다. 바로 동위원소를 모두 고려한 평균값이기 때문이지요. 화학자들을 괴롭혔던 원자 번호는 모즐리의 연구로 일단락됩니다.

원자핵을 중심으로 전자가 돌고 있는 러더퍼드 모형은 태양을 도는 행성 모양과 비슷해, 직관적으로 이해하기가 쉽습니다. 그래서 한동안 이 모형은 과학계에서 사랑받았고, 지금도 간단한 원자의 구조를 설명하는 경우에 사용합니다. 하지만 원자의 세계는 그리 호락호락하지 않습니다. 러더퍼드의 모형 또한 설명할 수 없는 현상이 있었던 겁니다.

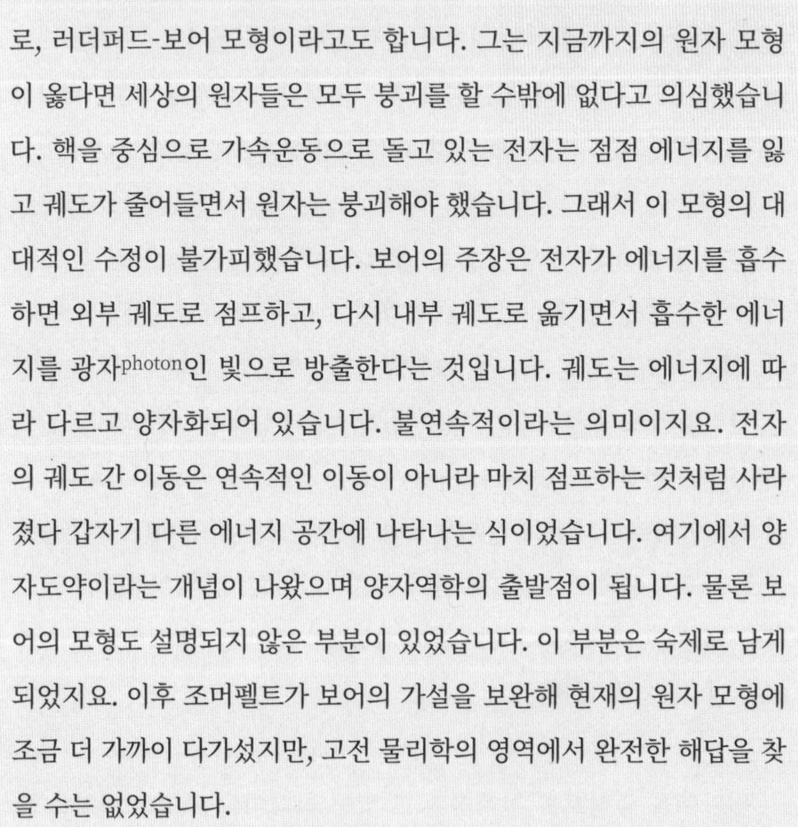

덴마크의 물리학자 닐스 보어Niels Bohr는 영국 맨체스터에서 러더퍼드와 함께 연구한 과학자입니다. 보어의 원자 모형은 러더퍼드와 같이 수정한 결과로, 러더퍼드-보어 모형이라고도 합니다. 그는 지금까지의 원자 모형이 옳다면 세상의 원자들은 모두 붕괴를 할 수밖에 없다고 의심했습니다. 핵을 중심으로 가속운동으로 돌고 있는 전자는 점점 에너지를 잃고 궤도가 줄어들면서 원자는 붕괴해야 했습니다. 그래서 이 모형의 대대적인 수정이 불가피했습니다. 보어의 주장은 전자가 에너지를 흡수하면 외부 궤도로 점프하고, 다시 내부 궤도로 옮기면서 흡수한 에너지를 광자photon인 빛으로 방출한다는 것입니다. 궤도는 에너지에 따라 다르고 양자화되어 있습니다. 불연속적이라는 의미이지요. 전자의 궤도 간 이동은 연속적인 이동이 아니라 마치 점프하는 것처럼 사라졌다 갑자기 다른 에너지 공간에 나타나는 식이었습니다. 여기에서 양자도약이라는 개념이 나왔으며 양자역학의 출발점이 됩니다. 물론 보어의 모형도 설명되지 않은 부분이 있었습니다. 이 부분은 숙제로 남게 되었지요. 이후 조머펠트가 보어의 가설을 보완해 현재의 원자 모형에 조금 더 가까이 다가섰지만, 고전 물리학의 영역에서 완전한 해답을 찾을 수는 없었습니다.

앞서 '화학은 전자의 언어'라는 표현을 했습니다. 전자는 원소가 결합하는 행위의 주역이기 때문이죠. 연금술로 출발한 화학은 원소의 결합과 원소가 갖는 고유의 성질에 주목할 수밖에 없었고, 결국 이 모든 문제의 해답은 양자역학이 풀어냈습니다. 마치 원자를 둘러싼 이론 경쟁에서 물리학이 승리한 것 같지요. 20세기에 들어서며 아이러니하게도 원자라는 하나의 대상을 두고 두 학문이 서로 다른 대상을 다루는 듯이 각자의 영역을 구축합니다. 화학은 물질을 구성하는 원자들이 이루는 구조에, 그리고 물리학은 핵의 내부나 고체의 특성에 관심을 가집니다. 두 학문이 각자의 영역에서 같은 자연 현상을 각자의 방식대로 이해하고 있었고 그것은 지금도 변함이 없습니다.

화학의 오비탈이라는 개념은 물리학에서 말하는 전자구름이고, 원소가 안정한 결합을 위해 오비탈이 섞이면서 혼성오비탈이 만들어지는 건 바로 물리학에서 말하는 중첩 개념입니다. 반도체나 디스플레이, 최근 화두가 되는 수소에너지도 결국 전자가 주역입니다. 범위

를 넓혀 생물학에서 다루는 생물학적 변화도 전자의 이야기입니다. 그러니까 세상을 이루는 모든 것은 화학 반응이고 동작의 메커니즘은 전자를 주고받는 과정이지요.

하지만 화학이 전자의 학문이 되기까지는 꽤 지루하고 안개 같은 길을 걸을 수밖에 없었습니다. 구조를 모르고 물질의 반응과 변화를 알아내기란 쉽지 않은 길이니까요. 그리고 분자 구조는 반응 이전에 곧 물질이 가진 고유한 기능이기도 합니다. 당연히 물질의 합성은 물리학에서 원자의 구조를 밝히고 분자의 개념이 등장하기 전까지 불가능했지요. 하지만 지난한 과정에서도 화학자들의 노력이 계속됐습니다. 비록 그 노력이 인간의 욕망에서 출발했다고 해도 인류의 삶을 이롭게 하려는 목적은 모든 과학자가 가진 공통의 목적이기도 합니다.

인간의 욕망을 닮은 **화학**

원자의 정체를 알게 되면서 금을 욕망했던 연금술은 막을 내렸습니다. 하지만 연금술의 욕망 자체는 사라지지 않았습니다. 오히려 지식은 그 욕망을 더 정교하게 만들었는지도 모르겠습니다. 물리학은 자연에는 존재하지 않는 원자까지 만들어 주기율표의 118개 칸을 채웠습니다. 더 무거운 핵, 그러니까 양성자를 더하면 새로운 원소가 만들어진다는 사실을 알아낸 것입니다. 물론 이런 일에는 엄청난 에너지가 필요하기 때문에 우리 주변에서 쉽게 볼 수는 없지만, 인류는 거대한 자연의 힘을 흉내 내기 시작한 겁니다.

또한 러더퍼드가 알파 입자로 질소 원자를 붕괴시켰다는 것은, 원자핵에서 양성자를 떼어낼 수도 있다는 것을 뜻합니다. 우리는 원소가 붕괴해서 다른 원소가 된다는 사실도 알고 있습니다. 양성자 개수가 고작 세 개 차이 나는 납을 금으로 만드는 일은 어쩌면 간단해 보이기도 합니다. 물론 이런 일이 지구상에서 쉽게 벌어지지는 않을 거라는 것은 대부분 과학자가 알고 있습니다. 얻는 것보다 잃는 것이 많기 때문입니다. 하지만 인류는 끊임없이 시도할 겁니다. 물리학의 욕망과는 다른 색깔을 지녔지만 화학도 그 연금술의 욕망을 포기하지 않았습니다. 어쩌면 화학이 인류의 역사에 남긴 발자국의 깊이만큼 인류의 욕망이 채워져 있을지도 모르겠습니다.

말라리아를 모르는 사람은 거의 없지요. 말라리아는 플라스모디움이라는 기생충으로 얼룩날개모기류에 의해 인간의 혈액으로 감염되고 간에 침투해 스스로 증식하며 적혈구를 녹여버리는 무서운 질병입니다. 말라리아는 질병임에도 화학을 연상하게 합니다. 그 이유는 말라리아 퇴치를 목적으로 무차별하게 사용했던 염소화합물인 DDT가 환경과 먹이사슬을 파괴한다는 사실 때문이기도 합니다. 하지만 이런 이유 말고도 말라리아는 화학과 깊은 인연을 맺고 있습니다. 말라리아로 시작한 인간의 욕망이, 화학을 지켜낸 기적이자 동력일 수 있기 때문입니다.

다시 19세기 유럽으로 시간을 옮겨봅니다. 당시 제국주의 국가의 선두를 달렸던 영국은 해외 영토 확장에 집중했습니다. '해가 지지 않는 나라'라고 불릴 정도로 영국의 식민지가 전 세계에 퍼져 있었지요. 그런데 인도와 동남아시아 그리고 아프리카와 같은 열대지방으로의 침략이 다급했던 그들에게 걸림돌이 되었던 것이 바로 말라리아입니다. 영토 확장이라는 욕망에 사로잡힌 영국에게는 말라리아 치료제가 필요했습니다. 그들은 얼마 지나지 않아 신코나Cinchona나무의 껍질을 달여 먹으면 효과가 있다는 것을 알게 됩니다. 말라리아 치료와 예방에 좋은 퀴닌Quinine 성분이었죠. 결국 식민지로부터 이 원료를 조달합니다.

하지만 자연으로부터 얻는 재료의 양은 턱없이 부족했고, 그래서 욕망은 다시 치밀어 오릅니다. 말라리아 치료제를 약으로 만들면 돈을 엄청나게 벌 수 있을 거라고 생각했지요. 영국은 치료제를 만들 목적으로 왕립화학대학Royal College of Chemistry를 세우게 됩니다. 당시 학생 중 천재라 불렸던 열여덟 살 윌리엄 헨리 퍼킨William Henry Perkin은 타르tar를 솔벤트solvent에 녹이고 태워서 신코나나무에서 나온 화합물과 비슷한 원소 비율의 유기화합물을 찾고자 했습니다. 하지만 찾는다 해도 이물질이 퀴닌 성분과 똑같은 것은 아니었을 겁니다. 사실 당시에는 이것이 어떤 분자인지도 정확히 알 수 없었기 때문입니다.

당시의 화학은 지금과 매우 달랐습니다. 인간이 할 수 있었던 일은 생명체인 동식물이나 광물을 녹이고 태워서 얻은 결과물을 정제하고, 라부아지에 식으로 구성 성분을 원소별로 분석하던 수준에 그쳤습니다. 당연히 분자라는 개념조차 제대로 서 있을 리가 없었겠지요. 그러니까 신코나나무가 아닌 다른 원료로부터 말라리아 치료제를 찾아낸다는 것은 역사적인 일이었을 겁니다. 어쩌면 우연히 퀴닌 성분을 합성했을지도 모르니까요.

그런데 어느 날 퍼킨은 솔벤트가 떨어져, 대신에 알코올을 용제로 사용했다가 시료가 보라색으로 바뀌는 것을 관찰합니다. 아름다운 보라색은 단숨에 그를 사로잡았지요. 이런 색을 내는 염료는 자연에서 얻기 힘들었고, 설사 있다 해도 추출이 쉽지 않았습니다. 그런데 염료를 대량으로 만들 방법을 찾은 겁니다. 여기에 그의 욕망이 꿈틀거립니다. 당시 빅토리아 여왕이 보라색을 좋아했다는 사실은 그의 야망에 날개를 달아주게 되지요. 그는 말라리아 치료제 연구를 접어두고 회사를 세워 염료 사업에 뛰어듭니다. 빅토리아 여왕이 고객이 되었고, 그는 돈방석에 앉게 됩니다. 이 보라색 유기 염료를 퍼킨 모베인Perkin Mauveine으로 불렀지요. 이때 이 염료가 어찌나 인기를 끌었던지, 당시 영국에서는 본래 보라색을 뜻하는 단어인 퍼플purple보다 모베인이 보라색을 대표하는 단어로 쓰일 정도였습니다.

영국의 많은 화학자는 퍼킨의 성공을 보고 인공화합물이 돈이 된다는 사실을 깨닫게 됩니다. 이 사건이 화학 산업의 효시가 되어, 전 유럽에 유행처럼 번져나갔습니다. 그리고 우리가 알고 있는 유럽의 제약 및 화학회사 중 대부분이 이때 생겨나지요. 당시의 화학은 물리학처럼 체계적인 이론과 방정식으로 뒷받침하지 못하고, 동식물에서 얻는 유기물을 이용해서 시행착오를 겪어가며 나아갑니다. 우리가 알고 있는 대부분 치료제가 그렇게 만들어졌습니다. 우리가 잘 알고 있는 아스피린도 버드나무에서 추출하기 시작해, 당시에 설립된 바이엘이라는 회사에서 아세틸살리실산으로 합성하게 됩니다. 하지만 당시 화학의 실험 수준은 물질의 피상적인 모습만 훑어볼 수 있는 수준에 머물렀습니다. 이 상황에서 유기화학의 발전에는 한계가 있었죠. 말라리아 치료제는 여전히 합성되지 않았고 인류는 여전히 분자를 다룰 수 없었습니다. 어찌 보면 연금술과 그리 다를 바 없었던 유기화학이 100년이란 시간을 답보 상태로 보내다가 20세기 중반에 와서 큰 변화를 맞이하게 됩니다.

바로 미국 하버드대학의 로버트 번즈 우드워드 교수가 화학계의 숙원이었던 퀴닌 분자를 합성해낸 것입니다. 이 업적은 단순히 말라리아 치료제를 합성했다는 것에 그치지 않습니다. 이로써 분자를 자유자재로 다루는 유기화학이 정립된 것입니다. 물론 물리학의 발전으로 원자의 세부구조를 설명할 수 있게 되고, 양자역학이 완성되면서 원자의 물리·화학적 특성을 이해하게 된 도움을 얻은 덕택입니다. 이제 인류는 상상하는 그 어떤 분자라도 만들 수 있게 되었습니다. 자연의 거대한 힘을 흉내 낼 수 있게 된 유기화학의 확립은 인간의 욕망에 날개를 달아줍니다. 새로운 물질인 나일론이 등장하고 자연에 없던 물질인 플라스틱을 만들어냅니다. 동시에 화학은 제약 산업으로 번져갔습니다.

예를 들어 파클리탁셀(택솔)Paclitaxel(taxol) 분자는 캘리포니아 주목나무 껍질에서 추출할 수 있는 항암제 성분입니다.주목나무는 지구에서 가장 성장이 느린 식물이지요. 택솔 1밀리그램을 얻으려면 주목나무 여러 그루가 필요합니다. 화학의 발전으로 이 분자를 합성할 수 있게 되었고, 수많은 인류가 혜택을 받았습니다. 지금 우리가 사용하고 있고, 알고 있는 대부분의 유기화합물과 신약은 100년도 채 안 되는 짧은 기간에 만들어진 것입니다. 화학이 없었다면 인류도 자연도 큰 어려움을 겪었겠죠. 이러한 인류의 욕망이 없었다면 화학이 더디게 발전했을 수도 있고, 어쩌면 물리학이 주장한 환원주의에 갇혔을지도 모릅니다.

화학의 역사를 돌이켜보면 수천 년을 지배했던 연금술이 인간의 욕망에 닿아 있었다는 것을 깨닫게 됩니다. 물론 물질의 근원을 이해하기 위해 탐구했던 과학 정신도 있었지만, 연금술을 지속해서 유지할 수 있는 지적 호기심의 아래에는 인류의 욕망이 있었습니다. 자연은 경쟁 상대가 없는 거장이지요. 그런 자연이 만든 물질의 분자 구조를 미세하게 변형할 수 있는 인류의 능력은 축복일 수 있습니다. 그것이 인류의 생명을 연장하는 신약일 수도 있고 삶을 풍요롭게 하는 신소재이기도 하며 부를 가져다줄 수도 있으니까요. 물론 인류의 과학적 능력이 모든 일을 쉽고 이롭게 만드는 것은 아닐 것입니다. 최근 화학물질의 유해성이 관심사가 되고 있기도 하지요. 인류와 자연의 미래를 위협할 가능성이 있습니다. 하지만 분명한 것은, 우리가 현재 직면한 이 문제도 화학을 통해 풀어나가야 한다는 것입니다. 화학물질을 두려워한 나머지 화학 자체를 경원시한다면 해결할 수 있는 문제도 걷잡을 수 없이 번져나갈 수 있습니다.

2

주기율표의 건축미학

원자가 원소로 구별되는 이유

사람들에게 인간이 살아가는 데 가장 소중한 물질이 무엇인지 묻는다면 가장 많이 하는 대답이 '공기' 와 '소금' 그리고 '물'일 것입니다. 공기는 78퍼센트가 질소지만 인간의 호흡에는 영향이 없기 때문에, 여기서 말하는 공기는 대기의 21퍼센트를 차지하며 호흡에 관여하는 산소를 가리키는 것입니다. 사실 호흡에 대해서 말할 때 이야기하는 산소는 산소 원자 두 개가 결합한 산소 분자(O_2)입니다. 우리가 호흡을 통해 마신 산소는 혈액의 헤모글로빈과 결합해 혈관을 타고 우리의 몸 구석구석에 전달되어 생명을 유지하게 합니다.

소금은 소듐(Na, 나트륨) 원자와 염소(Cl) 원자가 이온 결합한 분자(NaCl)이자 필수 미네랄이지요. 인체 내 혈액과 세포의 염분 농도는 채 1퍼센트가 되지 않지만 체내 영양소 흡수 과정에서의 보조나 혈압 조절, 체액의 균형 유지 등 다양한 역할을 합니다. 물은 대부분의 신진대사를 주도해 생명활동에 필수적인 역할을 하지요. 물은 산소 원자 한 개와 수소 원자 두 개가 결합한 분자(H_2O)입니다. 물의 중요성은 더 말할 필요가 없지요. 물은 인간에게만이 아니라 식물의 광합성에도 필수이기에 모든 생명체에게 없어서는 안 될 물질입니다. 물론 특정 물질이 과하면 유해할 수 있지만, 적절한 양이라면 누구도 세 가지 물질이 유해하다고 생각하지 않습니다. 이 세 물질의 화학적 특성은 인간의 생명활동에 적합합니다. 그런데 흥미로운 사실은 분자를 분리해 원자 하나를 놓고 보면 상황이 달라진다는 겁니다.

산소 원자 하나는 독성을 띱니다. 세상에서 가장 단단하다는 다이아몬드도 사라지게 만들 수 있습니다. 인간이 노화하는 것은 결국 세포가 산화하기 때문인데, 활성산소가 주범이지요. 수소 또한 금속을 쉽게 부식시킵니다. 소듐과 염소 원자는 더 지독합니다. 우리는 일상에서 소듐 원자로만 이루어진 금속을 접할 기회가 많지 않습니다. 보통 화학실험실에서 석유와 같은 기름이나 벤젠 용액에 보관하니까요. 금속 소듐은 그 자체로 폭약에 가깝습니다. 물에 닿으면 폭발하듯 반응하기 때문이지요.

염소는 제2차 세계대전에서 독일의 나치가 유대인을 학살한 화학가스 성분이기도 합니다. 모든 물질이 원자의 단위로 내려오면 위험하다는 이야기가 아닙니다. 우리가 아는 물질은 대부분 분자이고 인류가 진화하면서 적응한 물질이기 때문에 안전한 것이 많지요. 그런데 원자의 단위로 내려오면 우리가 익숙한 물질이 아닌 다른 성질을 지닌다

는 것이지요. 이렇게 원소는 저마다 다른 성질을 가지고 있습니다. 물질을 이루는 최소 단위는 원자인데, 원소는 왜 다른 성질을 가지는 걸까요. 그리고 서로 다른 원소는 어떻게 생겨난 걸까요.

원자의 정체는 이미 물리학에 의해 대부분 밝혀졌습니다. 앞에서 그 발견의 초기 역사를 살폈습니다. 이제 앞에서 남겨두었던 보어 이후의 숙제를 마저 풀어야겠군요. 그 전에 원자의 구조를 알아보려 합니다. 그러려면 원자라고 알고 있던 기본 입자를 더 쪼개야 합니다. 사실 이 영역은 입자물리학의 범위이지만 원소가 탄생하고 그 성질이 생겨난 것은 이런 작은 입자 때문이니까요.

물리학에서 원자 표준모형은 크게 쿼크와 렙톤, 게이지 보손과 스칼라 보손으로 구분합니다. 물리학은 자연계를 구성하는 물질을 쪼개고 가장 기본이 되는 입자 열두 개를 발견했습니다. 그것이 쿼크 여섯 개와 렙톤 여섯 개입니다. 원자핵을 구성하는 양성자와 중성자는 쿼크로 만들어집니다. 마치 여러 쿼크를 가지고 블록을 조립하듯이 양성자와 중성자를 만들지요. 그리고 이들 입자 사이에서 상호작용하는 입자 네 개를 매개 입자라고 해서 게이지 보손으로 정의합니다. 쿼크나 렙톤이 보손 입자를 서로 교환하면서 '힘'이 발생하기 때문에, 이 보손 입자를 매개 입자라고 부르게 되었습니다.

예를 들어 전자기력은 광자라는 입자가, 중력은 중력자라는 입자가 매개 역할을 하지요. 여기에 마지막으로 열일곱 번째 입자인 힉스를 찾아냈습니다. 2013년 노벨 물리학상이 힉스 입자의 존재를 예측

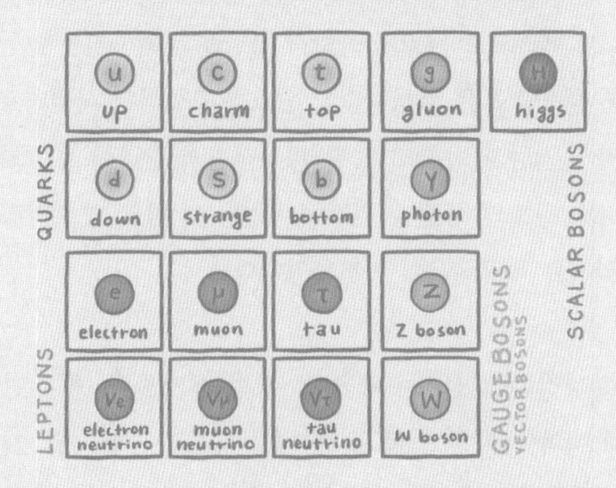

한 업적에 대해 수여되었습니다. 힉스 입자는 스칼라 보손의 일종입니다. 입자들이 힉스 입자와 상호작용하는 정도에 따라 그 입자의 질량이 결정됩니다. 이 열일곱 개의 입자가 세상의 모든 물질과 세상을 움직이는 힘을 만드는 것입니다.

원자의 표준모형을 자세하게 설명하지 않았지만 원자는 이러한 기본입자를 재료로 만들어진다는 정도로 다루려 합니다. 이 책에서 원자핵 그 자체를 다루지는 않을 겁니다. 핵의 내부에 관해서는 물리학에서 설명하는 것이 적절하고, 주기율표에 관해서는 원자핵이 양성자와 중성자로 이루어져 있다는 사실로 충분하기 때문입니다. 아직 언급되지 않은 렙톤의 정체가 남았지요. 바로 전자입니다.

원자핵의 무게에 따라 원자량이 결정되고 원소가 구별되는 것처럼 보이지만, 핵을 구성하는 양성자와 중성자 질량 때문에 소듐처럼 폭발하거나 염소처럼 사람에게 해를 가하는 능력이 생기는 것은 아닙니다. 그러니까 핵만으로 원소의 화학적 성질을 정의하지는 않는다는 것이죠. 물론 원자량 혹은 양성자수가 원소를 구별하는 식별자로 여겨지지만, 원자의 질량과 화학적 성질과는 직접적 관련이 보이지 않습니다. 그렇다면 원소의 성질을 결정하는 범인이 따로 있으리라는 추측을 할 수 있지요. 바로 렙톤, 곧 전자입니다.

원소의 성질은 양성자수와 같은 수의 전자들이 핵 주변의 정해진 공간에 핵과 가까운 안쪽 공간부터 채우고 나서, 에너지 기준으로 가장 바깥쪽 공간에 남은 전자들에 의해 결정됩니다. 이 전자를 '원자가전자valence electron'라고 합니다. 예를 들면, 인체는 가장 바깥쪽 궤도의 원자가전자로 몸에 들어온 원소를 판단합니다. 수은(Hg)은 아연(Zn)의 경로를 따라 인체에 흡수되고, 세슘(Cs)이 체내에 축적되지 않으려면 포타슘(K)이 충분해야 합니다. 이 말은 몸이 두 쌍의 원소를 잘 구별하지 못한다는 거지요. 수은과 아연 그리고 세슘과 포타슘을 주기율표에서 찾아보면 두 쌍의 원소는 같은 세로줄에 있습니다. 주기율표의 세로줄은 원자가전자가 같은 원소의 집합입니다. 결국 원소의 성질은 전자 때문에 정의된다는 것을 알 수 있습니다. 전자는 어떤 입자이고 원자핵 주변의 어디에 있길래 원자의 성질을 결정하는 걸까요?

전자는 어느 하나 다른 것이 없습니다. 전자는 물리학에서도 더 이상 작은 단위가 없는 렙톤이라는 입자라고 규정하고 있지요. 정말 더 작은 게 없을까요? 이제 가설을 하나 세워봅니다. 전자를 구성하는 더 작은 입자가 있다는 가정이지요. 그렇다면 분명 전자도 서로 구별되는 다른 형태의 전자가 존재해야 하는데 그럴 확률이 별로 없어 보입니다. 어떻게든 그런 존재가 있다면 지금의 원자가 무너질 것이고 세상도 사라지겠죠. 그러니까 아직까지는 더 이상 쪼개지지 않는 단위이자 입자가 바로 전자입니다. 설사 더 작은 입자가 있다 해도 렙톤인 전자 단위에서 모든 전자는 같은 입자입니다. 그러니까 전자끼리 서로 달라도 구별을 할 수가 없다는 이야기지요. 서로 구분할 수 없고, 다른 구조도 없다는 설명이 지금으로서는 가장 적절합니다.

전자는 입자이면서도 파동성을 가집니다. 파동은 원자와 같이 아주 작고 일정한 공간에 갇히면 특정한 진동만 지니게 됩니다. 그러니까 특정 파장과 진동수만 존재한다는 거지요. 실제로 원자 안에 있는 전자에 대해 파동 방정식을 풀면 흥미롭게도 전자가 특정한 에너지를 지니고 있다는 결과를 얻습니다. 물론 실험에서도 증명됐지요. 원자 안에는 전자가 존재할 수 있는 특정 에너지 계단이 생기게 됩니다. 계단 사이의 중간 값에 해당하는 에너지는 가질 수 없습니다. 우리는 이것을 양자화됐다고 합니다. 양자는 연속적인 것이 아니라 띄엄띄엄 존재하는 것입니다.

방정식을 풀지 않고 양자론 가지고 여기까지 이해했다면 질문이 생길 겁니다. 전자가 특정한 에너지를 가지고 핵 주변에 존재하는 것까지는 어렵지 않게 이해할 수 있지요. 그렇다면 무거운 원소처럼 전자가 많아지면서 전자가 존재하는 공간이, 에너지 계단을 닮은 양파 껍질 모양의 원 궤도를 가졌을 것이라고 생각할 수 있습니다. 이런 원자는 단지 공간에 존재하는 전자 개수만 다를 뿐, 전부 비슷한 구 모양일 것입니다. 바로 이것이 보어의 원자론이었고, 고전 양자론의 한계였지요. 그래서 조머펠트는 전자가 존재하는 보어의 궤도를 비틀었습니다. 전자가 많아지면 존재하는 공간의 모양이 달라진다는 주장이었지요.

전자의 위치를 알기 위한 노력은 계속됐지만 이 역시 한계가 있었습니다. 물론 오늘날 인류는 고도의 측정 기술과 수학으로 전자의 위치를 알아냈지만, 엄밀하게는 아직도 정확한 전자의 위치를 모르고 있습니다. 전자가 확률적으로 존재하는 공간을 알고 있을 뿐입니다. 이 말은 학부모가 등교한 아이의 정확한 위치를 모르는 것과 같습니다. 등교한 아이가 있는 곳이 운동장인지 교실인지 잠시 몸이 아파 양호실에 있는지 모르는 것이죠. 그저 아이가 학교라는 공간에서 교실에 있을 확률이 높다고 알고 있는 것과 같습니다. 그래서 심지어 쉬는 시간에 잠시 학교 밖 편의점에 있다고 해도, 과학에서는 이를 무시합니다. 그 확률이 몹시 적기 때문이지요.

전자의 위치가 측정 혹은 관찰이 됐음에도 여전히 확률로 표현되는 이유는 무엇일까요. 여기에 양자역학의 불확정성 원리가 등장합니다. 독일 이론물리학자 하이젠베르크가 꺼낸 이 개념은 '확정되지 않았다'라는 의미가 아니라 관찰을 했지만 '존재를 확정할 수 없는 분포'를 말합니다. 이 개념이 에르빈 슈뢰딩거의 방정식에서 수학적으로 표현되고 우리가 관심을 가지는 어떤 존재의 확률 분포를 설명하지요. 거시세계에서 측정의 대표적인 방법은 빛입니다. 광자가 관찰 대상과 충돌하고 튕겨 나온 빛으로 대상의 존재와 정보를 확인합니다. 도로 위를 달리는 자동차에 과속 측정용 레이저 빛이 충돌해도 자동차의 속도는 변하지 않지만 원자 크기의 세계에서는 광자가 전자에 충돌하면 전자의 운동량을 교란합니다. 전자는 광자 한 개에도 영향을 받을 정도로 작기 때문이죠.

다시 말하자면, 관찰한 순간 이후의 위치는 물론 운동량이 어떻게 변화하는지 알 수가 없습니다. 미시세계에서는 대상을 측정하는 행위가 전자의 위치와 속도에 영향을 주기 때문입니다. 하이젠베르크는 정확한 위치와 운동량의 개념을 포기하고 부정확의 정도를 고민했고 결국 위치와 속도에 수반하는 부정확의 정도 사이에서 반비례 관계를 발견했지요. 이 개념은 수학의 파동함수로 표현됐습니다. 위치를 기준으로 하는 파동함수의 크기는 입자가 존재할 확률의 높고 낮음을 설명합니다. 물론 운동량을 기준으로 하는 파동함수도 만들 수 있습니다. 하지만 운동량의 분포를 파동함수로 정의하면 거꾸로 입자의 위치 분포가 모호해집니다. 두 대상은 같은 함수에서 서로 반비례로 묶여 있기 때문에 둘을 동시에 결정하는 것이 불가능하죠.

결론적으로 전자의 위치는 속도와 관계되는 운동량이 모호한 상태에서 확률적 분포, 그러니까 원자핵 주변에서 발견될 확률이 많은 위치의 집합으로 표현됩니다. 이 위치 집합이 마치 구름과 같다고 해서 전자구름이라고 표현합니다. 원자의 구조를 설명하는 물리학에서 전자와 핵 사이의 전자기력을 설명하기 위해 원자는 대부분 빈 곳이라고 말하지만 엄밀하게 보면 사실이 아닙니다. 태양과 행성처럼 일정한 거리에 궤도를 이루고 떨어져 있는 것이 아니라 전자는 원자 안에서 어디든 나타날 수 있지요. 하지만 전자의 위치를 원자 내부를 가득 채운 구름으로 표현한다고 해서 정말 원자핵 주변에 하얀 구름이 있는 것은 아닙니다. 선풍기가 돌아갈 때 날개 자체는 보이지 않고, 날개가 움직이는 공간을 채운 흐릿한 궤적이 보이는 것과 비슷하지요. 전자구름에서 두꺼운 구름이 있는 곳에 전자가 위치할 확률이 높은 겁니다.

전자는 입자이면서도 파동성을 가진다고 했지요. 파동이 원자처럼 작은 공간에 갇히면 특정한 진동만 가진다고도 말했습니다. 원자 안에 있는 전자에 대해 파동방정식을 풀면 전자가 특정한 에너지를 가지는 결과를 얻게 되고 닐스 보어는 실험으로 에너지 계단의 존재를 밝혔습니다. 마치 양파 껍질처럼 원자 안 전자는 특정 에너지 계단에 존재하게 되죠. 전자는 계단 사이에 해당하는 에너지는 가질 수 없고 양자화됩니다. 그런데 무거운 원자일수록 전자가 많아지고 전자는 전하를 가지고 있어서 주변에 전기장을 만듭니다. 전자에 전기장이 생기면 전자는 자신이 만든 전기장과 상호 작용하고 다른 전자들과 그리고 핵과도 상호 작용합니다.

결국 전자는 원자 내 모든 입자와 상호작용하는 양자역학적 효과까지 섞인 상태로 존재하고 있는 셈이죠. 이 효과의 결과가 전자마다 존재하는 확률의 공간 모양을 다르게 만듭니다. 확률 분포에 의해 각각의 전자가 90퍼센트 이상 나타나는 서로 다른 모양의 구름이 오비탈이고 화학자들은 각각의 모양과 방향을 가지고 s, p, d, f라는 이름을 붙였습니다. 전자마다 특정 에너지를 가지고 오비탈이라는 각자의 공간에 존재하게 되는 겁니다.

기본 입자에서 보손을 제외하고 쿼크와 렙톤처럼 물질을 이루는 모든 입자를 페르미온이라고 하는데, 파울리는 기본입자인 페르미온은 서로 구별할 수 없고 하나의 상태에 두 개의 입자가 들어갈 수가 없다고 정의했습니다. 이 정의가 파울리의 배타원리입니다. 이 말은 전자가 렙톤이고 구별할 수 없기 때문에 하나의 상태를 의미하는 오비탈에는 전자 하나만 들어가야 한다는 것이죠. 만약 전자는 음전하를 띠고 있고 전하가 핵 주변을 태양의 행성처럼 돈다면 자기력이 생길 겁니다. 하지만 전자구름처럼 전자가 나타났다 사라졌다 하는 확률로 존재한다면 분명 자기력이 있을 수가 없지요. 그런데 확률로만 존재하는 전자구름임에도 자기력을 가지고 있습니다. 전자가 돌지 않는데 마치 돌고 있는 것처럼 보이는 각운동량을 가져 착각하게 만드는 겁니다. 이것이 바로 스핀이고 전자가 가진 유일한 성질입니다. 스핀은 뱅글뱅글 돈다는 뜻의 영어 단어입니다.

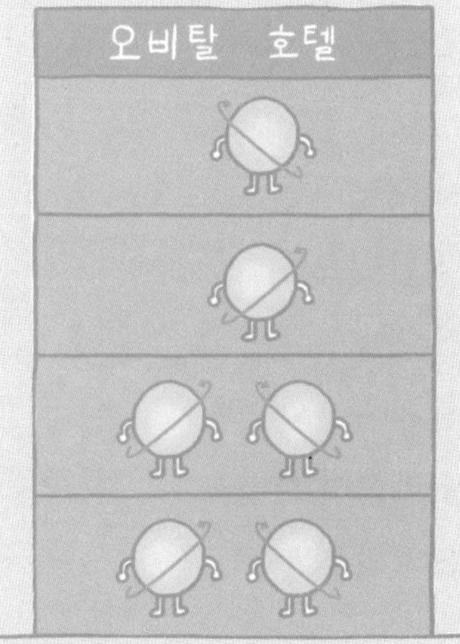

스핀은 전자에서 측정한 운동량이 실제 공간에서 회전 운동을 기술하는 각운동량과 교환관계를 만족하기 때문에 회전이란 표현을 한 것뿐이고 실제 회전한다고 볼 수 없는 게 일반적이지요. 이제 다시 파울리의 배타원리를 적용해봅니다. 결국 전자가 존재할 수 있는 에너지 공간인 오비탈을 하나의 사건 혹은 상태라고 하면 서로 다른 스핀을 가진 전자는 최대 두 개까지 오비탈을 채울 수 있게 됩니다. 결론적으로 원자 내 전자는 에너지 준위와 전자의 궤도인 각운동량과 방향 그리고 스핀이라는 네 가지의 조건에 따라 입자끼리 상호작용하며 자신이 존재할 수 있는 특정한 에너지 조건을 만족하는 위치, 그러니까 오비탈의 모양을 스스로 결정하며 존재하게 됩니다.

원자의 전자가 아무리 많아도 그 원자에 접근하는 다른 원자나 분자는 차곡차곡 쌓인 모든 전자를 만날 수 없습니다. 핵과 가까운 전자는 원자 안에 꼭꼭 감춰져 만날 수가 없지요. 강한 양전하에 붙들린 전자는 원자핵과 충돌하지 않는 전자기력으로 광속에 가까운 운동을 하고 특수상대성 이론에 따라 안쪽 전자에 질량이 부여되며 바깥쪽 전자보다 무거워집니다. 결국 전자의 출입이 가능한 바깥쪽 전자가 화학 결합에 참여하며 원소의 화학적 특성을 결정합니다. 화학 결합과 관련한 전자는 가장 바깥쪽 껍질의 오비탈에 존재하는 전자들뿐입니다. 이 전자들이 '원자가전자'로 불리는 겁니다. 원자 내 전자 위치는 철저하게 양자역학과 파울리의 배타원리에 적용됩니다. 바로 이 법칙이 세상을 만든 물질이 어떻게 생겨났는지 알려준 셈이죠.

양성자가 늘어나 핵이 무거워지면서 늘어난 전자는 원자 내 입자들과 전자기력에 의해 영향을 받으며 자신이 존재하는 공간적인 분포를 결정해 원자의 고유한 특성을 만듭니다. 바로 이것이 원자가 원소로 구별되는 이유입니다. 인류는 양자역학에 의해 계산된 오비탈의 구조와 전자의 위치를 알기 때문에 원자와 분자를 마음대로 다룰 수 있으며 자연에 없던 새로운 물질을 만들 수 있게 됐습니다. 화학은 전자의 학문이고 전자가 어디에 있는지 알게 됐기 때문입니다.

주기율표가 바로 이런 원리로 나타난 원소의 주기적 특성을 정리한 표입니다. 화학자가 원자의 정체도 모른 채로 만든 것이 바로 이 주기율표이지만, 물리학이 발전하면서 지금의 모습처럼 전자의 위치를 알려주는 아름다운 표로서의 역할을 해낼 수 있게 되었습니다.

양파를 볼 때마다 생각나는 **전자 배치**의 **규칙**

불확정성 원리와 파동함수, 파울리의 배타원리 그리고 스핀으로 전자가 오비탈을 이루며 원자핵 주변에 자리를 잡는 원리를 알게 됐고, 원자가 어떻게 원소로 구별될 수 있는지를 설명할 수 있게 됐습니다. 엄밀하게 말하자면 미리 준비된 공간에 전자가 들어가는 건 아닙니다. 전자구름이라고 표현한 오비탈은 전자가 존재할 확률의 결과입니다. 배치가 끝난 전자의 궤도는 불확정성 원리 때문에 흐릿한 전자의 구름이라고 정의했고 보어와 조머펠트의 고전적인 궤도orbit와 구별하기 위해 오비탈orbital이라 부르게 된 것 뿐입니다. 그러니까 전자가 하나씩 늘어나면서, 전하가 다른 양성자들과 전하가 같은 전자들이 서로 합의하에 각자가 존재할 공간을 정하는 거죠. 그러다 보니 오비탈의 모양이 제각각입니다.

이런 여러 오비탈을 구별하기 위한 이름이 있습니다. 공 모양의 s 오비탈, 아령 모양의 p오비탈이 있습니다. 아령이 방향별로 묶여 있기도 하고 바람개비나 펼쳐진 클로버 잎과 같은 모양의 d와 f오비탈도 있지요. 이 이름들은 각각 sharp, principle, diffuse, fundamental의 약자입니다. 이는 분광학에서 나온 용어로, 금속 원소의 선 스펙트럼에서 나타난 피크peak의 모양에서 따온 이름인데, 지금은 약자만 기호로 사용하고 있지요. 당시 분광학은 원자의 내부를 들여다볼 수 있는 유일한 도구였습니다.

원소에는 양성자수와 같은 수의 여러 전자가 있고, 그 전자가 각

각 존재하는 공간이 다릅니다. 전자는 다른 모양의 오비탈을 형성하며 존재하고, 전자수가 많아지면서 전자는 서로 영향을 주어 오비탈이 섞이면서 또 다른 모양을 만들어내기도 합니다. 또 다른 전자에게 양보하기도 하고, 또는 먼저 좋은 자리를 차지하기도 하지요. 원자가 결합하며 분자가 되는 경우에는 더 복잡하게 공간이 섞이며 완전히 다른 모양을 만들기도 하지요. 바로 이것이 혼성 오비탈이고 물리학에서 말하는 중첩의 개념입니다.

오비탈의 개념이 나오기에 앞서 원자에 대해 고민했던 닐스 보어는 당시까지의 원자 모형이 맞는다면 세상의 원자들은 모두 붕괴된다는 가설을 세웠죠. 핵을 중심으로 가속운동으로 돌고 있는 전자는 점점 에너지를 잃고 궤도가 줄어들어 결국 원자는 붕괴해야 합니다. 그래서 그는 전자가 원자핵 주위를 마음대로 도는 것이 아니라, 마치 양파 껍질처럼 층을 이루며 전자가 존재하는 공간이 있다고 했지요. 보어는 가설을 증명하기 위해 수소의 선 스펙트럼을 확인했고 수소 원자의 전자는 특정한 파장의 에너지만 방출하고 흡수한다는 사실로 가설을 증명합니다. 전자를 고전적인 입자로 취급해 설명한 것이죠.

하지만 이 가설로 설명이 되는 것은 수소 원자까지였습니다. 수소보다 무거운 원자는 전자가 많아지면서 전자들 사이의 반발력으로 원자핵과 전자 사이의 인력을 부분적으로 상쇄시키는 '차폐 효과screening effect'가 나타났습니다. 이로써 그의 이론은 한계에 부딪혔죠. 사실 이 문제는 전자의 존재가 밝혀지기 전에 네덜란드 물리학자인 피테르 제이만이 발견한 효과를 설명하지 못한 겁니다. 이 효과는 자기장에 영향을 받은 원소의 스펙트럼이 갈라지는 현상입니다. 독일의 물리학자인 아놀드 조머펠트는 보어의 모형으로 제이만 효과를 해석하려고 노력했죠. 핵에서 먼 전자는 핵과의 인력이 약해질 수 있기 때문에 양파 껍질처럼 구형이 아닌 다른 모양의 궤도를 가질 수도 있다고 생각한 겁니다. 사실 태양계 행성의 운동 법칙은 원이 아닌 타원운동을 하는 경우가 많으니, 조머펠트의 해석이 꽤 괜찮게 받아들여집니다. 아마도 천체의 운동을 해석한 케플러에게서 힌트를 얻었을지 모르겠습니다. 그는 같은 궤도의 에너지 총합만 같으면 다른 모양의 궤도도 가질 수 있다고 생각한 거죠. 이 모형은 보어-조머펠트 모형으로 불리게 됩니다. 하지만 이 모형도 전자의 스핀 성질은 풀어내지 못했습니다.

결국 이 문제는 드 브로이가 파동 개념을 제시하면서, 슈뢰딩거, 하이젠베르크와 스토너, 파울리까지 이어집니다. 이들의 10년에 걸친 연구로 전자가 왜 그런 운동을 하는지, 왜 정해진 공간에서 존재하는지에 대한 의문이 풀립니다. 비록 보어의 원자 모형은 타당성을 잃었지만, 지금도 매우 유용하게 활용할 수 있습니다. 바로 에너지 껍질이라는 개념 때문입니다.

사실 에너지 껍질이라는 개념이 오비탈과 뒤섞이면서 화학 자체가 어렵게 여겨지는 문제가 있지만, 이 개념만 이해하면 화학에 친근하게 다가설 수 있습니다. 오비탈과 껍질은 비슷하면서도 약간 다릅니다. 예를 들어 공항에서 입국할 때 지나는 적외선 열화상 카메라의 특별한 영상에 빗대어볼 수 있지요. 그 영상은 사람을 구분할 수 있는 눈과 코, 입의 윤곽을 뭉개고 몸에서 발산하는 열만을 여러 색으로 나타

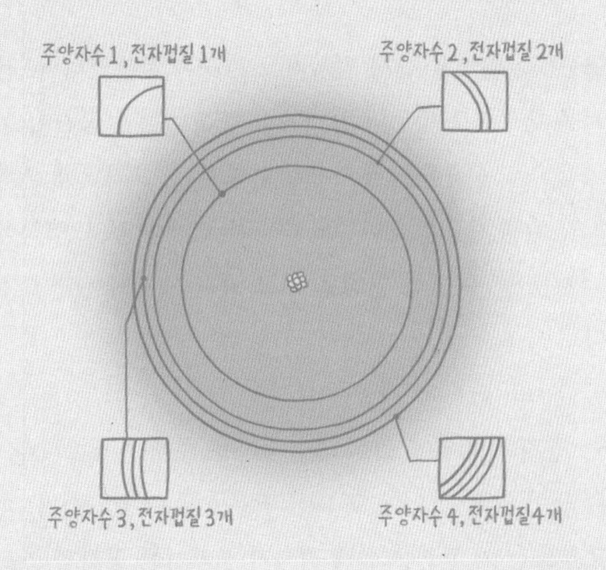

냅니다. 우리는 붉은색은 높은 열, 푸른색은 낮은 열을 가진다는 것을 직관적으로 알지요. 이처럼 오비탈과 에너지 껍질은 실제 사진과 적외선 사진으로 비유할 수 있습니다. 같은 대상인데 실제 공간과 에너지로 관점을 달리해보면 같은 정보를 입체적으로 들여다볼 수 있습니다. 그러니까 양파 껍질은 열화상 카메라로 원자를 들여다본 것과 같지요.

껍질이라는 개념을 이해하기 위해 한 가지 준비만 하면 됩니다. 이 껍질을 보는 안경이지요. 오비탈은 실제 전자가 존재하는 공간을 스케치하듯 그려낸 구름 모양입니다. 이제 안경을 써보면 원자핵 주변의 구름은 사라지고 전자가 존재하는 에너지 공간인 양파 껍질이 보입니다. 실제로 양파 껍질의 모양을 한 것이 아니라 우리가 이해하기 쉽게 에너지를 기준으로 한 가상의 공간인데, 그것이 양자화된 에너지 크기 별로 존재하다 보니 마치 양파 껍질에 대입할 수 있다는 겁니다. 보어의 한계는 둥근 오비탈을 지닌 수소 원자가 방출하는 전자 에너지로 실험을 했고, 이것을 실제 위치라고 생각한 것뿐입니다. 전자가 하나인 원자를 대상으로 했으니 실제 오비탈과 에너지 공간이 둥근 구형으로 일치했고 확증편향을 일으키기 쉬웠지요. 그러니까 우리는 껍질을 이해하기 위해 지금은 오비탈의 다양한 모양을 잊고, 열화상 카메라처럼 에너지를 볼 수 있는 안경을 끼고 양파 모양의 원자를 들여다봐야 합니다.

전자는 원자핵 주위에 있는 껍질이라는 층에 존재합니다. 껍질 층은 큰 껍질들이 있고 그 안에 또 다른 작은 껍질이 있습니다. 흔히 부껍질이라고 부르는 이 껍질은 실제 전자가 존재하는 공간적 분포인 셈이고, 이 부껍질이 바로 오비탈과 대응됩니다. 이제 전자껍질은 어떤 규칙을 만족하면서 전자로 채워집니다.

에너지 껍질에는 이름이 있습니다. 핵과 가까운 안쪽에서부터 K, L, M, N, O, P라는 이름이 붙어 있지요. 간혹 K로 시작하는 알파벳 이름에 대해 엉뚱한 유래를 이야기하기도 하는데, 껍질shell이라는 의미의 그리스어 kelyfos의 머리글자에서 시작했다는 것입니다. 사실은 원자가 높은 에너지의 전자와 충돌하면 X선을 방출하는데, 이 사실을 처음 발견한 이후 혹시나 더 강한 에너지의 X선이 발견될 것을 염려해서 K-type의 X선을 기준으로 한 겁니다. 더 높은 X선이 나오면 알파벳 앞쪽의 J부터 A까지 사용했겠지만 아직까지 원자가 방출하는 가장 강한 에너지의 X선은 K-type입니다. 이 껍질을 주껍질 혹은 버금껍질이라고 하는데, 이런 주껍질에 자연수인 주양자수 Principal quantum number를 부여해 1, 2, 3, 4…로 표시합니다.

각각의 주껍질에는 들어갈 수 있는 전자의 총 개수가 정해집니다. K껍질에 두 개, L껍질에 여덟 개, M껍질에 열여덟 개 그리고 N껍질에 서른두 개로, 정해진 수의 전자가 들어갑니다. 바깥쪽 껍질로 갈수록 전자의 수가 많아지고, 전자는 핵과 가까운 안쪽부터 채워집니다.

현대 표준 주기율표의 들쑥날쑥한 모양은 보어의 전자껍질 정보를 바탕으로 만들어지기 시작한 겁니다. 보어가 전자의 개수와 원자의 이온화 에너지 그리고 원자 반지름을 고려해 현재의 주기율표로 수정한 겁니다. 주기율표 가로줄에 있는 원소 개수의 합을 보면 주양자수로 정의한 주껍질에 들어갈 수 있는 전자의 수와 일치한다는 것을 알 수 있지요. 물론 3주기 원소의 개수 합은 여덟 개로 보이지만, M껍질은 3주기뿐만 아니라 4주기에 걸쳐있다는 것을 이후 전이금속을 다루면서 이해할 수 있을 겁니다.

앞서 보어의 전자 궤도에 추가된 개념인 보어-조머펠트 모형에서 하나의 주양자수가 가질 수 있는 여러 모양의 궤도가 존재한다고 했는데, 이를 자연수인 부양자수Azimuthal quantum number를 부여한 전자껍질로 구분하고 부껍질이라고 부르지요. 이 부껍질을 다른 이름으로 s, p, d, f 라고 하는데, 이것이 바로 오비탈과 대응하는 이름입니다. 이 부껍질은 실제로 3차원 공간에서 방향을 가지고 정의되며 여러 모양으로 존재할 수 있겠죠. 가령 p부껍질의 경우 세 방향을 가진 세 개의 오비탈로 존재합니다. 이 방향을 정수로 정의한 것이 자기양자수Magnetic quantum number 입니다. 이렇게 조머펠트가 보어의 모형을 기반으로 제이만 효과를 해석하려고 세 가지 조건을 제시한 것이죠. 이 이론이 원자의 정체에 근접했지만 아직도 명쾌하지 않습니다.

보어-조머펠트 모형에 기반해 수정된, 현재의 모습을 갖춘 주기율표에서 세로줄의 각 위치는 주양자수인 원자의 전자궤도에 해당하고 가로줄은 각 궤도에서 전자가 존재하는 개수를 표현한 겁니다. 물론 이 이론이 당시까지 설명되지 않은 많은 난제를 해결한 것은 맞습니다. 하지만 아직도 몇 가지 문제점을 가지고 있었죠. 각 궤도에 전자가 최대로 존재하는 개수를 보면 2, 8, 8, 18, 18, 32, 32로 나타나는 규칙을 설명하기 어려웠죠. 그리고 제이만 효과 이후 다른 무거운 원소의 분광실험에서 자기장에 의해 스펙트럼이 더 많이 갈라지는 현상이 있었고 특히 짝수 개의 선 스펙트럼이 나타나는 현상을 설명하기 어려웠습니다. 자연은 왜 이런 수들을 함께 묶어두었을까요?

고전물리법칙으로는 도저히 설명되지 않은 부분이 물리학자에 의해 설명됩니다. 그 시작은 보어-조머펠트 이론에서 등장한 주양자수, 부양자수, 자기양자수 세 가지 자연수 총합의 두 배가 주기율표의 가로줄에 나타난 전자의 수와 일치한다는 것을 주장한 물리학자 스토너였습니다. 사실 파울리는 이 이론에 힌트를 얻어 보어-조머펠트의 이론에 따른 각 오비탈에 전자가 두 개가 위치할 수 있다는 새로운 사실을 얻게 된 겁니다.

이론적으로 f보다 큰 부껍질이 존재할 수 있지만 아직 인류가 발견한 원소 중에 f를 넘어가는 부껍질을 지닌 원소는 없습니다. 앞으로 118번 이상의 원소가 발견되면 g오비탈을 사용할 수 있겠죠. 주껍질

역시 P껍질 이상이 이론적으로 존재할 수 있습니다. 그리고 핵에서 가까운 껍질일수록 안정되어 전자가 가진 에너지가 낮고 핵에서 먼 주껍질일수록 많은 부껍질을 가집니다. 예를 들어 K껍질은 s부껍질만 있는데 L껍질은 s, p부껍질, 그리고 M껍질은 s, p, d의 부껍질이 있지요. N껍질은 f부껍질이 추가됩니다. 이제 한 원자에서 존재하는 동일한 부껍질을 구별하기 위해 이름을 붙입니다. 이름은 1s, 2s, 3s 식으로 붙여집니다. 앞의 숫자는 주양자수를 말합니다. 그러니까 주양자수와 부껍질 이름으로 전자는 자신이 존재하는 오비탈의 주소를 가지게 되는 것이지요.

주껍질과 마찬가지로 부껍질에도 전자가 존재할 수 있는 개수가 정해져 있습니다. s부껍질은 두 개, p부껍질은 여섯 개, d부껍질은 열 개, f부껍질은 열네 개입니다. 주껍질에 존재할 수 있는 전자수는 주껍질에 속한 부껍질에 존재할 수 있는 전자수의 합이라는 것을 알 수 있습니다. 각각의 부껍질은 원자핵까지의 거리가 다릅니다. 왼쪽의 그림은 주껍질과 부껍질을 원자핵과의 거리로 나타낸 것입니다. 이 거리는 실제 전자와 핵 사이의 거리일 수도 있지만 꼭 그렇지는 않습니다. 핵과의 인력 에너지 크기에 의해 정해진 거리라고 보는 게 더 이해하기 쉽습니다. 마치 인간관계에도 물리적인 거리와 마음의 거리가 있는 것처럼 보이지 않는 힘에 의해 정의된 거리이지요.

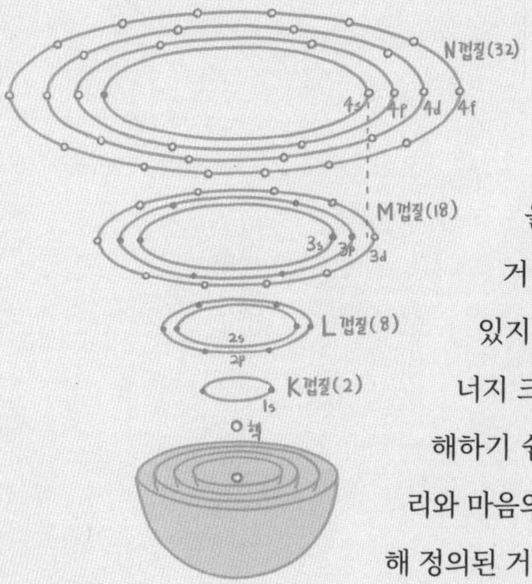

전자배치의 기본적인 규칙은 핵부터 가까운 주껍질의 부껍질을 채우고 부껍질이 전부 차면, 다음 주껍질을 채우기 시작하는 것입니다. 이제 원자에서 전자를 채우는 건 수학이 아니라 놀이에 가깝습니다. 원소가 어떤 껍질을 가질 수 있는지 안다면 전자 배치를 예상할 수 있죠. 사실 이런 껍질 정보도 주기율표를 보면 알 수 있습니다. 주기율표에서 가로줄을 표시하는 주기Period에 있는 숫자는 주껍질의 주양자수를 말합니다. 그런데 주기율표에서 부껍질은 어디에도 보이지 않습니다. 부껍질은 대체 주기율표의 어디에 있을까요?

전자 배치의 **주기율표 메커니즘**

주기율표가 원자량이나 양성자수로 배열됐지만 자세히 들여다보면, 표의 배치에 전자껍질과 전자 배치의 원리가 그대로 담겨 있습니다. 바로 이 원리가 주기율표의 메커니즘이지요. 이제 그 메커니즘을 구동해보겠습니다. 시간을 거꾸로 돌려 우주가 생성됐을 당시를 상상해봅니다. 주기율표 가장 위에 있는 1주기의 수소(H)와 약간의 헬륨(He)이 생성되던 그 시기로 돌아가는 겁니다. 수소 원자는 양성자와 전자가 한 개이고, 전자는 핵과 가장 가까운 곳인 주껍질 K의 s부껍질에 존재하며 다른 전자에 의해 방해를 받지 않으니 전자 배치가 크게 어려워 보이지 않습니다.

양성자 두 개를 가진 헬륨 원자는 두 개의 전자가 있습니다. 두 번째 전자도 구형의 s부껍질에 들어가며 원자는 중성이 됩니다. 스핀과 파울리 배타원리로 하나의 오비탈에 두 개의 전자가 들어갑니다. 이제 s부껍질은 더 이상 전자를 받아들이지 않습니다. 전자껍질은 주양자수 혹은 에너지 준위(n)가 1인 K껍질에 있기 때문에 부껍질 이름과 함께 1s로 표시합니다. 전자 배치는 수소 원자의 경우 전자가 한 개 있기 때문에 껍질 위치와 함께 $1s^1$로 표시하고 헬륨의 경우 두 개의 전자를 $1s^2$로 표시합니다. 원자 내 전자의 위치에 이런 주소를 부여할 수 있습니다.

이제 별이 생성되고 리튬을 만든다고 상상을 해봅니다. 물론 실제로 두 원소가 바로 리튬을 만들어내지는 않지만, 편의상 양성자와 전자를 하나씩 늘려봅니다. 이제 세 번째 전자에게 새로운 공간이 필요합니다. s부껍질에는 전자가 두 개만 들어갈 수 있으니까요. 그리고 주껍질 K에는 부껍질 s만 있으니 다른 주껍질이 필요합니다. 이제 주껍질 L과 부껍질 s가 등장합니다. 핵에서 멀어지며 에너지 준위(n)는 2가 됩니다. 이것이 바로 2s오비탈이고 여기에 세 번째 전자가 들어갑니다. 우리는 리튬의 전자 배치를 $1s^2 2s^1$로 표시할 수 있지요. 이렇게 주기율표 2주기에 있는 원소인 리튬부터 네온까지 전자 여덟 개는 같은 주껍질에 들어갑니다.

전자 네 개까지는 1s와 2s에 들어가지만, 다섯 개의 전자를 가진 붕소(B)부터는 s부껍질 외에 새로운 부껍질이 등장합니다. 아령 모양의 p부껍질인데 여기에서 다시 상기할 것은 p부껍질은 오비탈이고, 그렇기에 파울리의 배타원리가 적용된다는 겁니다. p오비탈도 최대 두 개의 전자가 들어갑니다. L껍질은 최대 여덟 개의 전자를 담을 수 있으니, 탄소(C)까지 K껍질과 L껍질의 s와 p오비탈을 각각 채운 네 개의 전자 이후 질소(N)의 일곱 번째 전자부터 어디로 가야 할까요?

다른 부껍질인 d오비탈이 아닙니다. 결국 p오비탈은 한 개가 아니라 두 개의 오비탈이 더 있다는 겁니다. 결국 L껍질에 p부껍질에는 세 개의 p오비탈이 존재할 수 있습니다. 이 부분은 보어-조머펠트의 이론에서 시작해, 양자역학의 파동함수가 아령 모양의 p오비탈이 방향에 따라 세 개의 오비탈을 가지고 있다는 사실을 설명합니다. 이것이 앞서 나온 자기양자수Magnetic quantum number로 궤도 각운동량의 방향을 나타내 오비탈의 수와 방향을 결정하게 됩니다. 여기서 주의할 점은 p

오비탈이 세 개의 오비탈을 가지고 있고 총 여섯 개의 전자가 들어갈 수 있다고 해서, 스핀이 다른 한 쌍의 전자가 오비탈을 순서대로 채우며 전자가 배치되지 않는다는 것이죠. 여섯 개의 전자는 세 개의 오비탈에 하나씩 먼저 들어가고 다시 다른 스핀의 성질을 가지고 쌍을 이루며 오비탈을 채웁니다. 이 부분은 전이금속에서 자세히 설명하지요.

지금까지 주양자수, 부양자수, 자기양자수를 배웠습니다. 그리고 마지막으로 하나가 더 있지요. 바로 파울리가 정의한 스핀 양자수 spin quantum number입니다. 이 스핀 양자수가 전자의 스핀 운동량을 자연수로 대치해 전자를 구분하고 같은 상태에 두 사건이 존재하게 만든 겁니다. 이 때문에 각 오비탈에 전자 두 개씩 들어가게 된 것이죠. 그러니까 네 가지 정보로 만든 주소만 있으면 전자가 원자 안에서 어디에 위치하는지 알 수 있습니다.

이제 2주기 마지막 원소인 네온의 전자 배치는 $1s^2 2s^2 2p^6$이라는 것을 알 수 있습니다. 이제 하나 더 무거운 원소를 볼까요? 두 번째 전자껍질인 L껍질이 모두 채워지고 원자 번호 11번인 소듐(Na)부터는 세 번째 주껍질이 등장합니다. 세 번째 M껍질에는 세 개의 부껍질이 있고 각각 한 개의 s오비탈과 세 개의 p오비탈 그리고 다섯 개의 d오비탈이 있습니다. 각 오비탈에는 두 개의 전자가 들어가죠. 오비탈 개수만 아홉 개이니 M껍질은 총 열여덟 개의 전자를 담을 수 있습니다. 그다음 N껍질에는 새로운 f오비탈이 등장하는데 일곱 개가 있습니다. 그러니까 f부껍질에만 전자 열네 개를 담을 수 있고 N껍질 전체는 서른두 개의 전자를 가지게 되는 겁니다.

이제 전자배치에는 분명 어떤 규칙이 존재한다는 것은 알 수 있습니다. 그래서 소듐의 전자 배치는 $1s^2 2s^2 2p^6 3s^1$이고 다음 원소인 마그네슘(Mg)은 $1s^2 2s^2 2p^6 3s^2$란 것을 쉽게 예측할 수 있습니다. 네온까지는 전자 배치가 변하지 않기 때문에 쉽게 표시하기 위해 간단히 $[Ne]3s^2$라고 쓰기도 합니다. 이렇게 아르곤(Ar)까지 $[Ne]3s^2 3p^6$로 배치됩니다. 그런데 전자 배치를 알아내기 위해 늘 이렇게 계산해야 하는 걸까요? 20번까지의 원소는 그나마 간단하기 때문에 계산 혹은 추측할 수 있습니다. 심지어 외우는 사람도 있지요. 그런데 118개를 전부 계산하거나 외우는 건 쉽지 않습니다. 하지만 걱정할 필요가 없습니다. 사실 주기율표를 잘 들여다보면 앞서 계산하지 않고도 전자배치를 직관적으로 찾을 수 있기 때문입니다. 앞에서 놀이라고 표현한 것처럼 말이지요.

그렇다면 전자껍질과 전자 배치에 관한 정보는 주기율표의 어디에 숨어 있는 걸까요. 현대 주기율표의 모양을 보면 건축물 같습니다. 그런데 빌딩처럼 네모반듯한 모양이 아니라, 들쭉날쭉한 모양입니다. 얼핏 정리가 안 된 듯한 모습으로 보이기도 합니다. 하지만 이런 모양에는 엄연한 이유가 있습니다. 바로 전자 배치를 포함하기 때문입니다. 이제 주기율표에 다음 그림과 같이 구역을 정합니다. 그리고 각 구역에 이름을 붙입니다. 부껍질 이름과 같은 s, p, d, f입니다. 두 가지 예외가 있는데 오른쪽 끝 상단에 있는 헬륨을 s구역에 포함하는 겁니다. 그리고 위에서부터 가로줄에 주기를 의미하는 주양자수를 붙입니다. 또 다른 예외는 d구역이 4주기부터 출현하지만 예외적으로 3주기부터 시작하는 것으로 합니다. 그 이유는 뒤에 전이금속을 다룰

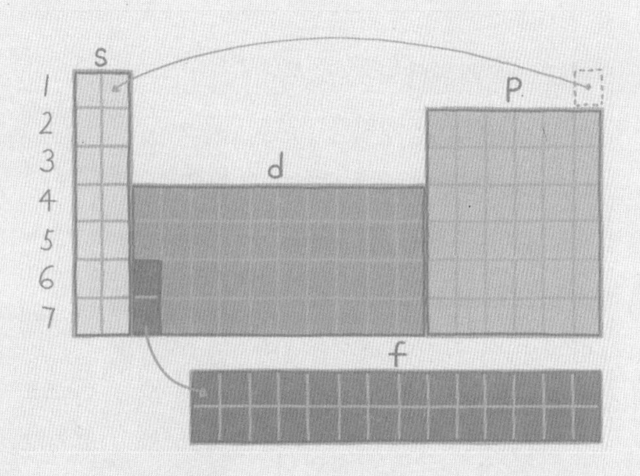

때 자세히 이야기하겠습니다.

이제 놀이를 위한 모든 준비가 끝났습니다. 이제 각 구역의 가로줄에 있는 원소의 개수를 보면 s구역은 두 개, p구역은 여섯 개, d구역은 열 개, f구역은 열네 개의 원소가 있다는 것을 알 수 있을 것입니다. 이 숫자는 이미 앞에서 언급했기 때문에 부껍질이 주기율표에 이미 녹아 있다는 것을 눈치채셨을 겁니다. 이제 아무 원소나 하나 선택해서 전자 배치를 찾아보겠습니다. 이것은 마치 우리가 지하철 노선도를 보는 것과 같습니다. 목적지를 확인하고 어디서 갈아타야 하는지 정류장을 세어보는 것처럼 원소의 지도를 보고 원소를 따라가며 구역을 환승하면 되니까요. 목적지를 향해 지나간 원소를 차례로 잘 기록하기만 하면 됩니다.

아르곤에서 멀찌감치 떨어진 원자 번호 32번 저마늄(Ge)의 전자 배치를 찾아볼까요? 1번 수소에서부터 원자 번호 순으로 출발해 목적지인 저마늄까지 지하철을 갈아타며 한번 가봅시다. 1s의 수소(H), 헬륨

(He)을 지나 $1s^2$로 기록하고 2s로 갈아탑니다. 2s의 리튬(Li)과 베릴륨(Be)을 지나 $1s^2 2s^2$로 기록합니다. 그리고 2p구역으로 갈아탑니다. 2p구역 여섯 개의 원소를 지나며 $1s^2 2s^2 2p^6$로 기록합니다. 이제 10번 원소인 네온(Ne)까지 단숨에 왔습니다. 11번 원소 소듐으로 가려면 다시 3s구역으로 갈아타야 합니다. 3s를 지나 3p구역 여섯 개의 원소를 지나면 18번 아르곤(Ar)까지 옵니다. 지나온 기록을 보니 $1s^2 2s^2 2p^6 3s^2 3p^6$가 됐습니다. 이제 20번 칼슘(Ca)에 도착하면 전자 배치는 $1s^2 2s^2 2p^6 3s^2 3p^6 4s^2$가 됩니다.

그런데 21번부터 새로운 구역이 나타납니다. 3d구역이죠. 주기율표에서 보면 4d처럼 보이지만, 앞서 d구역은 4주기에서 출현하지만 3주기에서 시작한다고 예외를 정했으니까요. 양파 껍질 규칙대로면 21번 스칸듐(Sc)은 $1s^2 2s^2 2p^6 3s^2 3p^6 3d^3$입니다. M껍질의 3d 부껍질 10개를 모두 채우고 N껍질의 4s로 가야 하지만, 이 장소에서 예외가 적용됩니다. 에너지 기준에서 4s가 3d보다 핵과 가깝기 때문이죠. 그래서 4s가 3d 안쪽으로 파고들어 가는 겁니다. 이것을 '돌아가기'라고 하는데, 무척 골치 아픈 부분입니다. 멘델레예프에게도 마찬가지였지요.

하지만 걱정할 필요는 없습니다. 현대 주기율표는 이미 이런 돌아가기 규칙을 반영해 원소를 배열했기 때문이지요. 그래서 포타슘(K)

부터 바깥 주껍질에 있는 4s가 먼저 등장하고 4s를 채우고 안쪽 주껍질을 다시 채우는 형태로 d구역을 한 칸 아래로 내린 겁니다. 결국 스칸듐은 $1s^2 2s^2 2p^6 3s^2 3p^6 3d^1 4s^2$로 표기합니다. 3d 구역은 열 개의 전자를 채울 수 있고 3d구역의 마지막 30번 아연(Zn)의 바닥상태 전자 배치는 $1s^2 2s^2 2p^6 3s^2 3p^6 3d^{10} 4s^2$가 되지요. 이제 목적지인 32번 저마늄의 바닥상태의 전자 배치는 $1s^2 2s^2 2p^6 3s^2 3p^6 3d^{10} 4s^2 4p^2$가 된다는 걸 알 수 있습니다. 이렇게 주기율표에는 전자껍질과 전자 배치의 정보가 숨어 있었습니다. 여기서 중요한 것은 전자 배치를 정확하게 찾아내는 것이 아니라 주기율표에 이런 정보가 들어 있다는 것을 아는 것입니다.

20세기가 되면서 원자의 구조가 밝혀지고 원소의 화학적 성질은 원자량이 아닌 전자 때문이란 것을 알게 됩니다. 전자껍질에는 들어갈 수 있는 전자의 수가 정해져 있으니 안쪽부터 차례로 전자를 채워가다 보면 전자껍질에 미처 다 채우지 못한 전자가 존재하게 됩니다. 물론 모두 채운 원소도 존재하겠지요. 이때 원자의 가장 바깥쪽 껍질에 있는 전자가 다른 원소와 반응을 일으키는 원인이 됩니다. 그 안쪽의 전자는 다른 원소를 만나지 못합니다. 결국 바깥쪽 껍질의 전자 개수가 화학적 성질을 결정하는 것이죠. 화학 반응은 결국 원자들 간에 바깥쪽 껍질에 존재하는 전자를 어떻게 다룰 것인가에 달려 있습니다. 이 사실은 바깥쪽 껍질을 모두 채운 원자가 잘 반응하지 않는 이유도 설명해줍니다.

주기율표를 만든 멘델레예프는 원자의 구조를 모르고 원소를 정확히 배열한 셈이 됐습니다. 각 원소의 바닥상태의 전자 배치 구조를 보면 양성자의 수가 늘어날수록 전자의 수도 늘어나는 것을 알 수 있지요. 주기율표는 가장 바깥쪽 껍질에 있는 전자의 수가 같은 원소끼리 세로줄에 배치하고 묶어 만들어 '족Group'이라고 한 것입니다. 그는 바깥쪽 껍질의 전자수를 계산한 것이 아니라 그저 화학적 성질이 같은 것을 묶었을 뿐인데 결과적으로 껍질에 남아 있는 전자수가 같은 원소들로 묶인 결과가 된 겁니다. 결국 전자가 화학적 성질을 결정하는 주요 요소라는 것을 알 수 있습니다. 그의 주기율표가 행운의 결과물이었을까요? 설령 그가 분명한 원인은 몰랐을지라도 결과는 치밀하게 분석했기에 동일한 해답을 얻을 수 있었을 겁니다.

원소의 성질은 채우고 **남은 전자**가 **결정**한다

우리는 전자가 원소의 화학적 성질을 결정하는 주요 요소라는 것을 어떻게 알 수 있을까요? 이제 주기율표를 꺼내보겠습니다. 가장 왼쪽 세로줄을 보면 수소(H)를 시작으로 리튬(Li), 소듐(Na), 포타슘(K) 그리고 세슘(Cs)이 있습니다. 1족이라고 부르는 이 원소들은 수소를 제외하고 '알칼리 금속'으로도 분류하기도 합니다. 수소는 비금속으로 같은 족이지만 이 분류에서 제외됩니다. 공통적인 특징은 모든 원소의 바깥쪽 전자껍질에 전자가 한 개밖에 없다는 것입니다.

수소를 건너뛰고 가장 처음 만나는 리튬은 주로 전지에 활용합니다. 전기를 충·방전을 할 수 있는 이차 전지二次電池에 사용하는 리튬은 최근 전기자동차 배터리의 원료로 주목받고 있습니다. 전기가 흐른다는 표현은 전하의 흐름을 말합니다. 이 전하의 흐름을 전류라고 합니다. 전하는 결국 전자의 양을 말합니다. 결국 전지에 전극으로 사용하는 물질이 전자를 잘 내놓아야 가능하겠지요. 리튬은 쉽게 전자 하나를 내놓고 리튬 이온(Li^+)이 됩니다.

앞서 금속 소듐이 물과 화학반응 하여 폭발한다고 했었지요. 그 과정을 상세하게 살펴봅시다. 두 개의 소듐 원자가 물 분자 두 개를 만나면 전자를 내놓고 소듐 이온(Na^+)이 됩니다. 물 분자는 전자를 받아 수산화 이온(OH^-)과 수소 분자로 분리되며 수산화 이온은 소듐과 결합해 수산화소듐(NaOH) 두 개를 만들지요. 이때 발생한 수소 분자(H_2)는 공기 중의 산소 분자와 반응해 격렬하게 불꽃을 일으킵니다.

왜 리튬과 소듐 원자는 전자를 내놓을까요? 리튬은 전자의 수가 적어 껍질이 많지 않으니 소듐을 예로 들어보지요. 원자 번호 11번인 소듐은 열한 개의 전자를 가지고 있고, 바닥상태의 전자 배치는 $1s^2 2s^2 2p^6 3s^1$이라는 것을 알고 있습니다. 가장 바깥쪽 껍질인 M껍질의 s부껍질에 전자 한 개가 있지요. 소듐 원자가 M껍질에 있는 전자 한 개를 방출하면 전자와 함께 가장 바깥쪽 껍질은 사라지고 하나 안쪽 껍질인 L껍질이 가장 바깥쪽 껍질이 됩니다. 이 L껍질에는 여덟 개 전자가 모두 채워져 있습니다.

겉보기에는 마치 안정적인 원소인 네온을 닮은 원자가 됩니다. 물론 네온 원자와 비교해 양성자가 전자보다 많은 상태여서 전기적으로 양전하를 띠게 됩니다. 그래서 이 상태의 원자를 양이온이라고 하지요. 반대로 전자를 방출하지 않고 전자를 얻어 바깥껍질을 가득 채우고 전체적으로 전자수가 양성자수보다 많은 음이온이 있습니다. 주로 1족 반대편인 주기율표 우측에 있는 비금속 원소들이 하는 행동이지요. 두 가지 이온 상태가 전기적 성질로 보면 중성을 벗어난 상태이지만, 입자 자체로 보면 이 상태는 채워지지 않은 껍질이 존재하는 원자보다 안정되어 있습니다. 마치 전기적으로 중성 상태가 안정할 것 같지만 이상하게도 이온 상태가 더 안정합니다. 그렇다면 원자에게 안정이란 어떤 의미일까요?

사실 원자가 안정하려고 전자를 방출하거나 받아들인 것이 먼저인지, 아니면 전자를 처리해 안정된 것인지 의도와 결과의 경계를 나누기 힘듭니다. 안정이란 단어의 사전적 의미로는 '변하지 않고 일정한 상태'를 뜻하는 말인데, 화학에서는 '반응을 하지 않거나 아주 느린 반응을 하는 상태'를 말하지요. 그런 의미에서 주기율표의 가장 오른쪽에 있는 18족 원소들을 보면 안정이라는 말이 가지는 의미를 쉽게 이해할 수 있습니다. 헬륨(He), 네온(Ne), 아르곤(Ar), 크립톤(Kr), 제논(Xe, 크세논) 등이 속한 세로줄입니다.

이들 원소의 가장 큰 특징은 다른 원소와 결합해 분자를 만들지도 않고 전자를 방출하거나 얻어 와 이온 상태로 변하지도 않습니다. 쉽게 말해 원자 상태가 변하려 하지 않고 다른 물질과 거의 반응하지 않는다는 것입니다. 그러다 보니 대부분 원자 혼자 존재하게 됩니다. 당연히 가벼운 원소들은 기체 상태로 존재하고, 우리는 이 원소들을 '비활성 기체'라고 부릅니다. 이런 홑원소들은 반응을 하지 않으니 분자를 만들지 않을 것이고, 결국 우리가 아는 물질을 구성할 수 없기 때문에 쓸모가 없어 보입니다. 우리가 사용하는 물질들은 대부분 원자 혹은 분자가 결합한 화합물이기 때문이지요.

하지만 자연은 불필요한 물질을 만들지 않습니다. 18족 비활성 기체가 가진 독특한 성질 때문에 우리는 특별한 혜택을 보고 있으니까요. 그 성질이 바로 '안정'입니다. 에디슨이 전구를 발명한 후부터 LED에 바통을 넘겨주기까지, 백열전구는 인류의 밤을 밝혀왔습니다. 전구에는 아르곤 기체가 들어 있었지요. 백열전구는 필라멘트를 사용하는데 전기가 흐르면 텅스텐 원소의 자유전자는 서로 충돌하며 산란하고, 그 에너지가 빛과 열로 방출됩니다. 만약 전구 안에 산소와 질소 같은 다른 기체가 있었다면 텅스텐과 반응을 할 것이고 필라멘트에 영향을 주게 됩니다. 그렇다고 전구 안 기체를 빼버린 진공상태는 외부 압력을 견디지 못할 겁니다. 그래서 다른 물질과 반응하지 않는 아르곤을 넣어 필라멘트를 보호하고 전구 안의 압력을 유지하는 겁니다.

안정은 반응을 잘 하지 않으려는 성질로 대변할 수 있습니다. 그렇다면 원자가 반응한다는 것이 무엇인지를 생각해보아야 합니다. 사실 화학에서 모든 반응은 전자를 주고받는, 일종의 거래 과정입니다. 무언가를 주고받는 중심에 전자가 있어야 가능하다는 것을 알 수 있지요. 만약 주고받을 대상이 없다면, 받을 수는 없겠지만 주는 행위는 가능할 겁니다. 없는 것을 가져올 수는 없지만 있는 것을 버리면 되니까요. 결국 거래 대상이 없어도 스스로 이온이 되려고 합니다. 그래서 이온화하려는 경향은 1족이나 2족에서 많이 나타납니다. 그리고 대부분의 금속이 이온형태로 존재하는 이유도 바깥껍질의 전자가 한두 개이기 때문입니다. 바깥껍질에 있는 전자수가 적을 때, 모자란 전자수를 채우기 위해 전자를 얻어 오는 것보다 얼마 없는 전자를 버리는 것이 쉽기 때문이지요.

화학적 성질은 결국 반응의 모습입니다. 그리고 바깥껍질의 전자수가 다른 원소와 반응하는 데 사용되죠. 결국 바깥껍질에 같은 수의 전자수를 가진 원소라면 비슷한 반응을 한다는 의미이기도 합니다. 같은 족에 있는 원소는 전자수도 다르고 크기와 질량 등이 완전히 같지도 않지만 화학적 성질이 비슷하다는 건 바깥쪽 전자 개수 때문임을 이해할 수 있지요. 결국 원소의 종류는 양성자수 외에 전자가 큰 몫을 하고 있음을 알 수 있습니다.

주기율표 위쪽엔 원소가 왜 적을까

우리가 과학에서 '표table'라는 도구를 사용한 사례를 보면, 가로줄과 세로줄이 2차원상에 배치되어 있습니다. 그 각 행과 열 안에는 우리가 알아야 할 정보가 들어차 있지요. 대표적인 것이 '입자 표준 모형'입니다. 물리학에서 기본 입자를 쿼크와 렙톤, 게이지 보손과 스칼라 보손으로 정의해 만든 아름다운 표이지요. 스칼라 보손인 힉스 입자가 뒤늦게 발견되면서 기존 사각 틀에서 벗어나 위치가 틀어진 것을 제외하고, 단정하고 알기 쉽게 정리된 표입니다.

그런데 현대의 표준 주기율표를 보고 있으면 입자 표준 모형처럼 잘 정리된 표가 아니라 마치 들쭉날쭉한 건물처럼 보입니다. 이 건물에는 원소들이 방을 차지하고 있지요. 분명 가로줄과 세로줄에 의미가 있을 것 같은데 바둑판의 격자무늬처럼 균일하지도 않고 들쭉날쭉하며 심지어 밖으로 튀어나와 있는 부분도 있습니다. 주기율표는 마치 본관과 별관이 따로 있는 건물로 보입니다. 건물의 각 방에는 번호가 붙어 있습니다. 수소와 헬륨이 있는 1, 2호실은 가장 높은 꼭대기 층의 전망 좋은 펜트하우스처럼 특별해 보입니다. 그리고 아래로 갈수록 번호가 커지는데, 특히 번호가 높은 별관 쪽은 최근에 지은 것 같지요. 얼핏 보기에는 그동안 다른 위대한 발견에서 볼 수 있는 것처럼, 자연이라는 위대한 설계자의 엄밀하고 기하학적인 메커니즘을 전혀 엿볼 수 없습니다. 오히려 그때그때 덕지덕지 붙여놓고, 주먹구구식으로 확장한 건물처럼 보이지요.

하지만 이런 모습은 중요하지 않습니다. 중요한 것은 각 방의 위치, 그러니까 지리적 위치로 원소의 운명이 결정됐다는 것이지요. 각 원소의 원자 번호를 순서대로 따라가보면 주기율표의 아래 별관 건축물을 본관 안으로 끼워 넣을 수 있습니다. 본관을 좌우로 벌리고 순서대로 넣게 되면 당연히 가로로 길어진 모양이겠죠. 다소 억지스럽지만 현대 주기율표 모양은 마치 영국 런던의 웨스트민스터 궁전Palace of Westminster을 닮았습니다. 현재 영국에서 국회의사당으로 사용하고 있는 이 건축물은 1045년에 시공해 1860년에 거의 완공됐고, 유네스코 유산에 등재됐습니다. 현대 주기율표는 꽤 오랜 시간에 걸쳐 맞고 틀림을 반복하며 완성됐고, 웨스트민스터 궁전 또한 오랜 시간에 걸쳐 지어진 역사가 주기율표를 무척 닮아 있습니다. 게다가 완공된 시기 또한 주기율표가 탄생한 시기와 비슷한 점이 흥미롭습니다.

그런데 이렇게 원자 번호를 연결해 가로로 길게 펼쳐진 주기율표를 보면 질문이 하나 생깁니다. 중간이 비어 있는 모양이고 위쪽에 원소가 적기 때문입니다. 그 이유가 뭘까요? 지금까지의 이야기를 잘 따라왔다면 짐작할 수 있을 겁니다. 원자의 전자 배치 원리가 주기율표에 숨어 있기 때문이지요. 전자껍질인 주껍질과 부껍질에 존재할 수 있는 전자의 수는 정해져 있다고 했습니다. 원자핵에서 먼 주껍질일수록 많은 전자 부껍질을 가지게 됩니다. 따라서 전자껍질에 존재하는 전자의 수도 많아지게 되죠. 그렇다면 주기율표가 피라미드 같은 모양이 되는 게 맞습니다. 점점 먼 곳일수록 전자가 많아지기 때문이지요. 그런데 가운데 위쪽이 움푹 파진 형태인 이유는 뭘까요?

우리는 앞서 전자의 궤도와 규칙을 알아보며 전자를 껍질에 배치했습니다. 만약 원소가 아르곤까지만 있었다면 주기율표는 입자 표준 모형을 닮았겠지요. 만약 우리 세상을 만든 원소가 이 정도뿐이었다면 화학이 그리 어렵지 않았을 겁니다. 어쩌면 우리가 화학이 어렵다고 생각한 것을 별의 탓으로 돌려야 할지도 모르겠습니다. 왜냐면 별은 아르곤보다 무거운 원소를 만들어냈고 아르곤 다음의 원소인 포타슘부터 전자껍질이 규칙을 벗어나기 때문입니다.

사실 규칙은 양자역학에 의해 결정된 게 맞지만 주기율표라는 공간에 투영하다 보니 어긋난 것처럼 보이는 게 맞을 겁니다. 이제 포타슘의 전자가 어느 껍질에 들어가는지 보겠습니다. 포타슘은 K와 L껍질을 모두 채우고 M껍질의 s부껍질과 p부껍질을 채운 후 다음 부껍질인 3d를 채워야 합니다. 원래 M껍질은 세 개의 부껍질을 가지고 있습니다. 3s, 3p 그리고 3d이지요. 그렇다면 전자껍질의 에너지 계단으로 보면 포타슘의 전자 배치는 당연히 $[Ne]3s^2 3p^6 3d^1$이 돼야 합니다.

그런데 포타슘은 전자껍질을 거꾸로 채우기 시작합니다. 규칙에 따르면 분명 안쪽 껍질이 모두 채워진 후에 그 다음 껍질로 넘어가야 합니다. 그런데 포타슘의 전자는 M껍질의 3d부껍질을 채우기 전에 다음 껍질인 N껍질로 넘어갑니다. 심지어 M껍질의 3d부껍질은 정원인 열 개의 빈자리 중에 한 곳도 채우지 않았습니다. 결과적으로 전자 배치는 [Ne]$3s^2 3p^6 4s^1$이 됩니다. 이유는 M껍질과 N껍질의 일부가 에너지 계단에서 겹쳐 있기 때문이지요. 겹치면서 M껍질의 3d부껍질보다 N껍질의 4s부껍질이 원자핵과 더 가깝게 존재합니다. 그러니까 포타슘을 포함한 이후 원소는 N껍질 4s부껍질에 전자 두 개를 먼저 채우고 다시 안쪽으로 되돌아가 M껍질의 3d를 채우는 겁니다.

이런 '되돌아가기'라는 이유 때문에 주기율표의 4주기 원소가 3주기 원소보다 훨씬 많아지는 것이고 4주기 원소 중에 M껍질 3d부껍질을 전부 채울 때까지 가장 바깥쪽 껍질인 N껍질의 4s부껍질에 전자를 한두 개만 가진 원소가 열 개나 존재하게 된 거죠. 전이금속은 이런 이유로 생겨납니다. 자유전자를 가지는 금속은 대부분 이 구간에 속합니다. 전자 부껍질이 핵에서 가깝다는 의미는 에너지가 낮아 안정됐다는 의미입니다. 따라서 안쪽 주껍질에 전자가 들어갈 수 있는 빈자리가 있어도 바깥쪽 주껍질에 원자핵과 더 가까운, 그러니까 안정된 부껍질이 있다면 거기에 먼저 들어가는 겁니다.

이런 현상은 주기를 넘어가며 주껍질인 N, O, P의 3족에서 12족 사이에서 반복적으로 나타납니다. 지금은 양자역학에 의해 왜 전자 배치가 이렇게 되었는지 잘 알고 있지만, 과거에는 이 '되돌아가기' 문제가 줄곧 멘델레예프를 괴롭혔습니다. 이런 현상은 부껍질을 구성하는 구형의 s오비탈이 가진 특권이기도 합니다. 결과적으로 현대 주기율표는 전이금속과 란타넘족, 그리고 악티늄족이 되돌아가기를 하며 주기율표 중간을 파고들며 가로로 길게 벌려 자리를 차지하고 위쪽보다는 아래 중앙 쪽에 원소가 많은 지금의 모습으로 완성된 겁니다.

원자량은 **왜 어중간**할까

양성자와 중성자가 모여 원자의 핵을 이루고 핵 주변에 양성자수와 같은 수의 전자가 존재한다는 사실에는 이제 익숙해졌을 것입니다. 중성자는 전하를 가지지 않기 때문에 이온을 설명하면서도 중성자의 존재에 대해서는 민감하게 다루지 않습니다. 대략 양성자수와 같거나 비슷한 수의 중성자로만 언급하지요. 대부분의 자료에서 원자에 대한 설명은 그 구성 요소인 세 가지 입자와 수량이 공통적으로 등장합니다. 다만 예외가 있다면 수소의 경우 핵에 중성자와 전자 없이 수소 양성자로 존재하는 경우일 겁니다. 그래서 간혹 양성자를 수소핵이라고 표현하는 경우를 종종 보기도 합니다. 원자의 구성원을 알았으니 이제 원자의 질량을 살펴보겠습니다. 세 종류 입자는 각각 고유한 질량이 있습니다. 물론 전자의 경우에 의미 없을 정도로 작은 질량이긴 합니다.

그렇다면 원자 전체의 질량을 계산할 수 있겠지요. 원자를 구성하는 각 입자의 질량을 모두 합하면 되니까요. 원소마다 세 종류 입자의 수가 다릅니다. 당연히 수량이 늘어나면 원자 질량이 늘어날 것입니다. 그런데 원자를 탐구하던 초기부터 질량을 알았던 것은 아닙니다. 과학의 역사는 측정의 역사이기도 합니다. 보다 더 정밀한 측정이 우리에게 새로운 시각과 지식을 전하지요. 과거에 원자의 질량을 직접 측정한다는 자체가 불가능했을 겁니다. 과거 화학자들은 원자의 정체조차 명확히 알지 못했고, 원소가 가진 물리·화학적 성질로밖에 원소를 구분할 수 없었습니다. 단단함, 물에 뜨는지의 여부, 연소 시의 불꽃 색깔, 화학 반응의 유사점 등입니다.

비록 화학자가 실제로 측정하는 것은 어려웠지만 질량에 대한 개념이 완전히 배제되지는 않았지요. 성질이 비슷한 원소를 묶어 나열했고, 나름대로 원소 고유의 질량을 측정하기도 했습니다. 그렇게 해서 원자량을 바탕으로 원자 번호를 부여하고 주기적 성질을 연결한 주기율표가 등장한 겁니다. 물론 이후 물리학자에 의해 원자 번호는 질량이 아닌 양성자수로 밝혀졌지만, 화학자도 질량에 대한 접근을 했던 것은 무의미하지 않았습니다. 일반적으로 16세기 후반 라부아지에의 실험을 이 증거로 간주합니다. 그는 화학 반응에서 반응물과 생성물의 질량 차이를 측정했지요. 물론 원자 하나에 대한 질량은 아니었습니다. 반응물과 생성물의 부피와 질량을 가지고 상대적 계산을 통해 대상 물질의 본질, 그러니까 원소의 정보를 찾아내려고 한 겁니다.

이 노력이 정리되며 루이 푸르스트의 '일정 성분비 법칙'이 등장하고, 이 발표를 힌트로 라부아지에의 원소 개념을 발전시키며 돌턴이 현대적 의미의 원자설을 내놓게 됩니다. 처음에 돌턴조차 물의 분자식을 수소와 산소로 이뤄진 'HO'라고 생각했습니다. 수소 분자의 존재를 몰랐으니 당연한 결과였지요. 그들이 제기한 분자식이나 측정한 질량은 지금 보면 틀린 것이지만, 원소가 질량이 다른 원자로 구성됐다는 돌턴이나 라부아지에의 접근 방법 자체는 옳았습니다. 그 자체로 하나의 업적이었지요. 비록 분자 구조를 정확히 설명하지 못했지만 질량을 측정하며 당시 화학계를 지배해온 비과학적인 개념인 플로지스톤을 완전히 제거할 수 있었습니다.

지금 우리는 원자를 구성하는 모든 입자의 질량을 정밀하게 알고 있습니다. 양성자 질량은 1.672621×10^{-27}킬로그램이며 중성자는 양성자보다 0.002306×10^{-27}킬로그램 무겁습니다. 어느 것이 더 무겁다는 표현이 어색할 정도로 작은 질량이지요. 수학에서는 이 숫자가 의미가 있겠지만 일상생활에서는 0으로 보아도 무방한 작은 수입니다. 그런데 전자는 이보다 더 작습니다. 전자는 양성자 질량의 1,837분의 1인 0.000911×10^{-27}킬로그램입니다. 전자와 양성자의 질량 비례는 지난 70억 년 동안 변하지 않고 있어 자연의 기본 상수로 취급되기도 합니다. 이렇게 전자의 질량은 거의 무시할 정도이고, 양성자와 중성자는 거의 같은 질량이라고 해도 무리가 없어 보이지요. 결국 원소로 구분되는 원자의 질량은 양성자와 중성자에 의해 결정된다고 볼 수 있습니다. 원소는 양성자의 수에 따라 결정되니 특정 원소의 질량은 간단한 곱셈으로 쉽게 계산할 수 있습니다.

그런데 한 개의 원자 질량을 알고 있지만, 수치가 너무 작아 다른 방법이 필요했습니다. 다루는 대상의 수가 많거나 값이 작으면 로그함수나 묶음을 기준으로 다루려는 수치를 줄이거나 값을 크게 만드는 것이 계산에 유리하니까요. 결국 원소로 구분되는 원자 1몰개, 그러니까 탄소 원자 6.02×10^{23}개가 모인 질량 12.01115그램을 12로 원자량을 정하고 나머지 원소는 상대 질량을 정했습니다. 탄소는 양성자가 여섯 개, 중성자가 여섯 개 있으니 양성자 1몰의 질량을 1이라는 기준을 정한 겁니다.

현재 사용하는 원자량은 '국제 순수 및 응용 물리학 연합(IUPAP)'과 '국제 순수 및 응용 화학 연합(IUPAC)'이 1961년 통일 원자량으로 발표하여 국제 원자량 위원회가 채용한 것입니다. 원자량에는 따로 단위가 없습니다. 기준이 되는 숫자 그 자체로 단위 역할을 하지요. 그런데 처음부터 탄소가 기준은 아니었습니다. 라부아지에와 벤야민, 리히터의 전통을 이어받은 돌턴은 수소의 원자량을 1로 정했지요. 돌턴은 물이 85퍼센트의 산소와 15퍼센트의 수소로 구성됐다는 과거 라부아지에의 실험을 근거로 산소의 원자량을 5.66이라고 주장했습니다. 물이 HO라 생각했으니 그때는 맞는 말이었겠지요. 수소 원자의 질량 1을 기준으로 삼았으니 그 비율로 산소의 질량을 구한 겁니다.

그런데 물의 수소 원자가 두 개였다는 걸 알았어도 지금의 산소 원자량인 16과는 차이가 있습니다. 결국 라부아지에의 실험이 그리 정확하지 않았다는 결론입니다. 물론 돌턴의 실험으로 수소와 산소의 비율은 1:8이라는 근사치로 접근했지요. 프랑스 화학자 게이뤼삭에 의해 기체 반응의 법칙이 발견되고 수소와 산소는 부피 기준으로 2:1이 된다는 걸 알게 되며 분자 개념이 등장하게 됩니다. 모호한 분자 개념은 아보가드로에 의해 정립되고 이후 칸니차로에 의해 물의 수소 원자가 두 개인 것이 설명되며 산소의 원자량이 16으로 고쳐집니다. 이후에도 여러 과학자들이 기준을 옮겼습니다. 스웨덴 화학자 베르셀리우스는 산소의 원자량을 100으로 정하고 다른 원소의 원자량을 정하기도 했지요. 측정이 더 정밀해지며 벨기에의 스타스가 산소 원자량을 16으로 다시 수정했고 이후 산소는 화학계에서 원자량의 기준이 됐습니다. 하지만 물리학자들과의 충돌이 발생합니다. 자연에서 추출한 산소의 질량이 들쭉날쭉했던 겁니다.

어째서 원소를 측정할 때마다 질량이 차이 날까요? 실제로 현재 주기율표를 보면 원자량이 딱 떨어진 정수로 나오지 않습니다. 소수점 이하의 차이조차도 입자의 배수 차이가 아니지요. 왜 이런 차이가 생기는 걸까요? 불규칙한 원자량에 관한 의문은 영국 화학자 프레데릭 소디Frederick Soddy에 의해 풀리기 시작합니다. 그는 무거운 원자핵이 불안정해 붕괴하면서 질량이 다른 원소가 생기는 현상을 발견합니다. 그 다른 원소가 우리가 이미 알고 있는 원소임에도 알고 있던 원자량과 달랐지요. 그는 같은 원소라 해도 서로 다른 질량을 가진 원자가 존재한다고 발표합니다. 그리고 이런 원소에 '동위원소isotope'라는 이름을 붙였습니다. 그리스어인 'isos'는 같다는 의미이고 'topos'는 장소를 의미하지요. 동위원소는 주기율표상에서 같은 위치에 있지만, 질량은 서로 다른 원소를 뜻합니다.

이때까지도 물리적 성질이 다름을 찾아냈을 뿐이지, 그 수수께끼

는 풀리지 않았습니다. 그러다가 20세기 초 물리학에 의해 원자핵이 양성자와 중성자로 구성됐음을 알게 된 이후, 동위원소는 중성자 개수의 차이에서 비롯했음을 알게 되지요. 자연에 존재하는 원소는 동위원소가 일정 비율로 존재했던 것입니다. 여러 종류의 동위원소가 일정 비율로 존재하고 있고, 존재 비율을 고려하여 질량의 평균값을 계산한 것이 우리가 주기율표에서 보고 있는 원자량입니다. 원소마다 동위원소의 종류도 다르고 존재 비율도 다르니 당연히 원자량의 소수점 아래가 일정하지 않을 수밖에요.

이 문제로 가장 괴로워했던 사람이 멘델레예프입니다. 그는 원자 번호가 커질수록 원자량도 커져야 하는 것이 옳다고 생각했지요. 그런데 주기율표에는 원자 번호가 커졌는데도 원자량이 작아지는 경우가 있는데 무려 네 군데나 존재했던 겁니다. 아르곤과 포타슘의 경우, 분명 포타슘의 양성자가 하나 더 많은데도 아르곤이 더 무겁습니다. 이런 역전 현상이 동위원소 때문입니다. 동위원소에서 중성자수가 많아지면 이런 현상이 발생하는 것이지요.

양성자와 중성자의 존재가 드러난 것은 20세기 초의 일입니다. 그 존재를 모르던 19세기의 멘델레예프는 원자량 순으로 원소를 배열하는 것이 옳다고 생각했을 겁니다. 그런데 그렇게 하면 원소의 성질을 규정한 세로줄에서 벗어나게 됩니다. 그는 자기가 만든 주기율표에서 원자량보다는 원소의 성질을 우선적인 기준으로 고집했습니다. 그래서 이 기준에 따른 규칙에 어긋난 원소의 원자량이 틀렸다고 생각했고, 줄기차게 재측정을 요구했습니다.

산소를 기준으로 원자량이 정해진 후에도 문제는 이어졌습니다. 산소에는 동위원소가 많아, 화학자의 척도를 물리학에 대입하려면 일정 비율을 곱해 조정해야 했지요. 두 학문이 다른 원자량으로 계산했던 겁니다. 결국 이 불편함 때문에 단일 기준이 필요했고 1961년에 가장 흔한 탄소-12(^{12}C), 즉 양성자 여섯 개와 중성자 여섯 개로 이뤄진 탄소 동위원소를 기준으로 하게 됩니다. 이 기준은 두 학문에서 요구되는 단일 기준을 만족하고 0.004퍼센트라는 적은 척도 차이를 보이고 있기에 지금까지 사용하고 있습니다.

주기율표 **가로세로**

우리는 전자에 의해 원소가 구별되고, 그 원소를 정리한 주기율표에서 세로로 화학적 성질이 비슷한 원소가 모여 있다는 것을 알았습니다. 주기성은 가로줄에도 있지만, 가로줄에서 보이는 주기성은 물리적인 특성인 원자의 크기와 질량이 비슷하다는 정도지요. 우리가 원소가 비슷하다고 표현하는 기준은 이런 크기나 질량이 아닌, 원소가 가진 성질을 말하는 것입니다. 우리는 이 세로줄에 각각 성질에 맞는 이름을 붙였습니다. 그런데 세로줄에 이름을 붙이기 전에 모여 있는 원소를 특성별로 크게 몇 가지 기준으로 구분할 수 있습니다. 그 첫 번째가 '전형원소typical element, 典型元素'와 '전이원소transition elements, 轉移元素'라는 구분이지요.

앞서 주기율표를 영국의 웨스트민스터 궁전에 비유했지요. 궁전에는 빅벤BigBen이라는 영국의 상징 격인 시계탑이 있습니다. 그리고 시계탑 반대편에 높이 솟은 건물이 보입니다. 바로 영국 상원 건물이지요. 주기율표를 보면 건축물과 유사하게 양쪽으로 기둥처럼 올라온 부분이 있습니다. 시계탑을 닮은 1족에서 2족 그리고 상원의회 건물을 닮은 13족부터 18족입니다. 이 두 구간은 우리가 알고 있는 원소의 주기성이 전형적으로 나타난다고 해서 전형원소라 부릅니다. 전자 배치에서 s오비탈과 p오비탈을 바깥껍질로 가진 원소가 속해 있지요. 원자가 전자만을 화학 반응에 사용하기 때문에 같은 족 원소끼리 화학적 성질이 유사하고, 다른 족 원소와는 크기와 질량이 비슷해도 그 성질이 확연하게 구분됩니다.

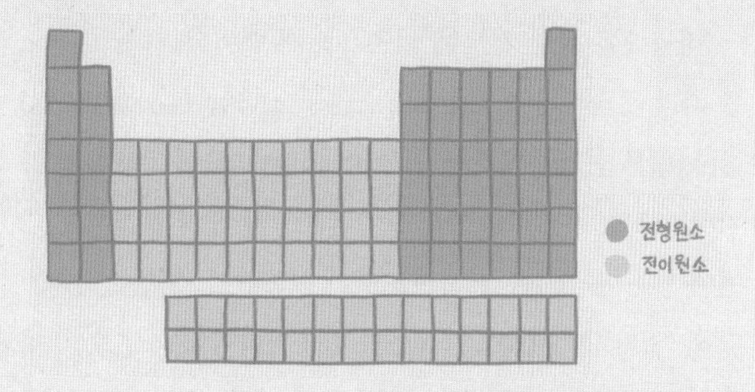

그런데 주기율표 가운데 부근에 배열된 3족부터 12족의 원소들은 오히려 세로줄이 아닌 가로줄끼리 성질이 비슷합니다. 이 구간은 영국 국회의사당이 있는 나지막한 부근이고 전형적인 원소의 세로줄 특성을 찾아보기 힘듭니다. 주기율표가 나온 초창기에 1족 원소와 7족 원소를 연결해준다는 의미에서 '전이transition'라는 말을 사용했습니다. 이 흔적이 지금의 주기율표에도 남은 것이지요. 전이원소는 대부분이 금속원소여서 전이금속이라고도 부릅니다. 전자 배치에서 보면 d오비탈과 f오비탈을 채우는 원소입니다.

또 다른 구분은 금속과 비금속이지요. 다른 분류도 많을 텐데 하필 금속과 비금속을 구분하는 이유는 원소의 75퍼센트가 금속이기 때문입니다. 우리는 금속을 떠올리면 흔히 단단하고 광택이 나며 열을 잘 전달하고 전기를 잘 통하는 물질을 생각합니다. 하지만 금속은 무르기도 하고 액체로 존재하기도 합니다. 금속은 주로 건물의 시계탑과 국회의사당이 있는 부근이지요. 그리고 금속의 성질과 비금속 성질의 경계에 있는 준금속도 있습니다.

비금속은 상원 건물에 비스듬하게 배치됩니다. 그 비스듬한 경계를 따라 준금속인 붕소(B), 규소(Si), 저마늄(Ge), 비소(As), 안티모니(Sb), 텔루륨(Te), 아스타틴(At)이 있습니다. 금속의 특징 중 하나가 전기전도도입니다. 비금속은 전기전도도가 좋지 않겠지요. 그렇다면 경계에 있는 준금속은 전기전도도가 어중간할 것 같습니다. 이 말은 '있다'와 '없다'의 중간이라거나, 약하게 있다거나 하는 뜻이 아닙니다. 조건에 따라 도체와 부도체로 사용이 가능하다는 겁니다. 따라서 주로 이 준금속 물질이 반도체 재료로 사용됩니다.

또 다른 구분을 한다면 물질의 상태를 기준으로 나눈 구분일 겁니다. 사실 이 구분은 원소의 성질이 모두 밝혀진 후 공통적 성질에 따라 나눈 기준이지만 예전부터도 가장 직관적으로 알 수 있는 구분은 물질이 존재하는 상태였을 겁니다. 바로 고체와 액체 그리고 기체였겠지요. 사실 대부분의 원소는 실온에서 고체 상태입니다. 실온에서 액체로 존재하는 원소는 금속인 수은(Hg)과 비금속인 브로민(Br) 두 가지뿐입니다. 그리고 오른쪽 상원 건물에 있는 비금속 중에 탄소(C)와 인(P), 황(S), 셀레늄(Se)과 아이오딘(I)은 고체이고 이를 제외하면 대부분 기체입니다. 가장 오른쪽에 있는 18족 원소는 기체입니다. 완벽하게 안정한 구조로 반응을 하지 않기 때문에 홑원소로 존재하는 경우가 많기 때문이지요. 그래서 원소의 발견이 늦어지기도 했습니다.

여기서 같은 세로줄에 고체와 액체, 그리고 기체 원소를 모두 포함하는 족이 존재한다는 걸 알 수 있습니다. 바로 17족이지요. 플루오린(F), 염소(Cl)는 기체이고 브로민은 액체 그리고 아이오딘과 아스타틴은 고체입니다. 원자가 무거워질수록 고체로 존재하게 됩니다. 그런데 마지막 테네신(Ts)은 왜 고체가 아닐까요? 사실 고체가 아닌 것이 아니라 '모른다'라는 것이 정확한 표현입니다. 테네신은 17족에 속하는 원소 중 가장 무거운 원소이고 납과 유사한 물리적 성질을 지니는 것으로 추정됩니다. 이 원소는 사실 자연 상태에서 존재하는 것이 아니라 입자 가속기에서 인공적으로 원소끼리 충돌시켜 생성해낸 원소입니다. 생성된 원소는 너무 불안정해 만들자마자 분열해버리지요. 이런 미지의 원소가 주로 7주기에 존재합니다. 우리가 아직까지 7주기 이상의 원소를 찾아내지 못한 이유이기도 합니다.

여기서 주기율표를 굳이 건축물에 빗대어 이야기한 이유는 주기율표에 배치된 원소들의 위치가 결국 원소의 특별한 특징과 성질을 말해주기 때문입니다. 이런 성질을 원자 번호별로 전부 외울 수는 없습니다. 주기율표에는 이런 성질이 잘 정돈되어 원소들이 배치되어 있지요. 그래서 원소가 주기율표에 자리 잡은 지리적 위치가 중요한 것입니다. 건축물에 대입하면 주기율표의 구조가 쉽게 떠오르고, 주기율표가 좀 더 친근해지리라 생각합니다. 주기율표에는 금속, 비금속, 전형원소와 전이원소 외에도 원소를 구분하는 여러 분류명이 있습니다. 이 이름은 원소의 성질에 따라 정해집니다. 주로 세로줄을 따라 이름이 달라지는 것을 보면 분명 전자의 배치에 의한 바깥 전자와 관련이 있겠지요. 원자의 성질을 결정하는 건 바깥쪽에 존재하는 원자가전자 때문이니까요.

3

주기율표
저택의 주민들

반응성이 좋은 **알칼리 금속**

리튬, 소듐, 포타슘, 루비듐, 세슘, 프랑슘

주기율표의 왼쪽과 중앙은 대부분 금속 원소입니다. 그중 가장 왼쪽의 세로줄 기둥에는 비금속인 수소를 제외하고 특별한 원소가 모여 있습니다. 우리는 이 금속을 알칼리 금속이라고 부릅니다. 여기에서 수소를 잠시 살펴보고 가겠습니다. 수소는 바깥껍질인 s오비탈에 전자가 한 개 있는 셈이지만, s오비탈이 전자 두 개를 가질 수 있기 때문에 한 개가 모자라기도 합니다. 그래서 수소는 1족에 위치하기도 하고 17족에 위치하기도 합니다. 실제로 양이온과 음이온으로 염을 만들거나 금속화합물을 만들기도 하죠. 두 가지 성질을 모두 가지고 있는 셈입니다. 수소가 기체라는 상태 성질로만 보면 17족이 더 어울리지만, 저온의 고압 조건에서 수소는 금속상태로 존재하기도 합니다. 실제 가스행성인 목성과 토성의 내부는 기체상태의 수소가 아닌 금속성 수소로 존재한다는 주장이 있습니다. 1족을 고수할 만큼 설득력이 있지요.

다시 돌아와 '알칼리'라는 이름은 어떻게 붙었을까요. 그 근원은 아랍입니다. 아랍은 우리가 생각했던 것보다 훨씬 과학이 발달한 문명이었습니다. 이 찬란한 문명이 유럽과 아시아로 퍼졌지요. 아랍어 'al'은 물질을 의미하고 'kali'는 재를 뜻합니다. 아랍인들은 식물을 태운 재를 알칼리라고 불렀는데 대부분 탄산포타슘(탄산칼륨, K_2CO_3)과 탄산소듐(탄산나트륨, Na_2CO_3)이었습니다. 이후에 재로부터 추출된 물질과 비슷한 성질을 가지는 물질을 통틀어 알칼리라고 부르게 됐죠. 대부분 반응성이 좋은, 강한 염기성을 지닌 물질입니다. 우리가 양잿물라고 알고 있는 것도 여기에서 근거한 물질입니다.

잿물은 마치 커피를 내리듯 볏짚이나 건초 등을 태우고 남은 재를 헝겊 같은 필터를 사용해 물을 붓고 내린 것입니다. 재 안에 있던 소듐, 포타슘과 같은 알칼리 이온이 녹아 나오게 되며 강한 알칼리 용액이 되는 거지요. 수천 년 전부터 도자기 유액이나 염색 등에 사용했습니다. 양잿물은 서양에서 온 잿물이라는 의미이지요. 이 물질이 기름과 반응하면 지방이 가수분해hydrolysis, 加水分解되면서 비누가 됩니다. 강알칼리 물질은 단백질도 녹입니다. 우리 몸은 단백질과 지방으로 이뤄져 있으니, 이 물질을 마신다면 끔찍한 일이 벌어지겠지요.

알칼리 금속은 금속 중에서 반응성이 큰 원소들이 모여 있습니다. 금속의 가장 일반적인 반응은 산소와 반응하는 산화, 그러니까 녹이 슬어 부식하는 것입니다. 보통 표면부터 시작되는 금속의 산화는 시간을 두고 천천히 진행됩니다. 철은 느리게 산화하며 점점 부피가 커집니다. 마치 상처가 아물며 딱지가 지고 떨어져 나가는 것처럼 철산화물이 떨어지면, 그 안쪽으로 계속 부식이 진행되고 나중에는 철이 사라집니다. 하지만 알루미늄처럼 순식간에 산화되는 것도 있습니다. 알루미늄 표면이 순식간에 산화되며 눈에 보이지 않는 얇은 산화물 피막을 형성하기 때문에 더는 내부로 산화가 진행되지 않습니다. 그래서 우리는 알루미늄이 녹슬지 않는다고 알고 있는 거죠.

그런데 알칼리 금속은 반응성이 다른 금속보다 좋습니다. 공기 중의 산소와 빠르게 반응하기 때문에 금속의 광택은 바로 사라집니다. 특히 물에 대한 반응은 몹시 격렬합니다. 공기 중의 수분이나 물에 폭발적으로 반응하지요. 리튬 이온 전지는 내부에 리튬을 전극으로 사용합니다. 겉은 공기가 침투할 수 없게 잘 밀봉되어 있지요. 간혹 리튬이온 배터리가 부풀거나 폭발을 하는 사례는 대부분 리튬 배터리의 밀폐 결함으로 리튬이 공기 중의 수증기에 노출되어 발생한 수소 기체에 의해 부풀어 오르고 폭발하게 되는 겁니다. 그래서 리튬이나 소듐, 포타슘은 원소 덩어리를 공기와 격리하기 위해 오일류 제품 안에 넣어 보관합니다. 그런데 무거운 알칼리 금속인 루비듐이나 세슘은 반응성이 더 좋습니다. 그래서 공기를 완전히 뺀 진공상태의 용기에 보관하지요.

대부분 고체 상태이지만 흔히 볼 수 있는 금속처럼 단단하지는 않습니다. 마치 고무처럼 무른 특성을 가집니다. 리튬이나 소듐은 칼로 자를 수 있지요. 무르고 산화되어 광택을 잃은 금속을 칼로 자른 단면은 금속 고유의 광택이 나타나지만, 얼마 지나지 않아 산화되어 광택은 사라집니다. 이런 성질 때문에 자연 상태에서 순수한 원소로는 발견되지 않습니다. 알칼리 금속 중에 가장 무거운 원소는 프랑슘(Fr)입니다. 이 원소는 여러 가지 원소를 충돌시켜 인공적인 핵반응으로 만든 원소입니다. 무거운 원소는 불안정합니다. 바로 붕괴를 해서 다른 원소가 되지요. 아직 눈에 보일 정도로 많은 양을 제조한 적이 없어서 대부분 반응성은 추정에 불과하지만, 물리·화학적 특성은 다른 알칼리 금속과 다르지 않을 것이라고 예측됩니다.

알칼리 금속이 반응성이 좋은 이유는 무엇일까요. 그 이유도 전자 때문입니다. 사실 화학반응과 관련해 원인을 묻는 어떤 질문에도 전자라고 대답하면 틀리지 않을 겁니다. 알칼리 금속에 속한 원자는 가장 바깥껍질에 전자 한 개를 가집니다. 원자는 바깥껍질에 있는 오비탈을 전자로 가득 채워야 안정됩니다. 빈 곳에 전자를 채우려 노력하겠지요. 그런데 전자를 얻어 와 껍질에 채워도 불안정한 것은 마찬가지입니다.

만약 바깥껍질을 전자로 다 채운다 해도 전자보다 모자란 양성자는 모든 전자를 잡아둘 인력이 약합니다. 결국 원자는 바깥쪽의 전자를 버리는 방법을 택합니다. 그러면 안쪽 껍질이 바깥껍질이 되어버리니 오히려 안정하다고 느끼는 거지요. 그래서 전자를 버리고 양이온 형태로 존재하길 좋아합니다. 양성자와 전자가 많아지는 무거운 원소로 가면서 이런 현상은 더 뚜렷해집니다. 전자 한 개만 18족 원소인 비활성 기체와 같은 형태가 됩니다. 다른 물질과 반응하지 않는 원소들이지요. 그렇다고 18족 원소처럼 혼자 있는 것을 좋아할까요? 이온은 전하를 가졌기 때문에 반대 전하를 가진 원자나 분자의 인력에 강하게 끌리게 됩니다. 결코 혼자 있지 않지요. 바다에서 많은 양의 소듐 양이온이 비금속인 염소 음이온과 염을 만드는 것은 결코 우연이 아닙니다. 알칼리 금속의 좋은 반응성은 이런 원소의 특성 때문입니다. 물론 근본적인 원인은 바로 전자이지요.

염을 만드는 할로젠 원소

플루오린, 염소, 브로민, 아이오딘, 아스타틴, 테네신

이제 알칼리 금속의 반대편을 봅시다. 사실 반대편이라는 말은 적당하지 않습니다. 주기율표는 2차원 평면 위에 펼쳐진 세계지도를 닮았기 때문이죠. 2차원 지도에서 아시아 대륙을 중심으로 왼쪽에 있는 아프리카 대륙과 오른쪽에 있는 아메리카 대륙은 서로 먼 반대편에 있는 것 같지만, 3차원의 지구에서는 가까이 붙어 있습니다. 마찬가지로 주기율표 가장 오른 쪽에 위치한 18족 원소는 사실 알칼리 금속과 가까이 있는 원소들입니다. 다음 장에서 18족 원소를 다루겠지만 비활성 기체의 가장 큰 특징은 좀처럼 다른 원소들과 반응하지 않는다는 것입니다. 주기율표에서 비활성 기체는 왼편에 있는 17족인 비금속 원소들과 알칼리 금속 원소의 경계를 이루고 있다는 것을 알 수 있습니다. 마치 양쪽에 있는 원소들이 서로 맞닿으면 큰일이라도 날 것 같은 긴장감 사이에서 평화로운 지대를 구축하고 있는 거지요.

근거 없는 흰소리가 결코 아닙니다. 실제로 비활성 기체 양측에 있는 원소들은 격렬한 반응을 보입니다. 17족인 할로젠halogen, 할로겐 원소는 1족에 위치한 수소, 알칼리 금속과 잘 반응합니다. 할로젠 원소의 바깥쪽 전자껍질에는 일곱 개의 전자가 있습니다. 전자 배치를 해보면 가장 바깥껍질의 s, p부껍질에 s^2p^5로 끝나지요. 17족 원소마다 주기별로 바깥껍질의 에너지 준위는 각각 다르지만 마지막 껍질에 있는 전자 배치는 같은 형태입니다. 바로 다음 원소인 비활성 기체는 전자가 바깥껍질을 채우고 전자 배치는 s^2p^6가 되어 안정해집니다. 그

러니까 17족은 늘 p부껍질인 세 개의 p오비탈 중 두 개 오비탈은 채워지고 한 오비탈에 전자 한 개가 부족한 셈입니다. 어디선가 전자 하나를 가져오려는 행동이 이상하지 않지요. 이제 알칼리 금속에서 뺏어 오는 게 자연스러워 보입니다. 알칼리 금속은 전자 하나를 덜어내면 더 안정하게 되었지요. 두 원소는 전자를 주고받아 서로 이온화되거나 전자쌍을 공유하면서 안정해집니다.

자, 그럼 할로젠 원소가 전자를 얻고 안정해졌으니 마치 비활성 기체처럼 반응하지 않을까요? 만약 그랬다면 세상은 만들어지지 않았을 겁니다. 원자마다 안정해지기 위해서 이온화되고, 서로 반응을 하지 않으면 원자 혹은 이온 상태로 떠돌게 되고 세상은 기체로 가득 찼겠지요. 이렇게 이온화된 원자는 음전하를 띠게 됩니다. 알칼리 금속과 수소는 전자를 내놓고 양이온으로, 할로젠 원소는 전자를 받아 음이온으로 전하를 띠는 입자로 바뀝니다. 이제 둘 사이에 다른 극성으로 인해 인력이 생깁니다. 이온 결합을 하며 물질을 만드는 거죠. 우리는 이런 결합을 흔하게 볼 수 있습니다. 가장 먼저 떠오르는 물질이 바로 '염salt, 鹽'입니다.

염의 대표적 물질인 소금은 염화소듐(염화나트륨, NaCl)이고 염소 이온과 소듐 이온의 결정체입니다. 강한 반응이라고 했는데 바다에서 소금이 생성될 때 폭발이 일어나지 않는다고 실망하면 안 됩니다. 이온으로 만나는 것과 원자로 만나는 것은 다르니까요. 소듐 금속과 염소 기체를 원자 상태에서 만나게 하면 폭발하는 현상을 볼 수 있습니다. 우리가 바다 염전에서 볼 수 있는 소금은 이미 이온화된 상태의 두 원소가 이온 결합을 하는 것입니다.

결론적으로 두 족의 원소는 쉽게 반응하고 결합합니다. 여기에서 염의 정의를 잠깐 살펴보겠습니다. 염은 영어나 한자로 소금salt, 鹽과 똑같이 쓰지만, 염화소듐만을 의미하는 것은 아닙니다. 화학에서 염은 금속의 양이온과 비금속인 음이온이 결합한 이온화합물의 총칭이기 때문입니다. 학문적 개념으로 보면 염은, 산과 염기가 반응해 생성된 물질을 부르는 일반적 표현입니다. 이런 일반적 표현이 관련된 물질 전체를 지칭하게 되는 경우가 화학에서는 종종 있지요. 금속 양이온은 단순히 알칼리족에 그치지 않습니다. 바로 옆 2족인 원소도 이온화를 하려는 경향이 있습니다. 비금속도 마찬가지로 17족만 이온화 경향이 있는 것은 아니죠. 그러니까 염은 분명 여러 조합으로 더 많이 있을 겁니다.

원리를 알았으니 이제 응용을 할 수 있습니다. 전자 두 개를 버리기 좋아하는 2족 원소들이 전자 두 개를 얻기 좋아하는 16족 원소들과만 결합할까요? 그렇지 않습니다. 눈 오는 날에 도로에 뿌리는 염화칼슘도 염의 일종입니다. 염소는 17족 원소이고 칼슘은 2족 원소입니다. 칼슘이 전자 두 개를 버렸지만 이를 받아주는 염소는 한 개의 전자만 필요합니다. 왠지 둘의 궁합이 맞아 보이지 않지만 해결은 간단합니다. 염소 원자가 하나 더 있으면 되니까요. 그래서 염소 원자 두 개와 칼슘 원자 한 개가 염화칼슘($CaCl_2$) 분자를 만듭니다. 분자식에서 원소 오른쪽 옆에 있는 숫자는 반응에 필요한 원소의 수를 의미합니다. 결국 전자의 요구에 의해 원자가 동원되었다는 걸 알게 됩니다.

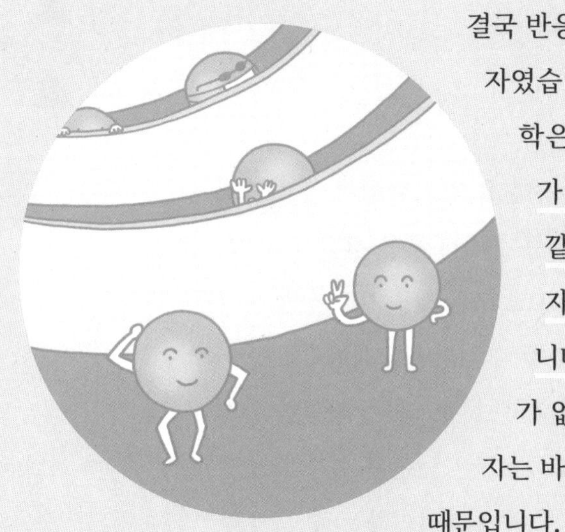

결국 반응에서 중요한 것은 원자핵이 아니라 전자였습니다. 계속 반복되는 이야기이지만 화학은 전자의 이야기입니다. 그리고 전자가 아무리 많아도 반응에 관여하는 건 바깥쪽 전자입니다. 안쪽 껍질에 있는 전자는 다른 원자에게 보이지 않기 때문입니다. 아니, 정확하게 표현하면 접근할 수가 없는 거죠. 안쪽 전자껍질 안에 있는 전자는 바깥쪽 전자구름에 가려 접근하기 어렵기 때문입니다.

그리고 안쪽 껍질에 안정적으로 존재하는 전자는 주변 전자와 원자핵과 전자기력을 유지하며 원자핵을 보호하는 보호막처럼 감싸고 있지요. 그러니 다른 원자가 접근한다고 해도 원자핵과 안쪽 껍질에는 물리적으로 접근하기 어려울 겁니다. 결국 모든 원자나 분자는 바깥 전자들과 전자를 교환하며 결합을 합니다. 결국 어떤 형태로든 결합이 시작되면 전자와 원자핵이 가진 양성자의 전하로 인한 전자기력에 영향을 받을 겁니다. 이런 영향력이 결합에 참여하기 전에 원자가 유지하고 있던 전자기력의 균형을 비틀면서, 결국 결합에 참여한 원자와 전자들의 위치가 다시 정해집니다. 원자가 결합하며 생기는 분자의 다양한 모양은 이런 힘 때문에 생겨나는 겁니다.

고고한 귀족, 비활성 기체

헬륨, 네온, 아르곤, 크립톤, 제논, 라돈

우리는 간혹 누군가가 소유하고 있는 자산을 척도로 삼아 그 사람의 가치를 판단하기도 합니다. 통장에 적힌 큰 숫자나 좋은 집과 고급 차, 안정된 직장과 훌륭한 자녀 같은 것들이지요. 모든 것을 가진 사람의 모습은 당당해 보입니다. 너무 완벽한 나머지, 다른 평범한 사람들과는 어울리지 않을 것 같은 거리감이 느껴집니다. 원소에도 이런 당당한 존재가 있지요. 주기율표의 가장 오른쪽 끝의 세로줄은 18족 원소가 모여 있습니다. 대부분 기체 상태이고 비활성 혹은 불활성이라는 수식이 붙어 다닙니다. 영어로는 고귀하다는 뜻으로 '귀족 기체noble gas'라고 부릅니다. 고귀하다는 말은 금과 은 같은 귀금속 원소에나 어울릴 법한 말 같습니다. 그런데 여기서 '귀족noble'이라는 표현은 값이 비싸거나 희귀하다기보다는 이상적이고 완벽하다는 의미에서 붙은 말입니

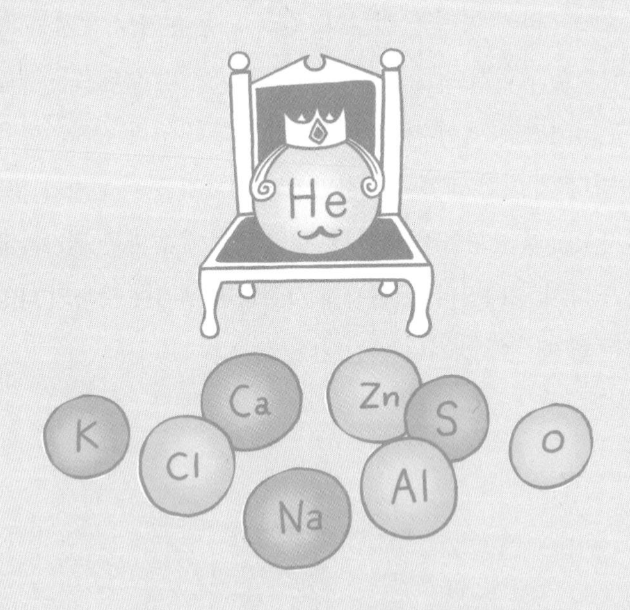

다. 왜냐하면 인류는 이 원소가 가장 완벽한 원자의 형태라고 생각했기 때문입니다.

지금까지 원자는 양성자와 중성자로 핵을 이루고, 주변에는 양성자 수만큼의 전자가 에너지에 따라 배치된다고 했습니다. 그런데 불행하게도 자연에서 볼 수 있는 대부분의 원자는 이런 정의에서 벗어난 상태로 존재합니다. 바로 앞에서 보았던 알칼리 금속이나 할로젠 원소의 경우에도, 원자가 가만히 있지 않고 전자를 떼어내거나 어디선가 가져와 이온으로 존재하지요. 전기적 중성이라던 원자는 전자 개수가 변하며 전하를 가진 이온이 됩니다. 그리고 다른 물질과 결합하지요.

이 과정은 이온 형태로 결합하는 경우도 있고 전자를 공유하는, 그러니까 전자가 원자 사이에서 양자 중첩을 통해 강하게 묶이게 되는 경우도 있습니다. 대부분의 원소가 다른 원소들과 묶여버리는 성질을 가졌기 때문에 순수한 금속을 제외한 원소들은 여러 가지 다른 원소들과 함께 물질 안에 꼭꼭 숨어 있게 됩니다. 원소의 발견은 이렇게 숨어 있는 원소를 분리하는 과정이라고 해도 과언이 아닙니다. 원소 사냥이라 불린 과정이 길었던 것도 대부분의 원소가 원자의 구조를 바꾸며 다른 원소와 결합해 숨어 있기 때문이었습니다. 세상을 이루는 물질은 원자 하나만으로 존재하는 경우는 드물고, 대부분 화합물로 이루어져 있다고 알고 있었지요.

그런데 이런 상식에 균열이 생긴 것이 20세기 초였습니다. 냉각에 관한 연구는 지난하게 이어지다가 어떤 한 원소가 가진 특성 때문에 막바지에 다다릅니다. 물질을 저온으로 내린다는 건 과학자들에게 많은 의미가 있습니다. 지금은 절대영도인 0켈빈이 섭씨 영하 273.15도이고 그 이하의 온도는 없다고 알고 있습니다. 절대영도에서 물질의 운동이 멈추기 때문에, 지금도 물질을 연구하는 사람들은 열역학적으로 많은 관심을 가지고 냉각에 관한 연구를 진행하고 있습니다. 기체를 액화시키는 것은 저온에 이르는 지름길이었습니다. 보일-샤를의 법칙은 기체의 부피와 온도, 압력의 변화 관계를 정의합니다. 그러니까 압력을 주어 기체의 부피를 감소시키면 기체의 운동이 줄어 온도가 내려간다는 것이지요. 온도를 내리는 가장 간단한 방법입니다.

하지만 자연은 자신이 작동하는 원리를 쉽게 밝히지 않지요. 인류는 샤를의 법칙 이전에 이미 오래전부터 기체를 압축하면 액체로 변하는 상변이가 일어난다는 사실을 알고 있었습니다. 하지만 가압한다고 해서 모든 기체가 액화하지는 않았습니다. 기체마다 가압해 액화할 수 있는 임계온도가 달랐지요. 아무리 압력을 높여도 기체가 액화할 수 있는 온도에는 한계가 있었던 것입니다. 기체를 액화하는 또 다른 방법은 단열팽창입니다. 좁은 공간에 열을 차단하고 수소를 제외한 고압의 기체를 낮은 압력으로 팽창시키면 기체의 온도가 떨어집니다. 그런데 수소는 거꾸로 온도가 올라갔지요. 이 현상은 바로 줄-톰슨 효과Joule-Thomson effect 때문입니다. 이처럼 기체의 냉각은 과학자들에게 꽤 흥미로운 대상이었습니다.

누가 더 낮은 온도에 도달하는가 하는 목표를 두고, 마치 주기율표의 원소 사냥처럼 과학자들은 경쟁적으로 연구를 지속했습니다. 공기에 포함된 산소와 질소를 액화시켰고, 수소마저 액화시키자 더 이상 액화할 기체가 없다고 생각했지요. 그런데 천문학자에 의해 발견된 태양 스펙트럼 중, 당시까지 지구에서 발견하지 못했던 스펙트럼 하나가 있었습니다. 지구상에 존재하지 않고 태양에만 존재한다고 여겼던 이 원소가 바로, 그리스어로 태양을 뜻하는 helios에서 이름을 따온 헬륨(He)입니다. 그런데 줄-톰슨 효과가 나온 지 40년 가까이 지난 1895년에 우라늄을 함유한 클리베이트란 광석에서 헬륨이 발견됩니다. 광석에서 나온 스펙트럼이 과거 태양의 스펙트럼과 일치했기 때문이지요. 그리고 20세기 초인 1903년에 헬륨은 방사성 물질이 자발적으로 붕괴할 때 만들어진다는 사실을 발견합니다. 헬륨이 지구에서 발견된 겁니다.

그런데 이상하지요. 우주에서 수소 다음으로 많은 헬륨은 전체 질량 중 23퍼센트나 차지하는데 왜 수소처럼 공기 중에서는 발견되지 않았을까요? 헬륨은 지구 대기에 고작 0.0005퍼센트만 존재합니다. 사실 발견된 헬륨은 처음부터 있었던 것이 아니라 방사성 붕괴로 만들어진 것이고 대부분 지각에 존재합니다. 공기 중에 있어도 가볍기에, 지구 대기 중에 중력으로 잡아두기 어려웠을 겁니다. 지구에서 헬륨을 찾아내기란 쉬운 일이 아니었지요. 저온 연구를 하던 과학자들은 수소보다 더 끓는점이 낮은 헬륨의 액화에 매진하게 됩니다. 절대온도 0켈빈에 도달하기 위해 액체헬륨은 필수적이었죠. 저온 연구로 시작한 헬륨의 발견은 원자에 대한 시각을 바꾸게 됩니다. 대부분의 원자가 불안정해서 변하거나 다른 원소와 묶인다고 생각한 통념이 깨진 것입니다.

공기 중에 순수한 상태로 존재하는 것 같은 수소, 산소, 질소도 막상 자세히 들여다보면 분자 형태로 존재합니다. 화학이 원자 수준에서 다루어질 것 같지만 꼭 그렇지는 않습니다. 실제로 물 분자는 원자로 만들어지지 않습니다. 많은 수소 분자와 산소 분자가 무수히 충돌하면서 반응에너지 장벽을 넘어 물이 만들어집니다. 그런데 헬륨을 발견한 과학자들은 이 원소가 여타 원소와 다른 특징이 있다는 것을 알아냈습니다. 다른 물질과 반응하지 않고 순수한 홑원소로만 존재한다는 것이지요. 헬륨의 이러한 독특한 성질에는 이유가 있었습니다.

여기에 지금까지 이야기했던 지식을 꺼내보겠습니다. 원자는 안쪽 전자껍질부터 전자를 채운 뒤 가장 바깥껍질이 채워지지 않으면 전자를 버리거나 빼어 오거나, 혹은 다른 원자의 전자를 공유하며 바깥껍질을 채우려 한다는 것이죠. 헬륨은 전자 두 개를 가진 원소이고 전자껍질은 한 개 있습니다. 주껍질인 K껍질에는 s부껍질이 존재하고, 그 부껍질에 있는 s오비탈은 전자 두 개를 가집니다. 결론적으로 바깥껍질을 모두 전자로 채운 헬륨은 완벽한 원자의 개념을 충족한 입자가 되는 것이죠. 헬륨의 발견과 특징을 알게 된 이후에 같은 성격의 다른 원소들도 발견됩니다. 네온, 크립톤, 제논이 발견되고 라돈이 마지막으로 발견되지요. 물론 다른 원소들도 바깥껍질을 완벽하게 채우고 있기 때문에 다른 원소가 접근할 만한 빈틈이 없습니다. 다른 원소나 물질과 어울리지 않고 홀로 존재하는 원소를 찾기란 쉬운 일이 아니지요. 많은 과학자들의 노력에도 불구하고, 다른 비활성 기체를 발견하기 어려웠던 이유가 바로 이 원소가 지닌 비활성이라는 특성 때문이었습니다.

주기율표의 연결 고리, 전이금속

란타넘족과 악티늄족을 제외한 3족에서 12족 원소

지금까지 영국 런던 웨스트민스턴 궁전의 시계탑에 위치한 1족과 시계탑 반대편인 상원의회 건물 끄트머리에 자리 잡은 17족과 18족을 살펴봤습니다. 이 구간에서는 원소의 주기성이 전형적으로 나타난다고 해서 전형원소라고 했지요. 물론 전형원소에 속한 알칼리 토금속인 2족과 붕소족인 13족부터 칼코젠 원소인 16족까지의 원소가 더 있지만, 그보다 먼저 시선을 주기율표의 중앙으로 가져가봅시다. 궁전 양쪽의 건물 높이보다 낮고 꽤 긴 폭을 차지한 영국 국회의사당이 있는 구역입니다. 주기율표의 3족에서 12족에 해당하는 영역을 전이원소라고 부릅니다. 또 대부분의 원소가 금속이기 때문에 전이금속이라고도 합니다. 앞서 전이금속에 넘겨놓은 숙제가 많기 때문에, 우선 숙제들을 먼저 해결하고 가야겠지요.

지금까지 전자가 전자껍질에 오비탈을 형성하며 존재하고, 가장 바깥껍질에 있는 전자가 화학 반응의 주역이라는 이야기를 했습니다. 3주기 원소를 보면 11번 소듐(Na)은 열한 개, 마그네슘(Mg)은 열두 개의 전자를 가지고 있지요. 그리고 다음 알루미늄(Al)에는 열세 개의 전자가 있습니다. M껍질의 s오비탈과 p오비탈에는 전자가 각각 두 개, 여섯 개 들어갑니다. 이렇게 하나씩 채우며 아르곤(Ar)에서 M껍질의 3s오비탈과 3p오비탈을 전자 여덟 개가 모두 채우고 안정한 기체가 됩니다. '옥텟 규칙Octet rule'이라는 것은 이때 나오는 것입니다. 원자들이 가장 바깥껍질을 가득 채우고 싶어 하는 전자의 수가 여덟 개라는 것이지요. 아르곤 다음의 4주기 원소인 포타슘(K)은 19번 원소입니다. 당연히 열아홉 번째 전자는 아르곤의 바깥껍질보다 더 큰 에너지 준위의 S껍질에 들어가기 시작합니다. 그리고 스무 번째 원소인 칼슘(Ca)도 그 껍질에 들어가려고 하겠지요.

전자껍질 구조를 몰랐던 멘델레예프도 여기에서 혼동을 하기 시작합니다. 포타슘은 다른 알칼리 금속과 성질이 비슷했지만 원자량 순서가 맞지 않았기 때문이죠. 그래서 원자량이 아니라 원소의 성질을 중심으로 순서를 맞췄습니다. 전자 배치 규칙대로라면 전자가 증가하며 s오비탈에 두 개의 전자를 채우고 스칸듐(Sc)이 가진 스물한 번째 전자는 두 번째 부껍질인 p오비탈에 들어가야 합니다. 스물한 번째 원소는 바깥껍질에 전자 세 개가 있어야 하는 게 맞습니다. 이전의 원소처럼 s오비탈에 두 개, p오비탈에 한 개 전자로 존재해야 하지요. 물론 멘델레예프는 원자의 정체도 오비탈의 존재도 모르는 상태에서, 오로지 화학적 성질과 질량 등의 물리적 특징만으로 이 구간을 판단했습니다.

그러니까 이때부터 세로줄의 성질이 맞지 않기 시작합니다. 원자량이 늘어났지만 여전히 바깥껍질에 전자가 두 개가 있는 것과 같은 현상이 나타난 것이지요. 실제로 스칸듐 이후에 있는 일련의 원소들에서 늘어나는 전자들이 보이지 않고 바깥껍질에 두 개의 전자가 계속 유지되는 겁니다. 이런 현상은 지금까지 알고 있던 옥텟 규칙에서 벗어난 것이고, 이 현상은 31번 갈륨(Ga)까지 열 개의 원소에서 나타납니다. 심지어 크로뮴(Cr)과 구리(Cu)의 경우, 바깥쪽 껍질의 전자 한 개마저 사라집니다. 이런 사라짐 현상은 더 무거운 원소에도 일정 구간에서 나타납니다. 이 정도면 멘델레예프가 왜 고민이 많았는지 충분히 짐작이 갈 것입니다. 안타깝지만 전자를 쌓는 원리, 어떤 일반적인 관행과 같은 규칙에서 벗어나 이상한 행동을 하는 원자들은 눈에 거슬릴 수밖에 없습니다.

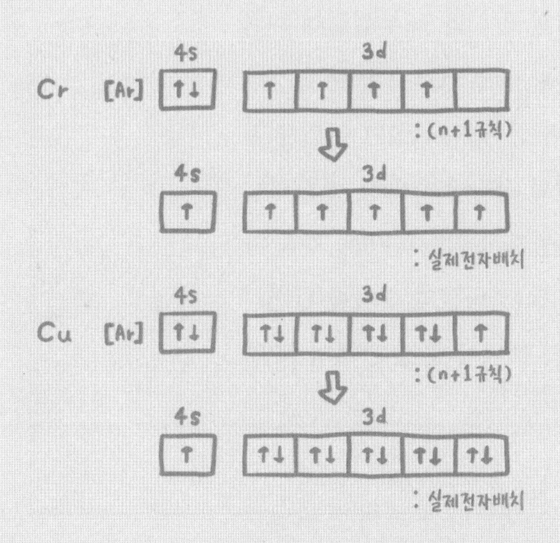

엄밀하게 말하면 스칸듐이 아니라 열아홉 번째 원소인 포타슘부터 틀어진 겁니다. 원래 아르곤까지 사용했던 M껍질은 전자가 들어 갈 수 있는 수가 최대 열여덟 개입니다. 주양자수가 3인 M껍질에는 d부껍질이 더 존재하기 때문이죠. 그런데 19번 원소인 포타슘은 열아홉 번째 전자를 M껍질의 3p까지 채우고, 나머지 한 개를 M껍질의 3d부껍질이 아니라 N껍질의 4s부껍질에 채웁니다. 이유는 M껍질의 3d부껍질보다 N껍질의 4s부껍질이 에너지 기준으로 더 원자핵에 가깝기 때문입니다. 구형 모양의 s오비탈 특성으로 4s부껍질이 안쪽 주껍질의 가장 바깥에 존재한 부껍질인 3d보다 핵에 가까이 존재하게 된 것이고 가까운 곳부터 전자를 먼저 채우는 원칙이 적용된 겁니다. 주껍질로만 보면 거꾸로 되돌아가며 안쪽 껍질을 채우는 현상이 나타났고, 이것 때문에 전이금속은 바깥껍질에 한두 개의 전자가 존재하게 되는 것이지요.

결과적으로 4s부껍질을 모두 채운 원자는 스칸듐부터 4주기 p오비탈인 4p오비탈에 전자가 들어가는 게 아니라 M껍질로 돌아가 d오비탈인 3d를 마저 채우는 겁니다. 우리는 이것을 '되돌아가기'라고 표현했지요. 사실 여기까지는 그래도 이해가 됩니다. 이 3d오비탈이 에너지 준위로 보면 바깥껍질에 있는 4s오비탈보다 크기 때문에, 이보다 안정된 4s를 먼저 채운 다음, 다시 거꾸로 안쪽 껍질의 3d부껍질에 채워지는 건 설명할 수 있습니다. 그런데 문제는 이 돌아가기 또한 일정하지 않다는 겁니다. 크로뮴과 구리에서 이미 전자로 차 있던 4s의 전자 하나가 사라지는 현상이 나타납니다. 실제로 전자가 사라진 것은 아니고 3d오비탈로 이동한 겁니다. 그 이유는 원자가 판단하기에, 가득 차 있던 4s오비탈의 전자를 하나 비워서라도 3d오비탈의 전자를 완전히 혹은 절반이라도 채우는 것이, 원자 전체의 에너지 균형 면에서 더 안정하기 때문입니다.

절반의 의미는 d오비탈 개수의 절반을 채운다는 의미는 아닙니다. 다섯 개의 d오비탈에 각기 한 개씩의 전자를 먼저 채운다는 의미지요. 앞의 그림처럼 d오비탈을 채워가던 원소는 크로뮴에서 이 관행에서 벗어납니다. 원래 d오비탈에는 다섯 개의 오비탈이 존재하고 전자는 모두 열 개가 들어갈 수 있습니다. 파울리의 배타원리에 의해 각 오비탈에는 서로 다른 스핀 양을 가진 두 개의 전자가 들어가지만, 각 방을 순서대로 스핀쌍을 가지고 꽉 채우는 것보다 다섯 개의 오비탈에 전자 한 개씩 모두 채워지면 스핀 양이 다른 전자로 전자쌍을 이루며 오비탈을 채우는 것이 더 안정합니다. 예를 들어 크로뮴은 3d오비탈의 4번째 오비탈에 전자가 들어갑니다. 전자 배치로 보면 $[Ar]3d^4 4s^2$이 되어야 하는 게 지금까지 배운 '쌓음 원리'입니다. 그런데 실제로는 $[Ar]3d^5 4s^1$가 되죠. 그러니까 원자는 바깥쪽 껍질인 4s부껍질을 전부 채우고 3d오비탈 하나를 비워 놓는 것보다, 전자 한 개씩 나눠서라도 전체 3d오비탈을 반쪽이나마 채우는 것이 안정하다고 판단하는 것이지요.

그래서 4s에 있는 전자 하나를 더 가져와 3d부껍질의 비어 있는 오비탈을 채워 넣습니다. 그러면 다음 망가니즈(Mn, 망간)의 전자 배치는 예측할 수 있습니다. 3d오비탈에 전자를 보태느라 반절이 된 4s부껍질을 마저 채우는 거지요. 그리고 철(Fe)부터는 다시, 절반이 채워진 상태로 남은 3d부껍질의 첫 번째 오비탈부터 다른 스핀 양의 전자로 채워갑니다. 각 오비탈에 서로 다른 스핀을 가진 전자로 두 개씩 채워지며 이제 4번째 d오비탈을 채우는 구리에 도달합니다. 이쯤 되면 구리에서 또 비슷한 일이 발생할 것을 예측할 수 있겠지요. 구리의 전자 배치는 $[Ar]3d^9 4s^2$가 되어야 하는데 크로뮴과 마찬가지로 마지막 오비탈에 전자 한 개만 더 채우면 3d오비탈의 모든 방을 채울 수가 있습니다. 예측대로 구리는 4s의 오비탈에 있는 전자 하나를 3d로 가져갑니다. 결국 전자 배치는 $[Ar]3d^{10} 4s^1$이 됩니다. 그다음 아연(Zn)부터 다시 4주기의 s오비탈을 마저 채운 후에 갈륨(Ga)부터 비로소 4p오비탈이 등장합니다. 이때부터는 우리에게 익숙한 쌓음 원리가 그대로 적용됩니다. 주기가 커지면서도 무거운 원소의 d오비탈에서는 비슷한 경향을 보입니다. 다음 주기의 몰리브데넘(Mo)과 은(Ag)에서도 같은 현상이 벌어집니다.

여기에서 흥미로운 사실이 하나 있습니다. 우리는 앞서 이온화에 대한 이해를 했습니다. 전자를 버리고 양이온이 되는 금속을 확인했지요. 크롬과 구리도 이제 바깥궤도에 전자가 하나 있으니 마치 알칼리 금속의 소듐처럼 전자를 버리고 양이온이 되길 좋아할 겁니다. 그런데 구리가 전자를 버린다면 어떤 전자를 버리게 될까요? 에너지 준위로 생각해도 3d가 가장 높고 순서로 봐도 마지막으로 4s에서 3d를 채우려고 온 전자가 마지막이었으니 3d에서 빠져나갈 것 같습니다. 하지만 바깥껍질인 4s에 있는 전자 한 개를 버립니다. 그러니까 전자가 채워지는 순서와 전자를 잃는 순서는 일치하지 않는다는 겁니다.

엄밀하게 보면 이 순서에는 의미가 없습니다. 오로지 우리 인간이 인간의 언어로 전자를 배치하기 위해 억지로 순서라는 개념을 욱여넣은 것이죠. 마치 전자에 원자 번호처럼 순서가 붙은 것처럼 느껴지지만, 우리는 유일한 성질인 스핀 말고는 전자를 구별할 수가 없습니다. 실제 원자가 만들어질 때 전자가 순서대로 들어오며 만들어졌다고 보기도 힘듭니다. 수많은 입자가 충돌하며 만들어졌을 테니까요. 우리는 더 전문적인 언어로, 원자가 이온화될 때에 주양자수가 가장 큰 오비탈의 전자부터 떨어진다고 하고 이유는 안쪽 주껍질의 부껍질이 '유효 핵전하'가 크기 때문이라는 표현을 합니다. 이렇게 설명하는 것이 최선일 겁니다.

사실 이런 쌓음 원리는 전자와 전자 간의 상호작용을 고려하지 못합니다. 전자가 늘어나면서 같은 전하를 가진 전자끼리의 반발력과 핵 안의 양성자와의 상호작용을 말로 설명하기는 불가능하기 때문입니다. 물리학은 수학의 언어로 이 현상을 설명할 수 있고 결국 오비탈의 에너지 준위는 이런 전자-전자 상호작용을 고려한 양자역학적 계산을 통해서만 결정하고 설명할 수 있습니다. 심지어 여기에 스핀과 궤도 사이의 상호작용까지 들어오게 되니, 인간의 언어로 이 현상을 표현한다는 것은 점점 더 어려워집니다. 이제 5주기로 넘어가며 전이금속 영역에 있는 더 무거워진 원소가 설명하기조차 어려운 예외적인 전자 배치를 가진 것이 오히려 납득이 될 지경입니다.

'되돌아가기'도 알지 못했던 멘델레예프가 이 사실을 알 리가 없었죠. 전자의 존재 때문이라는 것을 알지 못했던 멘델레예프는 이상한 행동을 하는 전이원소 때문에 몹시 고민했습니다. 그러다가 결국은 원자량은 늘어나는데 성질이 변하지 않는 이들 원소 무리를 '난외[欄外]'로 취급해 별도로 정리해서 배열했죠. 현재는 성질이 비슷한 이들 원소도 원자량이 아닌 원자 번호(양성자수)라는 규칙에 따라 배열되면서, 주기율표의 중앙 부분에 자리 잡고 있습니다. 공통적으로 전이금속에 속한 원소들은 d오비탈의 전자를 안쪽에 감추고 있기 때문에 이 원소와 반응하려는 다른 원소는 d오비탈에 있는 전자들을 만날 수가 없습니다. 만날 수 있는 전자는 바깥쪽의 4s에 있는 한두 개의 전자들이지요. 이 원소들은 대부분 화학적으로 같은 행동을 취합니다. 우리가 알고 있는 많은 금속들이 비슷하게 생기고 비슷한 물리·화학적 성질을 가지는 이유이기도 합니다.

준금속과 비금속

붕소족, 탄소족, 질소족, 산소족

이제 시선을 전이금속과 할로젠 원소 사이의 비교적 넓은 구간으로 옮겨보겠습니다. 시계탑 반대편인 상원의회가 있는 구간이지요. 이미 할로젠 원소와 비활성 기체를 알아보기 위해 방문했던 구간입니다. 여기에는 전이후금속과 준금속, 그리고 비금속이 섞여 있습니다. 주기율표에는 가로와 세로에 배치된 원소들의 특징을 설명하는 규칙이 존재하지만, 이 구간에는 금속을 기준으로 가로세로 규칙을 그대로 대입할 수 없지요. 그렇다고 마치 마구잡이로 뒤섞여 있지는 않습니다. 금속과 비금속은 모여 있고, 이 둘을 나누는 경계인 준금속은 13족 2주기 원소부터 17족 6주기 원소를 연결한 대각선 주변에 자리 잡고 있습니다. p구역에 해당하는 이들 원소들은 양성자와 전자가 많아지면서 금속의 성질이 커지고 비금속의 성질은 줄어드는 경향을 보입니다. 그러다 보니 다른 원소의 세로줄에서 나타나는 독특한 성질이 있다기보다 각 원소마다 독특한 특징을 지니게 됩니다. 여기에는 규칙보다는 경향이라는 표현이 알맞아 보입니다. 아직 방문하지 않은 세로줄인 족의 이름은 2주기 원소인 붕소, 탄소, 질소와 산소에서 따왔습니다. 족별로 어떤 특징을 나타내는지 알아보겠습니다.

13족 붕소족에는 붕소를 포함해 여섯 개의 원소가 있습니다. 가장 무거운 원소인 니호늄(Nh)은 이름에서 알 수 있듯이 일본 연구자에 의해 2016년에 발견되었지요. 우리가 일상에서 원소 상태로 접할 수 있는 물질은 많지 않습니다. 몇 안 되는 물질 중 알루미늄(Al)

이 대표적입니다. 붕소족 원소의 전자 배치는 모두 s^2p^1으로 끝납니다. 화학 반응에 참여하는 가장 바깥쪽에 있는 최외각전자들이므로 유사한 화학적 성질을 가질 것이라는 예측이 가능하지만 결합하는 모습은 다릅니다. 붕소는 준금속이고 공유 결합만 하지요. 알루미늄과 갈륨(Ga)은 비금속 성질도 일부 가지고 있어서 공유 결합과 이온 결합을 합니다. 인듐(In)과 탈륨(Tl)은 금속 성질을 가지고 있어서 이온 결합만 하죠. 세로줄 규칙이 무색할 정도로 개성적인 특징을 가집니다. 이러한 경향은 원자의 모양 때문입니다. 붕소는 두 개의 전자껍질이 있지만 탈륨은 여섯 개의 전자껍질로 무장하고 있습니다. 최외각전자의 수가 같다고 해도 원자핵에서 멀어지면 쉽게 전자가 떨어져 나가게 되죠. 결국 쉽게 이온화된다는 뜻입니다. 이런 경향은 할로젠족 이전의 다른 족에서도 나타납니다.

14족인 탄소족에 있는 원소들은 13족보다 꽤 두드러진 특징을 지닙니다. 탄소족의 모든 원소는 바깥쪽에 네 개의 전자를 가집니다. 전자 배치로 보면 s^2p^2로 끝나는데, 옥텟 규칙에 의해 이렇게 부분적으로 절반 정도 채워진 전자껍질이 특별한 물리·화학적 성질을 나타내죠. 특히 탄소의 경우에는 두드러집니다. s오비탈과 p오비탈이 섞이며 전혀 다른 모양의 혼성 오비탈을 만들게 됩니다. 일반적으로 만들어지는 혼성 오비탈은 sp, sp^2와 sp^3 구조인데, 이 구조는 핵 주변에 전자를 골고루 분포시켜 다른 원자와 결합할 기회를 만듭니다. 특히 핵 주변으로 균형감 있게 전자를 공유하며 결합한 탄소화합물인 다이아몬드는 지구상에서 가장 강한 물질입니다. 다이아몬드의 특징은 탄소의 결합 구조 때문에 나타나는 것입니다. 같은 탄소 원소가 결합했을 뿐인데

결합 구조가 바뀌면 흑연과 같은 전혀 다른 성질의 물질이 되기도 합니다. 탄소는 s와 p오비탈로 혼성 오비탈을 만드는 덕에 탄소는 탄소끼리도 다양한 결합을 하게 됩니다. 탄소 간 공유 결합은 전자쌍을 세 개까지 공유하는 삼중결합도 할 수 있죠. 원자가전자가 네 개인 탄소가 사중결합이 가능하지 않느냐는 의문이 있지만, 전자가 두 탄소의 핵 사이에 존재하는 좁은 공간에서 반발력으로 불안정해지기 때문에 쉽지 않습니다. 이런 탄소의 특별한 결합으로 지구상의 생명체는 물론 각종 유기화합물의 뼈대를 이루게 됩니다.

우리가 일상에서 접하는 대부분의 물질에 탄소 원자가 포함된 이유도 이런 독특한 원자 구조 때문입니다. 탄소족이 다른 족과 구별되는 또 다른 특징은 금속의 성질과 비슷한 '전자 수프'를 형성할 수 있다는 겁니다. 이 말은 전자들이 원자에 구속되지 않고 마치 금속처럼 원자 사이를 자유롭게 다닐 수 있다는 뜻인데, 일종의 '전도띠'를 형성하는 것이죠. 탄소 자체는 일반적으로 좋은 전도체는 아니지만 흑연의 경우 그래핀 구조를 형성하고 남은 전자가 이런 전도띠를 형성합니다. 규소(Si)와 저마늄(Ge)은 반도체입니다. 반도체는 전기 전도도가 절반이라는 의미가 아니라 빛이나 열에 따라 전도띠를 넘어갈 수 있는 전자를 만들어 도체와 부도체의 성질을 오갈 수 있다는 뜻입니다.

15족인 질소족은 또 다른 특성을 가집니다. '닉토젠pnictogen' 원소라고도 하지요. 이 원소들은 원자가전자를 다섯 개 가지고 있습니다. 전자 배치는 대부분 s^2p^3로 끝나죠. s오비탈은 구형이지만 p오비탈은 아령모양이 방향에 따라 세 개가 있지요. 전체 p오비탈에는 전자가 여섯 개 들어갈 수 있는데, 각 p오비탈에 두 개씩 들어갈 수 있습니다. 그런데 빈방이 있더라도 두 개씩 먼저 채우는 것이 아니라 질소족 원소의 마지막 전자 세 개는 각각의 p오비탈에 하나씩 들어가지요. 오비탈의 절반을 채운 원자는 p오비탈을 구형의 대칭으로 만듭니다. 원자가 구형이 되려면 전자껍질을 모두 채웠을 경우인 18족이거나 이렇게 반이 채워졌을 때입니다.

16족 원소인 산소족은 다른 이름으로도 불립니다. '칼코겐Chalcogens' 원소입니다. 그리스어 Chalkos는 금속 또는 청동을 의미합니다. 산소와 황은 대부분 금속에 포함됐기 때문에, 칼코겐은 이런 물질을 만드는 원소라 지칭해 붙여진 이름입니다. 이 원소들은 전자 배치가 대부분 s^2p^4로 끝납니다. 원자는 가장 바깥껍질을 채우는 것이 가장 안정합니다. 이제 산소족 원소들에게 주어진 선택은 세 가지입니다. p부껍질의 전자 두 개를 얻어 와 p껍질을 채우는 거죠. 또 다른 하나는 s부껍질을 포함해 전자 여섯 개를 모두 버리는 방법입니다. 원자는 상황에 따라 선택할 수 있는데, 결국 원자의 크기가 가장 큰 영향을 끼칩니다. 산소는 산소족 중에 가장 크기가 작습니다. 바깥 전자가 핵과 가까워 전자를 잃기 어렵지요. 결국 전자를 받아들이는 쪽을 택합니다. 그래서 산소는 비금속의 성질을 지닙니다. 산소족의 무겁고 지름이 큰 주석과 납 원자는 전자를 잃어버리기 쉽습니다. 결국 금속의 성질을 지니게 됩니다.

우리는 일반적으로 같은 전자구조를 가지면 비슷한 화학적 성질을 지닌다고 알고 있고, 이 원칙이 주기율표를 만든 근본적인 원리로 알고 있습니다. 그런데 붕소족부터 산소족까지의 원소들은 기존의 예측과 달리 다양성을 보이고 있습니다. 같은 족임에도 어떤 원소는 금속으로, 다른 원소는 비금속의 성질을 보이지요. 그 이유는 바로 바깥껍질을 이루는 전자 구조 때문이고, 핵과의 인력 작용이 다르기 때문이기도 합니다. 이런 이유로 이 구역에 있는 원소는 다양한 형태와 용도로 사용됩니다. 전체 118종의 원소 중에 85종이 금속으로 분류되어 있고, 17종이 비금속으로 분류됩니다. 그리고 최근에 발견된 원소 여덟 개는 이런 성질을 밝히지 못했죠.

그런데 전자 구조와 핵과의 인력이라는 특수한 조건이 특별한 성질을 만드는 경우가 있습니다. 바로 반도체인 준금속이죠. 준금속 일곱 개가 주기율표상에서 p구역을 가로지르며 비스듬하게 자리 잡고 있는 이유입니다. 이 원소들에는 금속만큼 전기가 잘 흐르지 않습니다. 그리고 금속의 경우 온도가 낮을수록 전도성이 좋은 반면, 이들 물질은 온도가 높을수록 전기가 잘 통합니다. 전자가 띠를 넘어갈 수 없는 간격을 좁혀주는 역할을 열에너지가 하게 되는 것이죠. 그런데 물리적인 성질로만 보면 금속의 성질을 지닙니다. 반도체는 전기적 특성만을 고려한 조건이니까요. 금속과 비금속의 경계는 결국 기준을 어떻게 설정하느냐에 따라 달라질 수 있습니다.

란타넘족과 희토류 원소

지금까지 영국 런던의 웨스트민스터 궁전을 둘러본 셈입니다. 영국을 방문한 사람이라면 누구나 한 번쯤은 궁전 앞 템스강에 놓인 웨스트민스터 다리에서 궁전을 배경으로 기념사진을 찍었을 겁니다. 그 배경으로 보이는 웨스트민스터 궁전의 전경이 주기율표의 윗부분을 무척 닮았다고 했습니다. 하지만 이 위치에서 궁전 너머에 있는 또 다른 구역은 보이지 않습니다. 한번 이 너머를 들여다볼까요. 앞에서 주기율표의 4주기 전이금속 원소가 '쌓음 원리'에서 예외적인 행동인 '되돌아가기' 현상을 보이는 것까지는 설명이 가능했습니다.

그런데 5주기에서는 41번 나이오븀(Nb)부터 47번 은(Ag)까지 바깥껍질의 전자를 빼오는 '되돌아가기'에서 더 이상한 행동이 벌어집니다. 심지어 46번 팔라듐(Pd)은 바깥껍질의 5s에 남아 있는 전자까지 뺏어서 5s오비탈을 아예 사라지게 한 후, 4d오비탈을 가득 채워버리는 기이한 행동을 합니다. 종잡을 수 없는 행동은 6주기에 이르러 극에 다다릅니다. 심지어 주기율표의 모양을 아예 뒤틀어버리지요. 현대 주기율표를 보면 57번 위치에 길이 만들어진 것이 보입니다. 그 길의 끝에는 원래 이 자리의 주인인 57번 원소를 포함해 열다섯 개의 원소가 모여 있습니다. 웨스트민스터 궁전 뒤편에 있는 애빙던 거리Abingdon street를 건너가면 마치 별채와 같은 건축물이 있습니다.

바로 웨스트민스터 사원westminster abbey입니다. 이곳에는 영국의 왕과 위인들이 잠들어 있습니다. '수도원 중의 수도원'이라는 의미로 '애비Abbey'라고 부르는 곳이지요. 우리가 잘 알고 있는 물리학자 뉴턴과 진화론의 창시자 다윈 또한 여기에 잠들어 있습니다. 2018년 76세의 일기로 타계한 물리학자 스티븐 호킹 박사는 이 두 과학자 사이에 잠들었습니다. 이 사원이 마치 지금 얘기하려고 하는 주기율표의 별채와 같습니다. 왠지 특별한 원소들이 모여 있을 것 같지요. 별채는 나지막한 2층 건물로, 각 층에 열다섯 개의 방이 있습니다. 이 별채의 2층에 자리 잡은 57번부터 71번까지의 원소에 란타넘족lanthanoids이라는 이름을 붙였습니다.

이 원소들은 화학적 성질이 너무도 비슷해서 일반적인 방법으로 분리하기가 어려웠지요. 마치 우열을 가리기 힘든 위인들처럼 말입니다. 그래서 '숨은'이라는 의미의 그리스어 Lanthano에서 따온 란타넘(La)이 발견된 후, 대부분 같은 계열의 원소라 해서 란타노이드Lanthanoid로 불렀습니다. 영문 표기의 'oid'는 '유사하다'라는 뜻으로 '란타넘과 유사한 것'을 의미합니다. 초기에는 58번 원소인 세륨(Ce)에서 71번까지의 원소인 루테튬(Lu)까지를 란타니드로도 불렀고 이후에 또 다른 이름인 란타노이드, 란타논, 란탄 계열이라고도 불렀습니다. 그러다가 혼란을 피하기 위해 1970년 IUPAC에서 란타넘을 포함해 열다섯 개를 란타넘족으로 통일하고 이후 란타니드도 별칭으로 인정했습니다. 란타넘족은 모두 비슷한 성질을 지니고 있어서 각 원소를 따로 분리해내기 어려웠죠. 우리는 비슷한 화학적 성질을 가진 원소들이 대체로 세로줄로 묶인다고 알고 있습니다. 그런데 사실 주기율표의 중앙 부근과 떨어져 있는 나지막한 별채는 예외적으로, 가로줄에서 비슷한 성질을 보여줍니다.

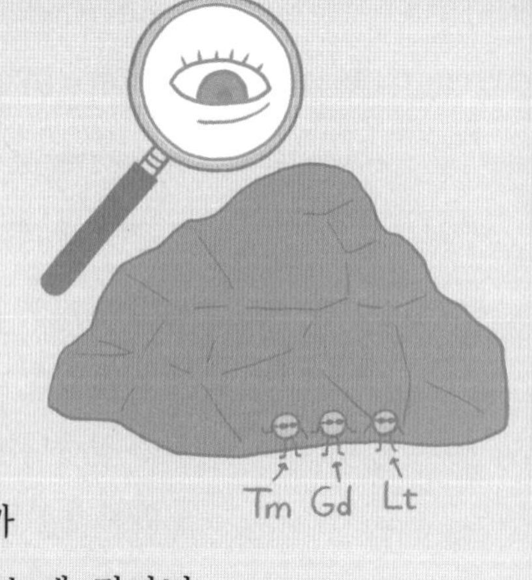

그런데 왜 란타넘족은 유난히 구별하기 어려웠던 것일까요. 그 이유도 역시 전자 배치에 있습니다. 화학에서 어려운 질문에 접할 때 전자라고 답하면 적어도 틀리지는 않을 때가 많다는 것은 이미 여러 번 설명했죠. 화학은 결국 전자의 이야기이니까요. 57번 이전의 전이금속 원소는 d오비탈에 주로 채웠는데, 란타넘족은 d오비탈을 채우기도 전에 58번 세륨부터 f오비탈을 등장시킵니다. 6주기 란타넘의 전자 배치는 [Xe]$5d^1 6s^2$입니다. 이런 되돌아가기 전자 배치는 4주기와 5주기의 전이원소에서 이미 경험했지요. 3족부터 12족 전이금속 원소는 안쪽 껍질인 d오비탈을 채웠습니다. 그런데 란타넘 다음 원소인 세륨에서는 f오비탈이 등장합니다. 5d오비탈에 전자 한 개밖에 넣지 않았는데 또 다른 바깥쪽 부껍질이 등장한 겁니다. 하지만 안쪽부터 네 번째 전자껍질인 4f에 채워 넣는 겁니다. 란타넘 원소들이 주기로는 6주기이지만 껍질로는 네 번째 껍질에 변화가 있는 셈이죠. 이유는 4f부껍질이 6주기 바깥껍질의 6s부껍질과 5주기 5d부껍질보다 원자핵에 가깝기 때문입니다. 이미 되돌아가기를 경험했지만 이제 아주 깊은 곳으로 들어가는 겁니다.

그러니까 란타넘족은 새로운 전자들을 전이금속보다 더 안쪽 깊숙한 껍질에 채워 넣는 겁니다. 그리고 바깥껍질인 6s오비탈은 가득 채워 놓습니다. 세륨의 전자 배치는 [Xe]$4f^1 5d^1 6s^2$가 됩니다. 이 현상은 세륨

뿐만 아니라 란타넘족 전체에 나타납니다. 전자껍질은 K부터 P까지 주 껍질의 이름이 붙어 있지요. 란타넘족 원소들은 N껍질에 빈자리가 있는데도 O껍질과 P껍질에 전자가 먼저 들어갑니다. P껍질의 s오비탈을 다 채우고 O껍질의 d오비탈에 한 개의 전자를 채운 다음(물론 O껍질의 d오비탈에 잠시 등장했던 전자마저도 세륨 이후 N껍질로 이동합니다), 안쪽 껍질인 N껍질 f오비탈 열네 개를 채우는 겁니다. 그리고 72번 하프늄(Hf)에 와서야 O껍질의 d오비탈을 마저 채우기 시작합니다.

이렇게 전자들을 에너지 준위가 두 단계나 아래에 있는 안정한 층에 숨기고 있기 때문에 란타넘족 원소는 전이금속 원소보다 서로 구별하기가 더 어려운 겁니다. 원소를 찾아내는 것이 어려운 이유에는 천연 상태로 존재하는 원소의 분포량 자체가 적은 탓도 있지만, 원소 자체가 워낙 안정적이고 비슷해서 란타넘족 원소들끼리 서로 섞여 있는 경우가 많다는 점도 크게 작용합니다. 예를 들어 가돌리늄(Gd)은 과학자들이 원소를 발견하고도, 이것이 새로운 원소인지 아닌지 오랜 시간 논쟁을 벌이기도 했습니다. 한편 수백 킬로그램의 광석을 가지고 1만 번이 넘는 정제 과정을 거쳐서 수만 분의 1의 비율로 겨우 수십 그램의 툴륨(Tm)을 얻었지만 그래도 다른 란타넘족 원소가 섞여 있었던 사례도 있습니다.

그런데 란타넘족과 화학적 성질이 유사한 전이금속이 있습니다. 바로 란타넘이 있는 세로줄의 원소이지요. 그 위에는 스칸듐(Sc)과 이트륨(Y)이 있습니다. 결론적으로 란타넘을 중심으로 가로와 세로가 모두 유사한 화학적 성질을 보이는 것이지요. 이제 새로운 이름이 필요했지요. 세로만 비슷한 줄 알았는데, 가로세로가 비슷한 성질이니 과학자들이 가만히 둘 리가 없습니다. 전이금속의 두 원소와 란타넘족을 묶은 열일곱 개의 원소를 희토류rare earth, 稀土類 원소라 부르기 시작했습니다. 이는 오래전에 금속 산화물을 지칭하던 흙(토, 土)이란 뜻의 'earth'와 희귀함을 의미하는 'rare'를 결합한 단어입니다. 희귀하다고는 하지만 여기서는 양이 부족하다기보다는 광물 속에 서로 섞여 있어 찾아내기 어렵다는 의미로 보아야 합니다. 원소 자체가 불안정해서 붕괴되는 원소인 프로메튬(Pm)을 제외하면, 대부분의 희토류는 사실 지각에 풍부하게 분포해 있기 때문입니다.

안정한 동위원소가 없어서 발견되지 않는 프로메튬을 제외한 란타늄족 원소들은 대부분 같은 광석에서 발견됩니다. 18세기에 스웨덴에서 발견된 세라이트와 가돌리나이트에서 발견했지요. 세륨, 란타넘, 프라세오디뮴(Pr), 네오디뮴(Nd), 사마륨(Sm), 유로퓸(Eu)은 세라이트에서 발견했고, 가돌리늄, 터븀(Tb), 디스프로슘(Dy), 홀뮴(Ho), 어븀(Er), 툴륨, 이터븀(Yb), 루테튬은 이테르바이트에서 발견했습니다. 이테르바이트는 나중에 가돌리나이트라는 이름으로 바뀌는데, 이 원소들은 19세기 과학자들에 의해 100년에 걸쳐 하나씩 발견되었습니다. 이들은 대부분 혼합물로 존재해서 분리가 쉽지 않았습니다. 1950년대에 전기를 이용한 이온 교환 기술이 발명되기 전까지는 과학자들이 주로 화학적 분석과 분광학에 의존했는데, 이 방법은 혼합물의 발견에 오히려 혼란을 가져와 발견을 더디게 만들기도 했습니다.

최근 희토류가 새로운 경제전쟁의 도구로 부각되고 있습니다. 하지만 이것은 절대적인 양이 부족해서가 아니라, 특정 지역에서만 추출할 수 있고 생산하기도 어렵기 때문입니다. 가령 세륨은 지각을 구성하는 원소 중 스물다섯 번째로 풍부합니다. 우리가 주변에 꽤 흔하다고 생각하는 구리(Cu)와 비슷한 양이지요. 그렇다고 특별한 능력을 가진 원소가 모여 있어서 주기율표에서 따로 빼낸 것은 아닙니다. 웨스트민스터 사원에는 탁월한 과학자를 포함한 여러 위인들이 잠들어 있지만, 란타넘족을 주기율표에서 별채에 모아둔 것은 이들이 무척 특별하기 때문이 아닙니다. 란타넘족을 모두 제 위치로 넣는다면 주기율표는 가로로 무척 길어집니다. 보기에 무척 불편하지요. 특히 원소의 성질을 한눈에 볼 수 있는 전자의 배치가 무너지니까요. 전자의 개수, 특히 원자가전자의 정보를 쉽게 보려면 현재의 1족에서 시작해 18족으로 마무리되는 방식이 편합니다. 별채로 빼낸 이유가 거창하지 못해 실망스러울 수도 있겠지만, 공간 활용과 미적인 이유 외에 과학적인 설명은 더 할 수 없습니다.

사실 바깥으로 이전한 후 주기적 성질과 족별 성질에 따른 지리적 위치가 직관적으로 파악되지 않아, 전자 배치는 물론이고 여타 과학적 사실들을 이해하는 데 방해가 되는 경우가 있기도 합니다. 하지만 란타넘족의 화학적 성질이 비슷한 건 사실입니다. 이들 열다섯 가지 원소들은 전자수가 모두 다르지만 바깥껍질인 P껍질의 s오비탈에 있는 전자수가 같기 때문입니다. 부껍질인 s오비탈은 채웠지만 대부분 안쪽 f부껍질을 채우느라 바깥 주껍질이 늘 비어 있지요. 이 원소로 자석을 만들 수 있는 이유도 이런 빈자리 때문입니다. 그리고 에너지를 받으면 안쪽 껍질의 다른 전자들이 N껍질의 빈자리로 이동하고 다시 원래의 자리로 가면서 빛을 냅니다. 대부분 형광 빛이 나오며 이런 이유로 대부분의 란타넘족 원소를 디스플레이의 형광체로 사용할 수 있는 것이지요.

희토류 금속 원소들을 '첨단산업의 비타민'이라 부르기도 합니다. 비타민은 비교적 소량으로 동물들의 정상적인 발육과 생리작용에 필수적인 역할을 하는 유기화합물입니다. 현대 첨단산업을 지탱하고 발전시키기 위해서는 희토류 금속 원소들이 꼭 필요하다는 점에서 이들 원소들을 비타민에 비유합니다. 이 때문에 희토류 생산국은 희토류 금속 원소들을 전략물자로 분류하여 특별히 관리하고 있습니다.

란타넘족을 포함한 희토류 원소는 전자들을 안쪽 깊숙한 곳에 숨겨놓고 바깥껍질인 s오비탈을 가득 채우고, 안정적인 모습으로 인류와 공존하고 있습니다. 아직 인류는 아주 깊숙하게 들어 있는 전자를 끄집어내어 원소를 손쉽게 분리하는 방법을 알지 못합니다. 이제부터 살펴볼, 악티늄족이 있는 별관 1층은 란타늄족보다 찾아내기 더 어려워 인류와 친숙하지 않은 원소를 모아놓은 장소이기도 합니다.

악티늄족과 초우라늄 원소

주기율표 아래 세워진 웨스터민스터 사원, 즉 f구역은 2층 건물입니다. 란타넘족 아래층인 7주기 원소 열다섯 개는, 그중 첫 번째 원소인 악티늄(Ac)의 이름을 따서 악티늄족이라고 부릅니다. 이 원소들은 원자력 발전이나 핵폭탄과 같은 핵분열에 쓰이는 우라늄(U)을 제외하면 용도가 많지 않습니다. 특히 92번보다 큰 원소인 초우라늄 원소는 대부분 불안정한 방사성 동위원소이지요.

악티늄족은 원자핵에 89개에서 103개 사이의 양성자를 가지고 있고, 핵을 유지하기 위해 많은 중성자를 가진 무거운 원소들의 집합입니다. 악티늄족의 원소는 대부분 불안정하고 핵이 붕괴되는 방사성 원소인 셈입니다. 그래서 원소들은 자발적으로 붕괴하며 입자를 방출하고 다른 원소로 변하지요. 다른 원소로 변한다고 원소가 지구에서 사라지는 건 아닙니다. 토륨(Th)과 우라늄은 반감기가 아주 깁니다. 초신성 폭발로 만들어진 원소들이 모여 지구를 만든 후로 수십억 년이 지났지만, 아직도 지구에서는 그때 만들어진 우라늄이 발견되고 있습니다.

프로트악티늄(Pa)과 넵투늄(Np) 그리고 플루토늄(Pu)은 우라늄 광석에서 소량으로 발견되는데, 이 원소들이 처음부터 있었던 것은 아니고 우라늄 원자핵이 붕괴하면서 만들어졌습니다. 92번 우라늄까지가 천연에 존재하는 원소입니다. 붕괴라는 용어는 마치 핵이 분열되며 양성자가 줄어들며 작은 원소로 변한다는 의미처럼 들리지만, 헬륨핵이 떨어져 나가는 알파 붕괴alpha decay뿐만 아니라 원자핵 안에서 양성자가 중성자로 바뀌거나 많아진 중성자가 양성자로 바뀌는 과정인 베타 붕괴beta decay를 포함합니다. 베타 붕괴로 인해 질량이 변하지 않고 원자번호가 더 커질 수도 있지요.

그러면 우라늄보다 큰 원소는 언제, 어떻게 만들어진 걸까요? 우라늄보다 큰 원소들은 20세기 중반 이후 인류가 원자력을 다루기 시작한 뒤로, 원자로에서 합성되어 발견한 원소들입니다. 이런 원소들을 초우라늄 원소라고 하지만 악티늄족에만 있는 것은 아닙니다. 주기율표를 보면 7주기의 d구역과 p구역에도 초우라늄 원소가 있습니다. 그래서 초우라늄 원소가 발견되기 전에 만들어진 초기 주기율표에는 우라늄이 텅스텐(W)의 아래에, 토륨이 하프늄(Hf)의 아래에 위치했습니다. 인류가 원자핵을 다루기 전에는 원소가 92개까지밖에 알려져 있지 않았으니까요. 악티늄족이 완성되면서 란타넘족과 함께 주기율표의 본관을 떠나 별채를 지어 옮긴 것입니다.

1940년대에 원자핵을 다루던 실험으로 악티늄족 원소 일부가 만들어진 후에, 화학자들과 물리학자들은 당시의 주기율표에 새로운 원소들이 들어맞지 않는다는 것을 알게 됩니다. 1944년에 미국의 물리학자 글렌 시보그Glenn Seaborg는 악티늄족의 존재를 제시했습니다. 그는 란타넘족 원소가 표준 주기율표 구조에서 떨어져 별도의 구역을 형성한 것처럼 악티늄, 우라늄, 우라늄에 의해 만들어진 토륨과 프로악티늄 그리고 원자로에서 합성되어 만들어진 새로운 원소들을 위한 구역도 따로 만들어야 한다고 주장했지요. 그 결과로 현재의 주기율표 하단에 별채가 세워집니다.

사실 악티늄족을 다루다 보면 자연스럽게 103번 이후의 원소를 언급할 수밖에 없습니다. 이들 원소는 앞에서 다루었던 전이금속과 전이후금속에 속하고 세로줄 규칙에 부합하기도 하지만, 그렇다고 화학적 성질이 해당 족에 딱 맞아떨어지게 설명되는 것은 아닙니다. 103번 이후 원소의 대부분은 화학자가 아니라 물리학자가 인공 합성 연구를 통해 만들어낸 것이고, 아직 그 성질이 제대로 밝혀지지 않았기 때문입니다. 엄밀하게 말하면 화학적 성질을 밝히기도 전에 원소가 사라진다고 하는 것이 정확한 표현일 겁니다. 만들자마자 바로 붕괴해버려서 다른 원자를 만날 시간이 부족하기 때문이지요. 그래서 우리는 103번 이후의 원소도 초우라늄 원소라 묶어놓았지만, 이들을 주기율표의 규칙으로 설명하는 것은 전자 배치 정도에서 그치고 있습니다.

모든 우라늄 동위원소의 원자핵에는 양성자가 92개 있습니다. 1930년대까지는 과학자들이 우라늄이 가장 무거운 원소라고 생각했지요. 하지만 핵물리학이 발전하면서 원자로가 만들어지고 핵실험이 진행됩니다. 그리고 양성자와 중성자를 충돌시키는 입자 가속기에서 인공적으로 초우라늄 원소들을 만들어낸 것입니다. 그러니까 우라늄 이후 스물여섯 개의 초우라늄 원소가 만들어지며 118개를 채운 겁니다.

초우라늄 원소가 전부 인공적으로 만들어진 것은 아닙니다. 93번 넵투늄부터 98번 캘리포늄(Cf)까지 여섯 가지 원소는 비록 적은 양일지라도 자연 상태의 우라늄 광석에서도 발견됩니다. 하지만 우리가 그 존재를 처음 알게 된 것은 과학자들이 인공적인 실험으로 만든 이후였지요. 그래서 여섯 가지 원소의 존재를 처음 밝혀낸 과학자들은 발견자라기보다는 생성자 혹은 제조자라고 불리기도 합니다. 어떻게 원소를 만들까요. 초우라늄 원소들은 무거운 원자에 중성자를 충돌시켜 만듭니다. 충돌한 중성자 가운데 일부는 원자핵에 흡수되어 이 원자핵을 더 불안정하게 만들죠. 양성자수는 같지만 동위원소가 만들어집니다. 그런데 가뜩이나 무거워 불안정한데 더 불안정하고 무거운 동위원소로 만든 겁니다. 새로 만들어진 불안정한 원자핵에서 중성자가 양성자로 변하고 전자와 중성미자를 방출하며 붕괴하는 베타 붕괴가 일어나면 양성자의 수가 더 많아져 더 큰 원자 번호를 가지는 새로운 원자핵이 만들어지는 겁니다.

그런데 주기율표를 보면 질문이 하나 생깁니다. 란타넘족과 악티늄족의 설명을 관통하는 용어 중에 'f오비탈'이 있지요. 그런데 각 족의 맨 앞에 있는 란탄과 악티늄, 이 두 원소는 별채인 f구역에 있지만 실제 전자 배치를 해보면 f오비탈이 존재하지 않습니다. 게다가 두 그룹의 수는 오비탈에 들어가는 전자수와도 맞지 않지요. 원래 f오비탈에는 열네 개의 전자가 들어가야 하는데, 란타넘족과 악티늄족은 열다섯 개의 원소들로 묶여 있습니다. 그래서 많은 과학자들이 이 두 원소를 f구역에서 제외해야 한다고 주장합니다. 비록 그 이름은 란탄과 악티늄에서 왔지만 말입니다.

f오비탈을 가지고 있지 않으니 이 두 원소를 주기율표의 3족에 있는 이트륨(Y) 아래 빈자리에 넣어야 한다는 것이지요. 이와 달리 f구역

의 가장 오른쪽에 있는 루테튬과 로렌슘(Lr)을 이 빈자리에 넣는 게 맞는다는 의견도 있습니다. 어느 의견이 받아들여질지 또는 제안 자체가 무시될지 모르겠지만 주기율표가 꼭 한 가지 모습일 필요는 없습니다. 보는 관점에 따라 주기율표는 다양한 모습을 하고 있고 실제 수백 종의 주기율표가 존재하고 있습니다. 현재 우리가 보는 주기율표는 수많은 종류 중 많은 과학자들이 합의함으로써 대표성을 가지게 된 표준적인 주기율표일 뿐입니다.

알칼리 토금속과 이온화 경향

우리가 아는 '과학적 사실' 중에는 잘못 알려진 것들이 많습니다. 소듐(Na, 나트륨)도 그중 하나입니다. 사람들은 짠 음식에는 소듐이 많이 들었다고 생각하지요. 소금의 짠맛이 소듐 때문이라고 알고 있기 때문입니다. 사실 식용 소금의 짠맛은 염소를 동반한 중성염의 맛입니다. 염을 원소로 분리하면 짠맛은 사라집니다. 염소는 혈관을 구성하는 단백질을 수축하고 경화시킵니다. 소듐의 인체 역할 중 가장 중요한 건 세포 안과 밖의 소듐 이온 농도를 조절하며 전자를 이용한 신경 전달에 관여한다는 겁니다. 그러니까 소듐 자체에서 짠맛이 나는 것은 아니지요. 짠맛이 나는 것은 화합물인 염 때문입니다. 식용 소금은 많은 종류의 염 중의 하나입니다. 그렇다고 소듐이 과한 것이 좋지는 않습니다. 소듐을 과도하게 섭취하면 혈액 내 소듐 이온 농도가 높아지면서 삼투압 현상으로 혈관에 물이 유입됩니다. 결국 혈관은 더 많은 압력을 받지요. 이것이 바로 심혈관계 질환인 고혈압입니다. "짠 음식이 안 좋다"라는 말은 얼핏 맞는 말이지만 엄밀하게 보면 틀리기도 한 것이죠.

1족 원소인 알칼리 금속으로 시작해 2족을 건너뛰고 비활성 기체와 할로젠 원소 그리고 다시 가운데에 있는 전이금속과 비금속과 준금속을 지나고 그 아래에 란타넘족과 악티늄족까지, 한참을 돌아 이제야 2족으로 돌아온 데에는 이유가 있습니다. 다른 그룹이 가진 특징이 이 원소 그룹을 이해하는 데 더 도움이 되기 때문입니다. 2족 원소를 알칼리 토금속alkaline earth metal이라고 합니다. 이름에서 알 수 있듯이 알칼리 금속과 희토류 원소의 성질이 섞여 있습니다. 2족 원소도 알칼리 금속처럼 할로젠 원소와 결합해 '염鹽, salt'을 생성합니다. 그리고 알칼리 금속인 소듐이나 포타슘처럼 물과 격렬하게 반응하지는 않지만, 수증기나 온도가 높은 물과 반응해 강한 염기성 수산화물을 만들기도 하죠. 반응성이 알칼리족보다 낮은 이유는 바로 전자 배치의 구조 때문입니다. 2족 원소를 살펴보는 것에는 원소의 반응과 전자 구조의 관계를 마무리한다는 의미도 있습니다.

화학은 전자의 이야기입니다. 물질은 전자를 중심으로 산과 염기 그리고 산화와 환원의 메커니즘이 실행됩니다. 대부분의 복잡한 분자는 이런 반응의 그물망으로 이뤄져 있지요. 산-염기 반응에서는 양성자인 수소의 이동이 핵심이지만, 원자 수준에서 보면 수소 양성자가 염기의 전자구름으로 이동하면서 염기의 전자구름을 변형하고 새로운 결합을 일으킵니다. 산화와 환원은 확실하게 전자를 거래하는 관계이지요.

이런 반응에서 나오는 생성물 중 대표적인 염은 보다 광범위한 정의입니다. 우리가 일상에서 흔하게 접하는 염만 해도 수십 종류가 있지요. 알칼리 토금속을 설명하기에 앞서 염을 언급한 이유는 원자의 전자 구조를 잘 이해하기 위함입니다.

2족 원소가 만든 간단한 염인 염화마그네슘($MgCl^2$)을 봅시다. 염화마그네슘은 두부 제조 과정에서 두부를 굳게 하는 물질인 간수에 가장 많이 들어 있는 성분입니다. 염화소듐은 염소 원자 하나만 있어도 염이 되는데 이 물질은 염소 원자 두 개가 필요합니다. 이유는 바로 알칼리 토금속이 가진 전자 배치 구조 때문이죠. 주기율표에서 2족 원소들은 같은 주기의 1족 원소보다 양성자와 전자를 하나씩 더 가지고 있습니다. 바깥 주껍질에 부껍질인 s오비탈에 두 개의 전자를 가지고 있지요. 사실 헬륨도 2족 원소와 유사한 전자 배치를 가집니다.

그런데 헬륨의 경우는 s오비탈 자체가 바깥껍질인 셈이 되므로 지리적으로 18족 불활성기체에 자리를 잡은 것뿐입니다. 주양자수가 2부터 시작되는 리튬 이상의 원소는 전자껍질에 s부껍질 외에도 다른 부껍질도 있지요. 바깥껍질을 채우려면 적어도 여섯 개 이상의 전자가 필요합니다. 최소한 p부껍질은 채워야 하니까요. 물론 많은 전자를 가져와 바깥껍질을 모두 채워 안정한 음이온으로 될 수도 있겠지요. 그런데 그러려면 많은 에너지가 필요합니다. 그래서 원자는 빠른 길을 선택합니다. 가장 바깥껍질에 존재하는 두 개의 전자를 제거하면 안정한 18족 불활성 기체와 같은 구조를 가지게 되니까요.

이제 원자는 양전하가 전자보다 두 개가 많아져 +2가의 강한 양이온 상태가 되며, 음이온과 결합해서 매우 안정한 화합물을 만들 수 있게 됩니다. 이런 이유로 자연에서 순수한 원소 상태로 존재하기가 어렵습니다. 이것이 2족 원소들이 대부분 염의 형태로 존재하는 이유입니다. 마그네슘은 전자 두 개를 내놓고 +2가 양이온인 Mg^{2+}로 존재합니다. 염소는 음이온 상태지만 전자 한 개만 필요로 합니다. 결국 염소 음이온 하나가 더 필요한 셈이죠. 2족 원소 대부분은 이런 형태로 음이온과 결합해 염을 만들고 있습니다.

결국 전자 배치구조에 따라 이온화 정도가 다르다는 것을 알 수 있습니다. 금속의 경우 이렇게 이온화가 되려는 행동의 크기를 '이온화 경향ionization tendency'이라고 합니다. 예를 들어 소듐과 마그네슘처럼 이온화 경향이 다른 물질이 섞여 있다면 이온화 경향에 따라 화합물이 만들어지는 순서가 정해질 겁니다. 다만 바깥껍질에 전자수가 같다고 이온화 경향이 같지 않습니다. 같은 족에 속해 있어도 핵의 크기와 전자의 수와 각 전자들의 상호작용에 의해 이온화 경향이 다르겠지요. 비금속도 마찬가지로 음이온이 되려는 경향이 다릅니다. 하지만 비금속의 경우 우리는 이온화 경향이라고 부르지 않습니다. 음이온의 경우 전자를 채워 바깥껍질을 완성하려는 의도가 강하기 때문에 '전자 친화도electron affinity'라는 용어를 사용합니다.

우리는 이런 이온화 경향을 이용해 유용하게 물질을 사용하고 있습니다. '희생양극'이 대표적인 사례입니다. 철이 산소를 만나면 산화를 합니다. 반응물은 산화철(Fe_2O_3)이고 우리는 철이 변하는 현상을 녹슨다고 표현합니다. 반응 과정을 보면 철이 이온화되고 산소와 결합하는 것이지요. 엄밀하게 말하면 산소에게 전자를 뺏기는 것이죠. 물론 과거에 산소가 산화에 관련이 있다고 여겨 산화oxidation라는 용어가 생겼지만, 실제 전자를 내어주는 과정을 통틀어 산화라고 합니다. 선박은 대부분 철로 만듭니다. 그래서 배를 만들 때 가장 중요한 작업 중 하나가 철이 녹스는 것을 막는 일입니다. 이때 철보다 더 쉽게 산화되는 물질을 철 위에 덧대어 놓으면 철을 대신해 녹슬고, 철은 녹슬지 않습니다. 이런 화학 법칙을 '희생양극법'이라고 합니다. 아연이나 마그네슘이 바로 희생양극이지요.

한때 건축에서 외부에 노출된 건물 외장재에 '함석'을 사용했지요. 함석지붕은 저렴한 외장재이지만 특수한 기능이 있었습니다. 부식에 잘 견딘다는 점이었습니다. 함석은 아연이 도금된 철강재입니다. 철과 아연 중에서 아연이 쉽게 전자를 내놓고 이온화되기 때문에 아연이 있는 한 철은 녹슬지 않는 겁니다. 산소를 만나도 다른 물질이 전자를 먼저 주기 때문에 철은 전자를 줄 기회를 잃어버리는 것입니다. 이온화 경향은 바깥껍질에 전자가 적을 때 버리는 것이 쉽기 때문에 1족이나 2족, 그리고 전자가 한두 개인 전이금속에 많습니다. 오른쪽의 그림은 이온화 경향이 큰 순서로 금속 원소를 배열한 것입니다.

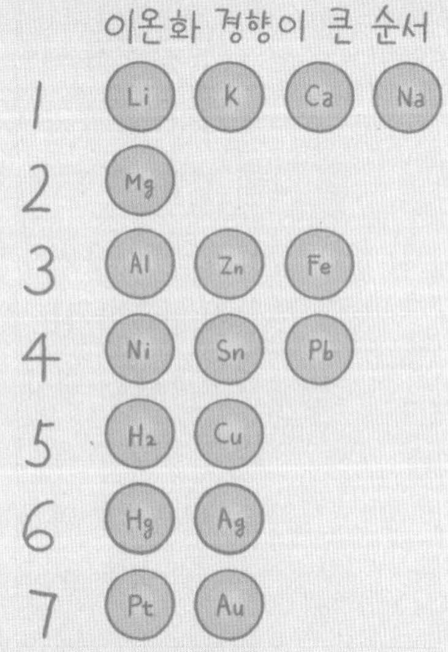

이온화 경향이 큰 순서

1 Li K Ca Na
2 Mg
3 Al Zn Fe
4 Ni Sn Pb
5 H_2 Cu
6 Hg Ag
7 Pt Au

우리는 철이나 여러 금속광석에서 철과 같은 금속을 제련해 분리를 합니다. 그 과정에서 숯을 사용하는 사례를 볼 수 있는데 탄소와 일산화탄소로 반응해 철을 분리하는 것이죠. 결국 광석에 있던 철 이온이 전자를 가져와 철 원자가 되는 것을 알 수 있습니다. 이 과정이 환원입니다. 결국 산화와 환원은 전자 교환에 달려 있었고 이런 전자 교환의 중심에는 이온화 경향과 전자 친화도가 있습니다. 전자를 잘 버리는 기능을 잘 활용하면 다른 물질이 전자를 얻어낼 수 있다는 의미이기도 하지요.

전자는 전하를 가진 입자이고 전하의 흐름을 전류라고 합니다. 그러니까 이 특징을 잘 이용하면 원소를 전지의 재료로 사용할 수도 있는 겁니다. 이러한 이온화 경향성을 나타낸 원소를 보면 전지의 전극 이나 전해질로 사용하는 익숙한 원소가 보입니다. 전지는 전기 에너지를 화학 에너지로 변환해 저장해서 전하를 다시 꺼내 쓸 수 있게 하는 장치입니다. 전지의 양쪽 전극은 전자를 버리거나 얻어 오는 산화와 환원 반응에 의해 전위차를 가지고 전하가 이동하는 흐름을 만드는 데 적합한 원소로 만듭니다.

4

원소의 성질과 주기율표의 미래

원소의 **물리적 성질**에도 **주기성**이 있다

우리가 에너지나 질량 혹은 속도와 같은 물리량 용어를 사용할 때, 정량적이고 엄밀하게 측정이 가능한 양을 다룬다고 인식하곤 합니다. 화학에서 원소를 다루며 색깔과 냄새를 표현하거나 혹은 다른 물질과 반응하는 정도를 표현하는 것과는 분명 다르지요. 앞서 이온화 경향을 다뤘지만, '경향'이란 용어에서는 어쩐지 엄밀하거나 확정적이지 않다는 느낌이 풍깁니다. 조건이나 상황에 따라 예외가 있을 수 있다는 여지를 품고 있지요. 그런데 이온화 경향은, 그러니까 전자를 떼어내고 가져오는 일련의 과정에서 발생하는 에너지 관점에서 볼 수도 있습니다. 이 말은 에너지가 물리량이라는 것이므로, 주기율표의 주기성에는 좀 더 엄밀한 물리적 특성이 반영되어 있다는 해석도 가능합니다.

중성원자가 이온으로 이동하는 지표를 알았습니다. 바로 '이온화 경향'과 '전자 친화도'였죠. 엄밀하게 말해서 전자는 스스로 원자에서 떨어져 나가지 않습니다. 전자는 원자핵에 있는 양성자와 인력으로 묶여 있기 때문입니다. 원자핵에서 멀고 껍질이 채워지지 않은 오비탈에 있는 전자일수록 높은 에너지를 가지고 있습니다. 원자가 전자를 방출하려면 이 인력을 끊어낼 에너지를 외부로부터 받아야 합니다. 중성원자 혹은 이온화된 원자가 전자 한 개를 방출할 때 필요한 최소 에너지를 '이온화 에너지Ionization energy'라고 합니다. 그러니까 이온화 에너지가 작을수록 양이온이 되는 경향이 커집니다. 적은 에너지로도 쉽게 전자를 떼어낼 수 있으니까요.

이온화 경향이 큰 금속에 대한 서열은 이온화 에너지를 기준으로 만들어진 순서인 셈이지요. 반대로 원자가 전자를 얻으면 에너지가 방출됩니다. 외부에서 들어온 전자는 원자핵에 인력으로 묶이면서 에너지가 낮은 상태로 되기 때문이죠. 원자가 전자 한 개를 얻을 때 방출되는 에너지가 앞서 다루었던 '전자 친화도'입니다. 이온화 에너지와는 반대로 전자 친화도가 클수록 음이온이 되기 쉽지요. 원소 중에 이온화 에너지가 작아 양이온이 되기 쉬운 원소는 세슘(Cs)과 프랑슘(Fr)입니다. 그리고 전자 친화도가 커서 음이온이 되기 쉬운 원소는 염소(Cl)와 플루오린(F)이지요.

앞서 금속의 이온화 경향만을 다뤘지만 이온화 에너지는 금속 원소뿐만 아니라 주기율표에 있는 모든 원소가 지니는 특성입니다. 그런데 이온화 에너지는 원소마다 들쑥날쑥한 것이 아니라, 주기율표에 의미 있게 배치되어 있습니다. 주기율표 자체가 이온화 에너지에 관여하는 원소의 원자량과 전자수 그리고 전자에 의한 성질에 따라 원소가 배치된 표이기 때문이죠. 이온화 에너지도 전자와 관련이 있기 때문에 마찬가지로 주기율표상에서 뚜렷하고 의미 있는 주기성을 보인다는 겁니다. 이런 경향은 전자 친화도에도 나타나지만 전자 친화도는 이온화 에너지만큼 뚜렷하지는 않습니다.

원소마다 이온화 에너지 관점에서 물리적 주기성은 어떻게 나타날까요. 주기율표의 같은 주기, 즉 가로줄에 있는 원소에서는 오른쪽에 있는 원소일수록 이온화 에너지가 커지는 경향이 있습니다. 물론 전이금속의 경계를 넘어가며 예외를 보이는 원소도 있지만, 경향이라고 표현하는 이유는 일부 예외적인 경우를 포함해 일반적으로 나타나는 모습이기 때문이지요. 이런 경향을 나타내는 이유는 같은 주기에 있는 원소가 동일한 바깥 껍질을 가지고 있고, 오른쪽으로 갈수록 양성자가 많기에 전자를 당기는 힘도 크기 때문입니다. 이런 경향은 세로줄에서도 나타나지요. 같은 족, 즉 세로줄이라면 아래로 갈수록 이온화 에너지가 작아집니다.

이것은 원자의 반경과 관련이 있습니다. 바깥쪽 전자가 핵에서 멀기 때문에 전자를 당기는 힘이 약한 탓입니다. 물론 이런 경향성은 예외 없이 전이금속에서 흐트러집니다. 전이금속의 엉뚱한 모습은 늘 과학자들을 혼란스럽게 하지요. 가로줄과 세로줄에 걸친 이온화 에너지를 입체적으로 대입하면 주기율표 내에서 특정한 패턴을 확인할 수 있습니다. 그리고 원자 번호별로 이온화 에너지는 특정한 패턴이 나타납니다. 사실 주기율표는 처음부터 이온화 에너지까지 고려해서 만들어진 것은 아니었습니다. 초기 주기율표는 양성자수, 즉 원자 번호순으로 원소를 나열했을 뿐인 표였지요. 보어-조머펠트의 모형이 나온 후 보어는 주기율표를 자신의 원자 모형으로 설명하려고 했습니다. 보어는 자신의 초기 모형에서 전자는 받은 에너지만큼 높은 에너지상태로 이동 후 안정하기 위해 에너지를 방출한다고 주장했습니다. 그렇다면 많은 전자를 가진 무거운 원소는 안정하기 위해 전자가 안쪽 궤도로 모인 모습이겠죠. 당연히 양성자수에 비례하여 원자 크기가 작아져야 합니다. 하지만 실제 측정한 결과, 원자의 크기가 원자 번호에 따라 작아지다가 다시 커지는 원소들이 주기적으로 나타난 겁니다.

마찬가지로 이온화 에너지도 양성자수에 비례해서 커져야 했는데, 원자 크기와 마찬가지로 유독 이온화 에너지가 작은 원소들이 주기적으로 나타났습니다. 보어는 이런 실험 결과를 가지고 자신의 모형을 발전시킵니다. 주기적인 특이점들을 그의 전자 궤도에 적용한 것이죠. 원자 크기가 작고 이온화 에너지가 큰 원자는 최외각궤도에 전자가 가득 차 있어 원자핵과 작용하는 인력이 크고, 거꾸로 원자 크기가 크면서 이온화 에너지가 유독 작은 원자는 최외각궤도에 하나의 전자가 있다고 생각한 거죠. 보어의 이론을 기반으로 전자를 주기적으로 배치한 것이 현대의 주기율표 모습의 시작인 겁니다.

인류는 여러 가지 방법을 통해 지각에 흩어져 있는 물질로부터 순수한 금속을 얻으려 했습니다. 그중 가장 유용한 방법이 산화와 환원입니다. 서로 다른 물질이 이온으로 존재할 때, 산화와 환원 반응이 일어나 어느 한쪽이 환원되며 순수한 원소로 바뀌는 겁니다. 쉽게 말해 광

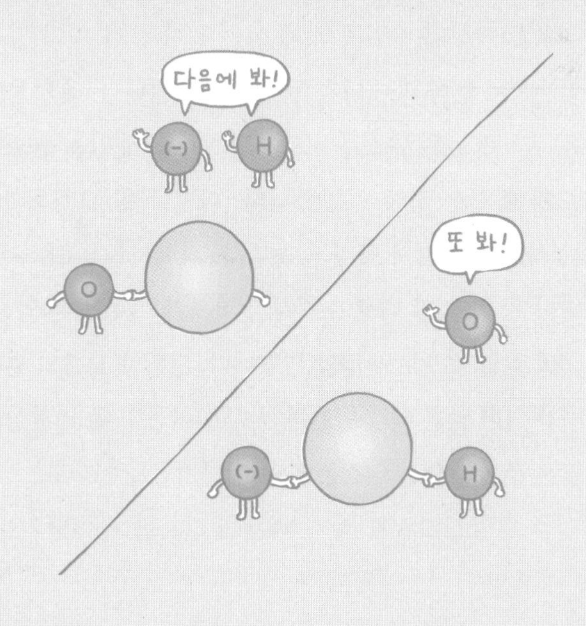

석에서 순수한 금속을 꺼내는 일이지요. 이때 이온화 경향이 작은 이온이 환원되기 쉽습니다. 산화·환원 반응의 궁극적인 목적은 화학적 평형입니다. 평형은 반응이 일어나지 않는 것이 아니라 전자를 주고받는 과정이 끊임없이 일어나되 어느 한쪽으로 치우치지 않고 양쪽으로 공평하게 일어나고 있는 경우죠. 마치 밖에서 보면 더 이상 반응이 일어나지 않고 있는 것처럼 고요해 보이는 것입니다. 인류는 전자의 존재와 가치를 알지 못했으면서도, 물질을 원래의 모습으로 되돌리는 법을 스스로 터득한 겁니다. 여기에는 분명히 이온화 에너지가 개입됩니다. 하지만 이런 산화·환원이 진행되는 방향이 단순히 이온화 에너지의 크기만으로 결정되지 않습니다.

화학적 평형에는 여러 가지 다른 조건이 있습니다. 조건 자체가 까다롭기 때문에 일반적인 실험적 농도에서도 순서가 뒤틀려 맞지 않는 경우가 있습니다. 여기에 또 다른 특성이 개입하는데, 바로 전자 친화도입니다. 바닥상태에 있는 기체 상태 원자에 한 개의 전자가 들어가며 음이온으로 변하고 에너지를 방출하게 됩니다. 주기율표의 가로줄인 같은 주기에 있는 원소를 비교하면 오른쪽에 있는 원소일수록 전자 친화도가 커지는 경향이 있습니다. 다만 가장 오른쪽 18족 원소의 전자 친화도는 알려져 있지 않습니다. 과학자들은 18족은 이미 전자로 정원이 꽉 차 있기 때문에 전자 친화도가 아주 작은 양(+)의 값이거나 음(-)의 값일 것으로 추정할 뿐입니다. 당당한 모습의 원자가 전자를 거들떠볼 일이 없을 테니 당연하겠지요. 이런 18족 비활성기체를 제외하고 같은 주기에 있는 원소는 같은 전자껍질을 지니고, 오른쪽에 있는 원소일수록 양성자수가 많기 때문에 전자를 끌어당기는 힘이 커져 전자 친화도가 커지는 경향이 있는 겁니다.

그렇다면 주기율표의 같은 족(세로줄)에 있는 원소는 어떨까요? 같은 족의 아래에 있는 원소일수록 이온화 에너지처럼 전자 친화도가 작아지는 경향이 있습니다. 같은 족에서 아래에 있는 원소일수록 가장 바깥쪽에 있는 전자껍질이 원자핵으로부터 멀어집니다. 그래서 원자핵이 가장 바깥쪽에 있는 전자를 끌어당기는 힘이 약합니다. 전자 친화도가 작아지는 거지요. 이온화 에너지와 비슷하게 전자 친화도도 주기율표 오른쪽 위에 있는 원소일수록 크고, 왼쪽 아래에 있는 원소일수록 작아지는 주기성을 가지고 있습니다. 염소(Cl)와 플루오린(F)이 특히 전자 친화도가 커서 음이온이 되기 쉬운 원소입니다.

두 지표를 설명하며 원자가 전자를 끌어당기는 또 다른 척도가 등장합니다. 바로 전기 음성도이지요. 원자 혹은 분자 내의 원자가 결합에 관여하는 전자쌍을 끌어당기는 정도를 말합니다. 이 척도는 이온화 에너지와 전자 친화도의 평균값을 취했는데, 주기율표에서는 두 경향성이 비슷하기 때문에 전기 음성도 역시 비슷한 경향을 보입니다. 다만 전이금속은 다른 물리적 성질과 마찬가지로 이런 경향에서 벗어나 있는 경우가 많습니다. "전이금속은 늘 예외가 있다"라는 말에 예외가 없는 모습을 보입니다. 한편 우리가 p구역에서 금속과 비금속의 경계에 대해 확인한 내용이 바로 이런 물리적 주기성과 관련이 깊다는 걸 알 수 있습니다. 원소들은 이온화 에너지, 전자 친화도, 전기 음성도가 작을수록 금속성이 커지고 거꾸로 비금속성은 작아집니다. p구역에서 뚜렷하게 나타나는 금속성은 왼쪽에서 오른쪽으로 갈수록 작아지고, 위에서 아래로 갈수록 커지는 것을 볼 수 있습니다. P구역을 사선으로 긋고 있는 경계에 준금속이 자리 잡고 있는 것도 세 지표를 통해 설명되지요.

이런 물리적 성질과 주기성은 원소 자체가 가진 특별한 성질도 만들었지만, 주기성에 편승해 마치 공식처럼 특정 원자끼리 혹은 분자와 서로 전자를 교환하거나 공유하며 물질을 조립하는 정교한 규칙의 근간이기도 합니다. 주기율표를 세상을 만든 설계도라고 표현해도 과하지 않죠. 원자가 모두 18족 원소처럼 그 자체로 완벽했다면 화학을 공부하기 수월했겠지만, 우리는 물론이고 세상도 존재하지 않았을 겁니다. 원자가 스스로 안정하기 위해 전자를 내놓거나 가져오는 다양한 동작은, 18족 원소 같은 귀족 기체가 되기 위한 욕심처럼 보이지만 어쩌면 세상을 구성하는 다양한 재료가 되기 위해서라는 숭고한 의미도 있습니다. 주기성이 세상을 만들기 위한 규칙의 밑바닥에 있기 때문입니다. 그러면 원자는 이런 설계도를 가지고 어떤 모습으로 서로 만나고 있을까요?

왜 원자는 **혼자 있는 걸 싫어할까**

기상학자들은 기후 변화의 주범으로 온실가스인 이산화탄소를 지목합니다. 이상 기후 때문에 난방과 냉방으로 연료를 더 태우게 되고, 배출된 온실가스는 다시 기후를 서서히 변화시킵니다. 물고 물리는 고리를 어딘가에서 끊어야 할 것 같습니다. 우리는 탄소 배출 제한과 화석 연료를 대체할 에너지에서 해답을 찾으려 하지요. 문득 인류의 과학기술이 이토록 진보했는데 "더 좋은 공기를 만들 수는 없을까"라는 의문이 떠오릅니다. 화석 연료를 제한할 것이 아니라 아예 이산화탄소를 없애지는 못하는 걸까요? 이 간단한 물질을 쉽게 분해할 수 있다면 기후 변화에 따른 고민이 해결될 겁니다. 그럼 여기에 대한 답을 내기에 앞서 다른 질문을 해봅시다. 인류는 수많은 물질 가운데 왜 하필이면 이산화탄소를 배출하는 화석 연료를 에너지로 사용하게 됐을까요? 아이러니하게도 에너지 관점에서 보면 이산화탄소를 없애기 힘든 이유가 인류가 화석 에너지를 사용한 이유와 같습니다.

원자 간 결합의 기저에는 물리 법칙이 있습니다. 열역학 제2법칙이죠. 모든 물질은 에너지를 가지고 있고, 에너지는 높은 곳에서 낮은 곳으로 자발적으로 변합니다. 실온에서 뜨거운 물이 식는 것과 같은 이치입니다. 물이 뜨거운 이유는 물 분자의 운동이 활발해서 서로 충돌하며 열에너지를 내기 때문입니다. 결국 높은 운동에너지를 낮은 운동에너지로 자발적으로 바꾸며 안정한 상태로 갑니다. 앞서 언급한 전지도 마찬가지입니다. 양쪽 극성의 전위차가 전자가 움

반응에너지

직이는 원동력이라고 이야기했었지요. 높은 곳에 있는 물이 낮은 곳으로 떨어지는 것처럼, 전위차로 인해 전하가 흐르게 되는 것이 방전의 원리입니다. 물이 전자인 셈이고 떨어진 물을 다시 높은 곳으로 올려놓는 것이 충전입니다. 이제 원자가 결합하려는 행위도 이런 에너지 관점에서 들여다봐야 합니다.

이를 들여다보기 위해 가장 좋은 사례가 수소 분자(H_2)입니다. 우리가 원자를 직접 볼 수가 없으니 상상력을 동원해야 합니다. 진공 속에서 무한히 떨어진 중성 원소인 수소 원자 두 개를 상상해 봅시다. 두 원자가 아주 멀리 떨어져 있으면 두 원자에는 어떤 변화도 없고 영향도 주지 않겠죠. 원자 하나도 그 자체로 에너지를 가지고 있습니다. 두 수소 원자의 전체 에너지는 원자 하나가 가진 에너지의 두 배이겠지요.

이제 두 원자를 가까이 가져갑니다. 그런데 가까워지면서 전체 에너지에 변화가 생깁니다. 수소 원자 두개가 떨어져 있을 때보다 전체 에너지가 낮아집니다. 그러다가 결합해서 분자가 되면 수소 원자 하나의 에너지보다 더 낮아집니다. 마치 인력이 작용한 것처럼 서로 끌어당기지요. 이제 더 가까이 붙이면 어떻게 될까요? 양성자끼리 반발력이 커지면서 전체 에너지가 다시 커집니다. 모든 물질은 자발적으로 낮은 에너지로 간다고 말했지요. 에너지가 가장 낮은 상태일 때 분자가 만들어지는데, 이 에너지와 원자가 떨어져 있을 때 전체 에너지의 차이가 바로 결합 에너지의 크기입니다. 이 결합 에너지는 분자마다 모두 다릅니다.

실제로 에너지를 측정해보면 두 수소 원자가 적절히 타협한 거리에서 가장 낮은 에너지 상태에 있게 되는데, 거리는 약 0.106나노미터이고, 결합 에너지는 2.65eV(전자볼트)입니다. 이 말은 거꾸로 외부에서 2.65eV 이상의 에너지를 주면 수소 분자를 원자 두 개로 떼어낼 수 있다는 것입니다. 이렇게 떨어져 있을 때보다 붙어 있는 걸 좋아하게 되면 분자를 이루게 되는 겁니다. 모든 물질은 분자로 이루어져 있고, 분자가 생성되는 원리는 결국 원자의 상호작용으로 설명할 수 있습니다. 원자의 상호작용은 결국 에너지와 거리의 함수입니다.

결합 에너지가 분자에게 가지는 의미는 무엇일까요? 간단한 기체 분자 몇 개를 더 살펴보지요. 우리 지구 대기에는 질소 분자(N_2)가 대부분입니다. 대기의 78.09퍼센트를 차지하죠. 질소 분자의 결합 에너지는 10eV입니다. 질소 분자는 화학 반응을 잘 일으키지 않는 기체입니다. 질소 분자는 상당히 안정적이어서 원자로 분리하기가 쉽지 않습니다. 10eV면 분자의 결합 에너지로서는 상당히 큰 에너지입니다. 이제 이산화탄소(CO_2)를 볼까요. 이산화탄소는 한 개의 탄소와 두 개의 산소가 결합해 만들어집니다. 이 분자는 결합 에너지가 7.7eV입니다. 또 다른 하나는 염소 분자(Cl_2)입니다. 이 분자는 화학적으로 위험합니다. 앞에서 17족은 전자 하나를 얻기 위해 폭력적으로 결합하다고 설명했지요. 염소 가스는 실제로 제2차 세계대전에서 살상용 무기로 사용됐습니다. 염소 분자의 결합 에너지는 2.5eV입니다.

이 세 가지 분자의 결합 에너지를 보고 우리는 무엇을 알 수 있을까요? 질소 분자는 안전해 보이지만 염소 분자는 위험해 보입니다. 결합 에너지가 크면 외부에서 큰 에너지를 주어야 원자로 분리가 됩니다. 결합 에너지가 작으면 분자가 잘 깨진다는 겁니다. 다른 말로 반응을 잘한다는 거죠. 그러면 이산화탄소는 어떨까요? 결합 에너지 측면에서 보면 알 수 있듯이 무척 안정한 편에 속합니다. 한 번 만들어진 이산화탄소는 분리가 쉽지 않다는 걸 눈치채셨을 겁니다. 온실가스 감축을 위해 이산화탄소 배출을 줄이려 하지요. 만약 결합 에너지가 낮다면 공기 중의 이산화탄소를 분해하는 데 더 노력을 기울였을 것입니다.

만약 이산화탄소를 분해하고자 하면 분리 과정에 많은 에너지가 필요하고, 이 에너지 또한 결국 화석 에너지에서 얻을 수밖에 없다는 결론에 이릅니다. 이산화탄소를 분해하기 위해서 다시 이산화탄소를 배출해야 하는 함정에 빠지게 되는 것입니다. 이게 무슨 얘기일까요? 우리가 화석연료를 사용한 이유는 연료 안에 있는 탄소와 산소가 결합하며 방출하는 에너지가 크기 때문입니다. 결국 이산화탄소를 제거하기 어려운 이유는 인류가 화석연료를 사용한 이유와 같습니다. 큰 에너지를 얻기 위해서이지요.

원자는 혼자 있는 것보다 결합한 상태가 더 안정합니다. 물론 결합은 여러 조건이 맞아야 합니다. 원자는 분자를 이루고 분자는 다시 분자끼리 뭉치기 시작합니다. 세상을 이루는 물질 대부분은 이런 분자 집단인 셈이지요. 우리가 이산화탄소로 고통을 받고 있지만, 이산화탄소는 광합성과 호흡이라는 순환계에서 생명체의 지속을 보장해왔고 결합 과정에서 에너지를 얻게 한 중요한 분자 물질입니다. 우리가 이산화탄소를 다시 원자 수준으로 분리하고 싶은 지점에 와 있지만 자연은 쉽게 허락하지 않을 겁니다. 원자끼리 결합을 하려는 자연이라는 설계자의 의도를 더 이해해야 인류 앞에 놓인 기후 위기도 해결할 수 있지 않을까요. 이제 정교한 원자 간 결합 설계를 더 살펴보겠습니다.

화학 결합 | 이온 결합

사물을 구성하는 원소는 다양합니다. 게다가 한 가지 원소로만 이루어져 있는 경우보다 여러 가지 원소가 결합해 있는 경우가 많습니다. 물론 다이아몬드나 흑연의 경우처럼 탄소로만 이루어진 동소체 물질도 있지만, 우리 주변 대부분의 사물은 여러 원소가 결합해 분자를 이루고, 그 분자가 다시 모여 이루어집니다. 이렇게 결합하며 본래 원소가 가진 특성 이외의 다른 성질이 나타나기도 합니다. 그 성질은 겉보기인 뿐만 아니라 물리·화학적 성질을 포함합니다.

사실 겉보기만으로 사물의 성분을 구별하기란 쉽지 않지요. 결정을 가진 소금과 설탕은 겉보기가 다릅니다. 하지만 소금과 설탕을 둘 다 곱게 갈아놓는다면 겉으로 구분하기 쉽지 않습니다. 특히 물에 용해된 상태라면 더욱 어렵지요. 하지만 두 용액의 맛을 보면 쉽게 구별할 수 있습니다. 하지만 이 구분도 분자가 가진 특성을 통해 나타나는 차이입니다. 분자를 다시 원소로 나누면 분자가 가진 성질은 완전히 사라집니다. 곧 사물이 가진 특성조차 사라지지요. 원소가 가진 고유한 성질도 중요하지만, 대부분 사물의 특성을 결정하는 것은 결국 분자가 가진 성질이라는 것입니다. 원자의 결합과 결합 방식은 그래서 중요한 의미를 가집니다.

우리는 각각의 원소마다 전자수에 차이가 있다는 것을 알고 있고 원소의 특성은 원자의 가장 바깥껍질에 있는 전자와 원자 중심에 있는 양성자의 수에 따른 인력에 의해 결정된다는 것도 알고 있습니다. 원자의 다양한 결합과 반응도 바로 이 바깥껍질에 있는 전자와 깊은 관련이 있지요. 원소는 바깥 전자 존재의 주기성을 가지고 있고 결국 원자들은 원소끼리 궁합이 맞는 특별한 결합을 한다는 사실을 예측할 수 있습니다. 그런데 원소가 결합하는 데에 몇 가지 공통적인 특징이 있고 그 특징에 따라 결합의 모습이 다릅니다.

원소의 결합을 이해하는 데에 가장 많이 등장하는 물질이 소금과 설탕입니다. 소금은 염소와 소듐을 결합해 만든 물질입니다. 염소는 전자 친화도가 커서 전자를 받기 쉽고, 음이온이 됩니다. 반대로 소듐은 이온화 에너지가 작아 전자를 방출하기 쉬워 이온화 경향이 커져 양이온이 됩니다. 극성이 다른 두 이온은 마치 사랑하는 두 사람이 서로 끌리듯 결합해 염화소듐을 만듭니다. 이런 온화한 결합은 물에 용해된 두 이온의 만남이기 때문입니다. 그와 달리 순수한 원소 상태의 두 원소는 전자를 주고받으며 폭발적으로 결합합니다. 격렬한 전자의 방출과 유입으로 원자는 전체 에너지가 안정되며 그 과정에서 에너지가 방출됩니다. 사실 소금의 난폭한 결합은 실험실에서나 볼 수 있는 결합입니다. 일반적으로 우리는 소금이 바다에서 오랜 시간에 걸쳐 만들어지는 과정에 익숙하기 때문에 이런 폭발성은 쉽게 관찰할 수 없습니다.

염화소듐인 소금을 물에 녹여보면 결합에 대한 이해가 쉽습니다. 염화소듐 결정이 물에 들어가면 물 분자 네 개가 소듐 이온 한 개를 에워쌉니다. 물 분자는 극성을 가지고 있지요. 산소 한 개와 수소 두 개가 공유 결합한 물 분자는 무거운 산소핵이 전자쌍을 더 끌어당기고 산소 부분에 전자가 몰리며 상대적으로 수소 부분은 전자가 부족한 상황이 됩니다. 공유共有, covalent라는 용어를 쓰지만, 공평하다는 의미는 아닌 셈이지요. 힘이 센 쪽이 조금 더 가져가는 겁니다. 그래서 물분자 전체로 보면 마치 자석처럼 부분적으로 서로 다른 극성을 띠고 있습니다. 산소 쪽이 음전하를 띠고 수소 부분은 약한 양전하를 띠고 있지요. 이런 극성을 가진 물 분자가 염화소듐 결정에서 소듐 양이온을 붙잡아 끌고 나갑니다. 소듐 양이온에 물 분자의 산소 부분이 붙어 있는 형태가 되지요. 마찬가지로 물 분자 세 개가 염소 이온을 끌고 갑니다. 이렇게 소금 결정으로부터 두 이온이 분리되며 물에 흩어지게 됩니다.

이 과정을 풀어쓰니 복잡하게 보이지만, 실은 우리가 일상에서 흔히 관찰할 수 있는 반응입니다. 이 반응을 '물에 녹는다'라고 표현하지요. 하지만 과학적으로 엄밀하게 따지자면, 이 과정에는 '녹는다'라는 말 대신에, 이온 상태로 흩어진다는 의미를 담은 '해리'라는 용어가 적절합니다. '소금이 물에 녹는다'라는 눈에 보이는 현상 이면에서, 분자가 원자의 크기로 분해되고 있기 때문입니다. 이 과정에서 중요한 것은 결정이 이온 상태인 원자 단위로 분리된다는 겁니다.

그렇다면 염화소듐을 이온 형태가 아닌 순수한 소듐 원자와 염소 원자로 분리할 수는 없는 걸까요? 물론 가능합니다. 하지만 그러기 위해서는 결합할 때 폭발적으로 방출된 에너지만큼의 외부 에너지가 공급되어야 하지요 그래야 중성 원자인 상태로 소듐 금속과 염소 기체를 다시 얻을 수 있습니다. 원자에게 전자를 억지로 쥐어주거나 빼어야 하니 그만큼 힘이 듭니다. 우리가 흔히 보는 소금 결정은 소듐 이온과 염소 이온이 서로 다른 극성으로 약하게 결합한 것입니다. 우리는 이 결합을 이온 결합이라고 합니다.

우리가 음식에 소금만큼 흔히 사용하는 식재료인 설탕은 소금과 유사한 겉보기 성질을 가집니다. 그러면 설탕도 물에 해리되는 걸까요? 설탕은 그냥 '물에 녹는다'라고 표현하는 것이 맞습니다. 설탕은 소금처럼 원자의 크기로 분리되는 것이 아니라, 설탕 분자가 덩어리 결정에서 쪼개져 설탕 분자의 상태 그대로 흩어질 뿐이기 때문입니다. 설탕의 주성분은 자당이라고 하는 수크로오스($C_{12}H_{22}O_{11}$)입니다. 물에 들어간 수크로오스 결정은, 물 분자가 수크로오스 분자를 에워싸면서 설탕 덩어리에서 분리됩니다. 세 종류의 원소로 된 마흔다섯 개 원자가 결합한 물질은 더 이상 물의 극성이 가진 힘만으로 분리해낼 수 없습니다. 그렇다면 이 결합은 이온 결합보다 더 강하다는 것이지요.

화학 결합 II 공유 결합, 수소 결합 그리고 금속 결합

물에 녹았던 설탕 분자는 왜 더 이상 원자 단위로 분리가 되지 않았을까요. 그 이유는 물 분자가 가진 극성 정도로는 설탕 분자를 이루는 원자들의 결합을 깰 수 없기 때문입니다. 극성보다 더 강한 힘이 원자들을 묶고 있다는 거지요. 앞서 원자의 결합 에너지를 살펴보았습니다. 두 원자가 적절히 타협한 거리에 놓이게 되는데, 이때 전체 에너지가 가장 낮아지고 결합이 일어난다는 것이지요. 그렇게 되면 원자는 홀로 존재하지 않고 분자가 만들어지는 겁니다. 이런 현상이 일어나는 근본적인 이유는 바로 원자가 가지고 있는 전자 때문입니다.

수소 원자를 다시 꺼내보겠습니다. 중성인 수소 원자는 전자 한 개를 가지고 있습니다. 물론 가장 바깥껍질에 존재하고 있지요. s오비탈이라는 구형의 전자 궤도에 두 개의 전자를 가지고 있는 것이 안정적이지만 한 개의 전자를 가진 순수한 수소 원자는 대부분 전자 하나를 버리고 양성자 하나로 존재합니다. 그만큼 전자가 부족한 오비탈은 불안정하다는 것을 반증합니다. 이 수소는 일반적으로 경수소protium라고 부르고 자연계의 99.958퍼센트를 차지합니다. 하지만 온전한 경수소 상태를 보기란 쉽지 않습니다. 경수소는 원자핵만 있는 상태이고, 일반적인 환경에서는 대부분 다른 원자와 결합한 상태로 존재하기 때문이지요. 우리가 양성자로 표현한 그것입니다.

물론 전자 한 개를 더 가져와 수소 음이온으로 존재할 수도 있습니다. 수소 음이온은 이론적으로 만들어질 수 있지만 이 역시 그 자체로 흔하게 볼 수 없습니다. 결국 오비탈에 전자 한 개가 모자란 수소 원자는, 다른 수소 원자의 전자를 마치 자신의 전자인 것처럼 공유해 자신의 오비탈을 완성하려고 합니다. 파울리의 배타원리에서 언급한 것처럼 각 수소 원자의 서로 다른 오비탈에 한 개씩 들어 있는 전자는 서로 다른 스핀으로 쌍을 만들고, 하나의 오비탈을 완성합니다. 이 전자쌍을 공유하며 자신의 오비탈이라 여기고 두 원자는 결합을 하는 거지요. 바로 이것이 수소 분자의 결합 방식인 공유 결합입니다. 두 원자의 오비탈이 서로 섞이면서 결합 오비탈을 만들게 됩니다. 수소의 경우, 공 모양의 s오비탈을 가진 수소는 다른 수소와 결합하면서 럭비공 모양의 타원형 결합 오비탈을 만듭니다. 사실 결합하는 과정에서 전체 오비탈의 수는 변하지 않습니다. 두 개의 오비탈이 결합 오비탈을 만들고 전자가 존재하지 않는 반결합 오비탈이 생성되기 때문이지요. 중요한 것은 결합 오비탈에 전자쌍을 공유한다는 겁니다.

사실 이 지점에서 한 가지를 짚고 넘어가야 합니다. 특히 화학에서 전자가 오비탈이나 전자껍질을 '채운다'라는 표현입니다. 이 말은 마치 오비탈이라는 방이 존재하고 마치 전자가 그 방에 배치되는 듯한 인상을 줄 수밖에 없습니다. 사실 이런 설명이 전자의 배치를 쉽게 이해할 수 있도록 도와주기는 합니다. 하지만 엄밀하게 보면 틀린 이야기입니다. 오비탈은 전자가 구름처럼 퍼져 동시에 여러 군데 존재한다는 개념이지요. 그러니까 전자의 궤적에 의해 오비탈이 만들어지는 셈입니다. 비유하자면 깊은 산에 있는 산책길에 가까울 것 같습니다. 처음부터 길이 있었던 것이 아니라 사람이 다니다 보니 길이 나는 것처럼, 전자가 확률적으로 나타났던 궤적이 바로 오비탈인 셈이죠. 수소 두 개가 각자의 전자를 공유한다는 의미는 마치 자신의 전자인 것처럼 두 원자핵 주변에서 동시에 존재한다는 것이고, 그 출현 궤적은 타원형 구름처럼 퍼진 공간에 존재한다는 겁니다. 이것이 물리학에서 말하는 '중첩' 개념인 셈입니다.

수소뿐만 아니라 공유 결합을 이루는 대부분의 원자는 이런 중첩 개념으로 결합 오비탈을 만들며 전자쌍을 공유하게 됩니다. 단지 공유에 참여하는 전자에는 특별함이 있습니다. 원자의 가장 바깥궤도에 있는 전자만 이런 결합에 참여할 자격이 있다는 겁니다. 바로 '원자가전자'였죠. 원자마다 바깥껍질에 있는 원자가 전자수가 다르기 때문에, 다양한 원소들과 결합하고 반응하게 되는 것입니다. 안쪽 껍질에 있는 전자는 다른 원자의 오비탈을 만날 기회조차 없습니다. 다양한 공유 결합으로 만들어진 결합 오비탈과 기존 오비탈들이 혼성되며 분자 모양이 바뀌고, 분자의 구조가 결정되며, 결국 물질의 성질을 규정하게 됩니다. 심지어 전혀 예상하지 못한 다른 성질이 되기도 하지요. 왜냐하면 어떤 경우에는 원소의 종류와 관련 없이 분자 구조 자체만으로도 물질의 기능이 정해지기 때문입니다.

공유 결합을 하는 대표적인 원소가 바로 탄소입니다. 탄소는 이런 구조적 특징을 잘 나타냅니다. 여섯 개의 전자를 가진 탄소 원자 중 전자 네 개는 원자의 바깥껍질에 존재합니다. 안쪽 s오비탈에 존재하는 두 개의 전자는 원자 안쪽에 갇혀 다른 원소와 결합에 참여할 수 없죠. 나머지 전자 네 개가 바깥껍질의 s와 p오비탈에 존재하고 껍질의 반절만 채운 탄소 원자는 다른 원자와 결합할 수 있는 조건을 충족합니다.

그런데 탄소에서 두드러지는 점은 두 오비탈이 고유의 오비탈 모양을 유지하지 않고 섞이며 다른 모양의 혼성 오비탈을 만든다는 것이지요. 핵 주변에 전자를 골고루 분포시켜 다른 원자와 결합할 기회를 만들기 때문이죠. s오비탈이 p오비탈과 결합하는 수에 따라 sp, sp^2 그리고 sp^3라는 다른 모양의 혼성오비탈을 만듭니다. 혼성오비탈 덕에 탄소는 다양한 결합 모양을 갖습니다.

탄소족에 속하는 다른 원소도 혼성오비탈을 만들기도 하지만 탄소만큼 두드러지지 않습니다. 심지어 탄소는 탄소끼리 전자쌍을 세 개까지 공유하는 삼중결합을 할 수 있지요. 탄소 원자가 3차원 공간에서 다른 네 개의 탄소와 공유 결합으로 시그마 결합을 이루며 공유 전자쌍의 척력을 고려해 안정적으로 배열하기 위해서는 정사면체 구조인 sp3가 최선의 구조입니다. 다이아몬드는 이 구조로 결합하지요. 반면 탄소가 세 개의 다른 탄소와 전자를 공유하는 경우에는 육각형 구조를 만들어 평면 방향으로 확장하고 결합에 참여하지 않은 나머지 전자 하나는 파이 오비탈에 존재하는데, 바로 이 형태로 만들어진 물질이 나노튜브와 그래핀입니다. 그래핀이 철보다 강한 물질인 이유는 평면에 펼쳐진 육각형 구조 때문이고, 전기가 잘 통하는 이유는 결합에 참여하지 않은 전자 때문입니다. 이런 그래핀이 여러 겹으로 겹치기도 하는데, 수많은 그래핀이 마치 페이스트리 빵처럼 겹겹이 결합한 것이 바로 흑연이죠. 이렇게 결합할 수 있는 이유도 벌집 모양의 탄소결합에 참여하지 않은 자유전자 때문입니다.

그래핀 평면은 공유 결합도 이온 결합도 아닌데도 마치 결합하

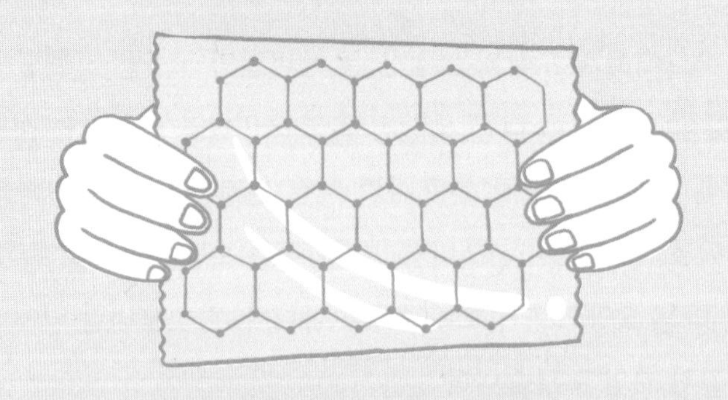

듯 붙어 있을 수 있습니다. 하지만 공유 결합만큼 강한 결합은 아니기 때문에 분리가 가능합니다. 물리학자인 안드레 가임과 콘스탄틴 노보셀로프가 셀로판테이프를 이용해 그래핀 한 장을 흑연으로부터 분리해 연구한 결과로 노벨상을 탄 사실은 과학계에서 유명한 일화입니다. 이런 약한 결합은 비단 탄소 물질에만 존재하지 않습니다. 대부분의 분자는 분자 주변에 존재하는 전자로 인해 전기적 대칭이 무너지며 부분적인 양전하와 음전하를 띠는 쌍극자 형태입니다. 쌍극자는 서로 다른 극성의 분자를 끌어당기게 됩니다. 이런 쌍극자 사이에 발생하는 판데르발스 결합은 공유 결합의 수백 분의 1밖에 안 될 정도로 결합력이 약하지만 분자결합에서 중요한 자리를 차지합니다.

또 이런 극성을 통해 분자가 결합하기도 합니다. 산과 염기에서 이미 다뤘던 방법이지요. 복잡한 분자는 대부분 이런 산과 염기의 망으로 이루어져 있습니다. 대표적으로 생명체의 유전체 중 하나인 DNA는 두 가닥 분자 사슬이 평행으로 늘어서면서 결합해 나선 모양으로 비틀어진 구조입니다. 우리는 그 구조를 'DNA 이중나선 구조'라고 하지요. DNA의 한 가닥 사슬은 '디옥시리보오스'라는 당과, 인산, 염기로 이루어진 기본 단위의 분자가 반복적으로 이어져 고분자 중합체를 이루고 있습니다. 이 중 염기에는 네 종류가 있는데 아데닌, 구아닌, 사이토신, 티민이라는 이름이 붙여져 있죠. 이 염기에 의해 두 가닥의 사슬이 사다리처럼 결합되어 있는데, 두 염기 중에 한쪽의 분자에 들어 있는 수소 원자를 사이에 두고 양쪽 염기 분자가 잡아당기는 약한 결합을 합니다. 이렇게 수소가 관여된 약한 결합을 수소 결합이라고 하지요. 수소 결합의 세기는 공유 결합에 비하면 수십 분의 1 정도밖에 되지 않습니다. DNA를 복제하는 메커니즘에서 두 가닥의 사슬이 분리되어야 하는데, 결국 자연은 분리되기 적당한 힘의 세기를 선택한 거지요.

이제 우리가 알아야 할 결합이 한 종류 더 남았습니다. 바로 주기율표의 중앙과 좌측 대부분을 차지한 금속이지요. 금속 원자는 대부분 구형입니다. 공 모양의 금속 원자는 마치 사과상자 속의 사과처럼 차곡차곡 쌓이는데 이런 쌓기가 무너지지 않는 이유는 바깥껍질에 존재하는 한두 개의 전자가 원자들 사이에서 자유롭게 이동하면서 전체 원자를 묶어주기 때문입니다. 원자에서 떨어져 나가 원자들 사이를 자유롭게 다니는 이 전자를 자유전자라고 합니다. 엄밀하게 보면 바깥 오비탈이 서로 겹치며 금속 원자 덩어리 전체를 감싸는 거대한 전자구름을 형성하는 겁니다. 흔히 금속 원자의 결합을 전자의 바다라고 부르는 이유도 이런 특징 때문입니다. 금속이 다른 비금속 원소와 구별되는 독특한 특징을 가진 이유도 바로 이 자유전자 때문입니다. 그리고 금속 원소가 대부분 비슷한 성질을 가지는 이유도 이런 자유전자 때문이지요.

금속은 모두 단단할까

연금술이라는 학문을 처음 접한 건 초등학교 졸업 무렵, 방학을 이용해 읽은 책을 통해서였습니다. 납을 금으로 바꿀 수 있는 방법이 있다는 것을 알게 된 것은 꿈만 같은 일이었지요. 왜냐하면 주기율표에서 납은 금보다 세 칸이나 떨어져 있었지만 수은은 바로 금 옆자리에 있었기 때문입니다. 수은에서 양성자와 전자를 떼어내, 금을 만들겠다고 결심했죠. 수은을 구할 유일한 방법은 체온계였습니다. 그런데 금과 납은 단단한 편인데 체온계 안의 수은은 마치 액체처럼 보였지요. 어느 날 수은의 정체를 확인해야겠다는 생각으로 과감하게 유리관을 깼습니다. 수은에 노출되는 것은 위험하니 독자들은 절대 따라하면 안 되지만, 체온계를 부순 후 깨진 조각 위로 흩어져 구르며 서로 모이기도 했던 수은 공의 특별한 물성을 지금도 잊을 수가 없습니다.

우리가 알고 있는 대부분의 금속은 일상 온도에서 고체의 상태로 존재합니다. 그런데 수은은 액체로 존재합니다. 물질의 상태는 온도와 깊은 관련이 있습니다. 액체 상태에서는 온도가 낮아지며 특정 온도에서 고체로 상태가 변화할 수 있습니다. 반대로 온도가 높아지며 특정 온도에서 기체로 변합니다. 우리는 두 특정 온도를 어는점과 끓는점으로 정했지요. 사실 두 온도 용어는 액체를 기준으로 한 용어입니다. 하지만 주기율표를 구성하는 대부분 원소는 고체입니다. 118개의 원소 중 기체는 열한 개, 그리고 104번부터 시작하는 열다섯 개

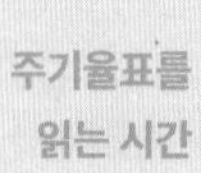

의 인공원소는 존재하는 시간이 너무 짧아 상태를 정의하기 어려운 미지의 상태입니다. 그리고 액체로 존재하는 원소는 수은과 브로민뿐입니다. 나머지는 전부 고체의 상태로 존재하지요.

아무래도 고체를 중심으로 두 온도를 정의하다 보면 어는점보다 녹는점이 더 쉽게 이해됩니다. 브로민은 비금속 원소이니 결국 금속 가운데 상온에서 액체로 존재하는 원소는 수은이 유일합니다. 수은의 녹는점은 절대온도 234.32켈빈이고, 섭씨로 환산하면 섭씨 영하 38.83도입니다. 금속 중에 실온에서 액체로 존재하는 원소가 수은밖에 없으니 단연 가장 낮은 녹는점을 차지합니다. 그러면 금속 중 가장 높은 녹는점을 가진 원소가 있을 겁니다. 사람들은 이 물질의 장점을 충분히 활용해왔습니다. 물질이든 입자든 에너지의 방출은 두 가지 형태밖에 없습니다. 바로 열과 빛이지요. 인류는 녹는점이 높은 금속을 찾아냈고, 외부에서 그 물질에 에너지를 주입했을 때 녹지 않고 견뎌내며 방출해내는 열과 빛을 윤택하게 사용했습니다. 바로 백열전구의 필라멘트에 사용한 텅스텐입니다. 텅스텐의 녹는점은 무려 섭씨 3,410도입니다. 가장 낮은 수은과 비교하면 무려 3,450도의 차이가 있는 셈입니다. 수은과 텅스텐은 같은 주기에 있는 금속이어서 전자껍질도 비슷한 금속인데, 이런 차이는 왜 생긴 걸까요?

앞서 금속은 마치 사과상자 속의 사과처럼 차곡차곡 쌓여 결정을 이룬다고 했습니다. 그 결정을 단단하게 만드는 건 바로 자유전자라고 했지요. 이 자유전자는 자신이 속한 원자에 갇혀 있지 않고 주변의 금속 원자들 사이를 돌면서 움직입니다. 마치 전자를 잃은 듯 보이

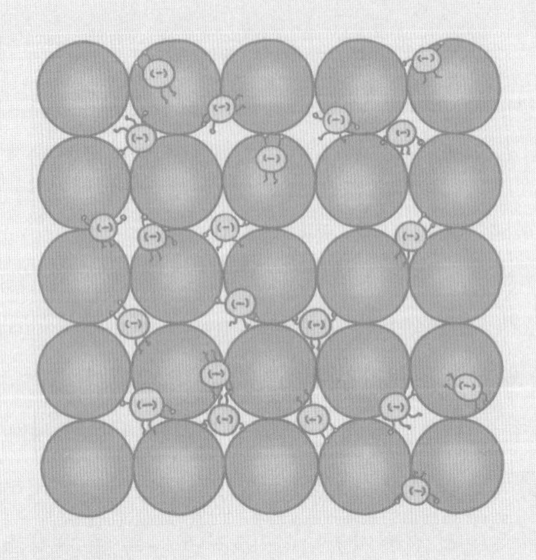

는 금속 원자는 양전하를 띠는 셈인데 결국 자유전자가 다른 극성의 전체 금속 원자를 단단하게 결합하고 있는 겁니다. 자유전자가 접착제 역할을 하고 있는 셈이죠.

녹는점을 결정하는 가장 중요한 요소가 바로 이 단단함입니다. 사과를 닮은 구형의 원자가 쌓이는 결합력이 약하면 쉽게 무너져 내리듯이 고체 상태를 유지하기 어려워집니다. 그런데 수은과 텅스텐의 전자 배치를 살펴보면 가장 바깥쪽 궤도에 두 개의 전자를 가집니다. 만약 녹는점이 결합력의 차이이고 그 결합을 하는 주역이 자유전자라면 수은과 텅스텐의 단단함은 비슷해야 하는데 왜 이렇게 극명한 차이를 보일까요? 비밀은 바깥껍질이 아닌 안쪽 전자껍질에 있습니다. 바깥쪽 궤도의 전자수는 같지만 분명 수은은 텅스텐보다 자유전자를 방출하지 않는다는 겁니다.

수은과 텅스텐은 전자수 여섯 개가 차이 납니다. 그런데 바깥껍질 전자수가 두 개로 같으니 차이가 나는 전자는 안쪽 전자껍질에 있다는 겁니다. 실제로 수은은 부껍질인 5d오비탈에 전자가 열 개가 있고 텅스텐은 네 개가 있습니다. 5d오비탈에는 원래 열 개의 전자를 채울 수 있는데 수은은 안쪽 껍질까지 전자가 꽉 차 있는 셈이 됩니다. 그러니까 무척 안정된 상태이지요. 그에 반해 텅스텐은 여섯 개가 들어갈 자리가 비어 있습니다. 이런 전자 부껍질은 불안정해서 전자가 방출되기 쉽습니다. 결과적으로 텅스텐은 자유전자가 많아져 원자의 결합을 강하게 묶고 있는 겁니다. 이에 반해 수은은 상대적으로 느슨한 결합을 하고 있는 셈이지요.

금속이라고 모두 단단하지 않습니다. 간혹 고체의 상태를 가진 금속도 마치 단단한 치즈를 칼로 쉽게 썰듯 무른 성질을 가진 경우가 있지요. 심지어 금속을 변형시켜 얇게 펴거나 가늘고 길게 늘일 수 있습니다. 1그램의 금(Au)을 얇게 펴면 지름이 약 80센티미터이고 두께가 약 0.0001밀리미터인 원형 '금박'을 만들 수 있고, 가늘고 길게 늘이면 지름이 약 0.0045밀리미터인 약 3,200미터 길이의 '금선'을 만들 수 있습니다. 금속이 얇게 펴지는 성질을 '전성展性'이라 하고, 가늘고 길게 늘어나는 성질을 '연성延性'이라 합니다.

이렇게 금속을 펴거나 늘여도 부서지거나 끊어지지 않는 이유는 금속의 결정 구조와 자유전자 때문입니다. 금속에 힘을 가해 금속 원자 배열이 어긋나도, 자유전자가 즉시 이동해 금속 원자끼리의 새로운 결합을 만들지요. 이 때문에 금속은 쉽게 부서지거나 끊어지지 않습니다. 그런데 금속 중에 금과 달리 잘 늘어나지 않는 것도 있습니다. 가령 타이타늄(Ti)이나 마그네슘(Mg)은 좀처럼 늘어나지 않는 금속입니다. 이런 금속은 외부 힘을 견디다가 부서져버리지요. 금속이 늘어나기 쉬운 정도를 정하는 것은 금속 원자의 배열 방식입니다. 바로 결정 구조이지요. 결정 구조에는 '면심입방격자', '체심입방격자', '조밀육방격자'의 세 가지가 있습니다.

세 종류의 결정 구조 가운데 가장 잘 늘어나는 것이 면심입방격자이고, 가장 늘어나기 어려운 것이 조밀육방격자 구조입니다. 체심입방격자는 중간 정도 됩니다. 예를 들면 면심입방격자 결정인 금속은 금, 은(Ag), 구리(Cu), 알루미늄(Al) 등이 있습니다. 그리고 체심입방격자인 금속에는 철(Fe), 소듐(Na), 텅스텐(W) 등이 있고 잘 늘어나지 않는 조밀육방격자 금속에는 타이타늄(Ti), 마그네슘(Mg), 아연(Zn) 등이 있습니다. 금속에 힘이 가해졌을 때 금속에서는 결정이 가진 '미끄럼면'이라는 면을 경계로 '미끄럼 방향'이라는 방향으로 금속 원자가 이동합니다. 그러니까 결정에 어떤 결 같은 것이 있는 것이죠. 결정 구조가 면심입방격자인 경우 결정이 이동하는 면인 '미끄럼면'과 결정이 이동하는 방향인 '미끄럼 방향'이 많이 들어 있기 때문입니다.

금속은 **반짝**이고 늘어나며 **전기**와 **열**을 잘 전달한다

금속은 대부분 공통적인 광택과 색이 있습니다. 사실 이런 겉보기로 금속을 구분하기 쉽지 않습니다. 연금술에서 금을 지상의 목적으로 한 이유가 있습니다. 금은 금속 중 유일하게 밝은 노란색의 광택을 가졌고 절대 녹슬지 않기 때문입니다. 사람들이 좋아할 만한 영원한 순수함과 특별함을 갖췄죠. 색을 가진 또 다른 금속은 구리입니다. 구리는 일반적인 금속과 달리 붉은색이지만, 금과 달리 산화합니다. 두 금속을 제외한 나머지 금속 대부분은 은빛의 광택을 지니고 녹이 습니다. 색과 산화의 정도는 원소마다 다르지만 대부분의 금속이 가진 공통점은 광택이 있다는 겁니다. 광택의 이유가 물질 표면이 굴곡 없이 매끄럽기 때문일까요?

다른 물질도 금속만큼 매끄럽게 만들 수 있겠지만, 다른 물질을 아무리 매끄럽게 한다 해도 금속만큼 반짝이지는 않습니다. 심지어 금속의 거친 표면에서도 반짝거림은 볼 수 있습니다. 이런 광택이나 윤기는 금속이 가진 독특한 성질입니다. 빛을 반사하는 성질을 지닌 것입니다. 특히 은이나 알루미늄은 사람이 볼 수 있는 가시광선 파장의 대부분 영역을 반사합니다. 그래서 거울은 유리 뒷면에 얇은 막 형태의 알루미늄이나 은을 씌워 만듭니다. 물론 거울에 다른 금속도 사용할 수 있지만 두 금속의 반사율

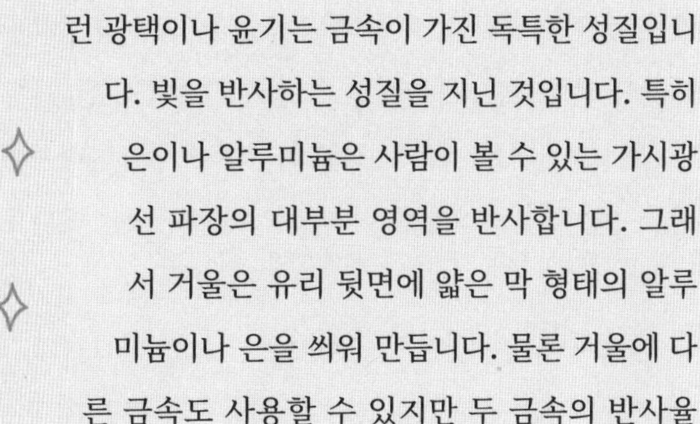

은 다른 금속에 비해 월등합니다. 그런데 왜 금속은 광택이 있을까요?

여기에서도 전자의 역할이 두드러집니다. 사실 광택뿐만 아니라 금속의 다른 특징이 나타나는 이유를 물었을 때 자유전자 때문이라고 대답을 하면 정답에 가깝습니다. 가시광선은 전자기파의 일종이고 파동의 특징을 보입니다. 빛을 받은 자유전자는 음전하를 띠고 있기 때문에, 전자기파와 같은 진동수로 진동하려고 하지요. 결과적으로 가시광선이 금속의 표면에 도착하면 자유전자는 가시광선의 에너지를 흡수하고, 동시에 자유전자는 흡수한 에너지만큼의 전자기파를 다시 방출합니다. 그러니까 받은 에너지 전체를 그대로 돌려주는 겁니다.

이렇게 에너지를 흡수하고 다시 방출하는 과정을 반사라고 합니다. 가시광선은 자외선 파장이 끝나는 380나노미터부터 적외선이 시작되는 780나노미터까지의 400나노미터 파장 영역을 가진 전자기파입니다. 결과적으로 이 영역을 가진 전자기파는, 금속 원자의 주변에 있는 자유전자와 진동수가 비슷해서 대부분 흡수하고 다시 튕겨낸다는 것이죠. 그런데 모든 금속이 이렇게 가시광선을 흡수하고 방출하는 것은 아닙니다. 구리나 금과 같은 금속의 광택은 가시광선을 반사한 결과이지만, 붉은색과 노란색을 강하게 띱니다. 우리 눈에 특정한 색이 보인다는 것은 특정한 파장만을 방출한다는 뜻입니다. 그렇다면 특정한 색을 제외한 다른 파장의 전자기파는 어디로 간 걸까요?

금속마다 자유전자가 움직이는 속도는 다릅니다. X선은 파장이 짧고 진동수가 큰 전자기파입니다. 진동수가 크면 에너지가 강합니다. 자유전자는 아무리 노력해도 X선같이 진동수가 큰 전자기파를 흡수하지 못합니다. 결국 X선은 자유전자를 지나 금속 원자의 안쪽 껍질로 들어가 다른 전자에 의해 흡수되거나 핵에 튕겨 나갑니다. 이런 현상은 가시광선에서도 금속에 따라 비슷하게 나타납니다. 전자기파의 파장이 380나노미터에서 780나노미터에 걸쳐 있는 가시광선은 파장에 따라 우리 눈에 무지개 색으로 구별됩니다.

우리 눈은 자외선에 가까운 파장을 푸른색으로 인지합니다. 대략 450나노미터 근처 파장이지요. 파장이 커지면서 진동수는 줄고 530나노미터 부근의 녹색과 580나노미터 부근의 노란색을 거쳐 630나노미터 근방에서 시작해 적외선 영역까지 붉은색으로 인식되지요. 이 색의 경계는 파장의 크기에 따라 연속적이기 때문에 특정한 파장이 어떤 색이라고 표현하기는 어렵습니다. 파장과 진동수는 역수이기 때문에 푸른색이나 초록색은 가시광선 영역 중에서도 에너지가 큰 편입니다. 상대적으로 노란색과 붉은색은 에너지가 작지요. 에너지의 크기는 파장에 반비례하고 진동수에 비례합니다.

금의 자유전자의 속도는 다른 금속에 비해 비교적 느리다고 알려져 있습니다. 그러니까 금의 경우에 푸른색과 초록색 영역의 전자기파는 자유전자가 이 파장을 흡수하지 못해 금 원자 안쪽의 전자껍질로 들어가 흡수되는 것이지요. 구리의 경우는 금의 자유전자 속도보다 더 느립니다. 그러다 보니 노란색 파장까지 표면의 자유전자가 흡수되지 못하고 안쪽까지 통과되어 구리 안쪽의 전자에 의해 흡수됩니다. 결과적으로 금은 노란색과 붉은색 영역 일부를 반사하게 되는데, 붉은색 영역은 가시광선 영역 중에서 약한 빛이기 때문에 노란색이 두드러지게 보이는 겁니다. 상대적으로 노란색까지 사라진 구리는 반사된 붉은색이 두드러지게 보이는 겁니다. 우리는 여기에서 원자에는 색이 없다는 사실을 알 수 있습니다. 금속 표면의 광택은 자유전자가 만드는 것이므로 실제 원자 자체에는 광택이 없는 것은 물론이고, 색 또한 없다는 것이죠. 모든 광택 현상과 고유색깔을 나타내는 원인은 원자 결정에 의한 자유전자입니다.

우리는 금속이 전기와 열을 잘 전달한다는 사실도 알고 있습니다. 그 이유를 누군가가 묻는다면, 이 또한 전자 때문이라고 대답하면 거의 정답에 가깝습니다. 다시 한 번 강조하지만 화학은 전자의 이야기입니다. 조금 더 정확하게 말하자면 자유전자 때문이라고 할 수 있지요. 우리는 전류가 흐른다는 표현을 하곤 합니다. 금속을 가느다란 선 모양으로 만들어 전선으로 사용할 때 우리는 흐른다는 표현을 하지요. 이런 선을 가지고 회로를 만들 수 있습니다. 과학 교과서에 실린, 건전지에서 전구까지 전선을 따라 전자가 이동하는 그림을 보신 기억이 있나요? 사실 금속을 따라 흐르는 것은 전하이고, 전류는 전하의 흐름입니다. 그러니까 전류가 흐른다는 표현은 적합하지 않은 것이죠. 전하를 전자라고 혼동하는 경우가 있는데, 분명 다른 개념이지요. 전하는 양으로 표현이 가능합니다.

전자 한 개가 가진 전기의 양을 기본 전하량이라고 하지요. 전기가 전선을 따라 빠른 속도로 전달된다는 사실에 익숙하기 때문에 전선을 구성하는 금속에서 전자가 빠르게 이동한다고 오해를 합니다. 이런 생각을 해봅시다. 건전지와 꼬마 전구를 연결한 회로에서 전선은 구리와 같은 금속 원자들로 존재하고 자유전자가 있습니다. 물론 이 자유전자가 양극 쪽으로 이동하기 때문에 전하가 흐르는 것이죠. 하지만 스위치를 켜자마자 불이 켜지는 것처럼 이 자유전자가 빠른 속도로 전지에서 전구까지 움직이는 것은 아닙니다. 예를 들어 1제곱밀리미터의 단면적을 가진 구리선의 경우 1암페어의 전기가 흐를 때 실제 자유전자가 이동하는 속도는 초속 0.1밀리미터 정도입니다.

회로에 전기가 흐른다는 의미를 이해하기 위해서는 좀 더 상상력을 동원해야 합니다. 회로 안 도선의 금속 안에는 이미 자유전자가 가득 차 있습니다. 스위치를 켜면 전지의 전압으로 전자를 밀어 넣고 있는 것이지요. 이 광경은 마치 군중이 밀집한 장소에서 벌어지는 일과 같습니다. 사람을 전자로 보면 입구와 출구는 전극이지요. 그러니까 전류는 입구 쪽에서 사람들이 계속 유입이 되고 출구 쪽으로도 사람들이 계속 빠져나가는 것과 비슷합니다. 결국 자유전자 하나가 자유롭게 회로 전체를 돌아다니지 못하는 상황이라도 전기는 흐르는 겁니다.

전하의 흐름은 비금속에서도 가능합니다. 탄소 결정체인 다이아몬드는 이웃하는 탄소들이 전자를 모두 공유 결합하고 있기 때문에 전자가 원자 결정에 단단히 묶여 있는 셈이지요. 하지만 탄소 동소체인 흑연을 이룬 그래핀은 전기를 잘 전달합니다. 결합에 참여하지 않은 자유전자 한 개 때문이죠. 그래핀의 각 탄소 원자에 있는 자유전자가 판 전체에 퍼져 전자의 바다를 이루며 거대한 오비탈을 형성하고, 마치 그래핀 전체를 공유하는 것처럼 어디에나 존재하기 때문입니다.

금속이 열을 잘 전달하는 이유도 금속의 자유전자 때문입니다. 외부에서 금속에 열을 가하면 열에너지를 흡수한 자유전자와 금속 원자가 심하게 진동을 하게 됩니다. 이 진동은 주위의 자유전자와 금속 원자에 전달됩니다. 그래서 금속의 특정 부분에서 시작된 운동은 점점 주변으로 퍼지게 되는 거죠. 이것은 진동을 전달하는 원리여서 전기가 흐르는 것과 달리 느린 속도입니다. 자유전자가 없는 금속 이외의 물질에서 전기가 흐르지는 않지만 열은 전달하는 경우가 있습니다. 이때는 원자의 진동이 전달되는 겁니다. 물론 열전도율이 금속보다 훌륭하지 않은 이유도 자유전자가 없기 때문입니다. 하지만 비금속 중에도 원자끼리 아주 강하게 결합하고 정확한 배열을 이루고 있다면 이야기가 달라집니다. 한쪽 끝의 진동이 근처의 원자에 전달되어 확산해가는 게 아니라 원자 전체가 강하게 결합되어 있어서 물질 전체를 흔드는 효과가 있기 때문입니다. 바로 다이아몬드는 전기가 통하지 않지만 열전도율이 금속 못지않은 이유가 여기에 있습니다.

전기와 열을 모두 잘 전하는 금속 중에 가장 전도율이 높은 원소는 은(Ag)입니다. 그리고 구리(Cu), 금(Au), 알루미늄(Al) 순이지요. 은은 단위 부피당 자유전자의 밀도가 높기 때문에 전기와 열을 특히 잘 전할 수 있습니다. 전선은 대부분 구리로 만들지만 특수한 용도로 다른 금속을 사용합니다. 간혹 오디오 마니아들이 음질을 높이고 잡음을 줄이기 위해 은으로 만든 전선을 사용하지요. 그리고 우리가 알고 있는 반도체 칩 내부의 회로와 연결하는 선은 금으로 만듭니다. 반도체의 경우 전도성이 좋은 은이나 구리로 만들 것 같은데, 오히려 전도도가 더 낮은 금을 사용하는 이유는 무엇일까요?

은은 매우 가볍습니다. 반도체 소자 안에서 전류에 의해 은 원자들이 이탈하게 되는 경우가 있습니다. 이를 반도체에서는 전문용어로 회로의 끊어짐 현상Electro Migration이라 하는데, 전선에서 은 원자들이 자리를 계속 이탈하게 되면 전하가 흘러야 할 배선이 손상되거나 소자에 이상을 줄 수가 있습니다. 그래서 은과 구리의 합금을 사용하기도 하지만 부식되지 않기 때문에 금을 사용합니다. 그리고 알루미늄은 비용도 저렴하지만, 가장 큰 장점은 가볍기 때문에 지상에서 송전을 위한 고압선과 같은 전선으로 사용하기에 적합하다는 겁니다. 구리로 만든 고압선은 무게를 지탱하기 위한 송전탑을 더 많이 만들어야 하니까요.

앞서 텅스텐을 언급했습니다. 금속이 전기와 열을 전달하는 것은 알겠는데, 텅스텐은 저항에 의해 열도 발생하지만 빛도 나옵니다. 왜 이런 일이 생기는 걸까요? 전하의 흐름인 전류는 금속 이온들의 결정에 펼쳐진 전자의 바다가 출렁이는 것과 같습니다. 굳이 비유를 하자면 물이 가득한 호스의 한쪽 끝에 연결된 수도꼭지를 열었을 때 호스 반대편에서 물이 나오는 현상에 빗댈 수 있지요. 만약 금속 이온의 배열이 완벽하다면 이동하는 전자들이 금속 이온의 방해 없이도 빠르게 지나다닐 겁니다.

하지만 결정은 완벽하지 않고 금속 이온조차 진동 에너지를 지니고 있기 때문에 원자의 결정 배열에 어긋남이 생깁니다. 그리고 다른 원소가 불순물로 들어오면 그 진로를 방해할 수도 있습니다. 전자가 이런 이온의 진동과 불순물에 충돌하면 전자의 이동 방향이 바뀌고, 결국 전하의 흐름이 방해를 받게 됩니다. 저항이 생기게 되는 것이죠. 이런 것을 전자의 산란이라고 표현하는데, 전자가 산란되면 에너지를 잃게 되고 손실된 에너지는 금속의 온도를 높이게 됩니다. 전자가 작다고 이 온도를 무시할 수 없습니다. 모든 에너지는 빛과 열로 방출한다고 했지요. 열로 방출하다가 결국 물질이 빛을 낼 만큼 온도를 높이 올릴 수 있습니다. 바로 텅스텐이 금속이지만 금속 이온의 배열이 다른 금속에 비해 완벽하지 않기 때문에 저항이 많은 금속입니다. 물론 저항이 더 높은 금속이 있거나 만들 수도 있겠지요. 하지만 텅스텐을 필라멘트로 사용한 이유는 녹는점이 다른 어떤 금속 원소보다 높기 때문입니다. 이것은 전자의 산란으로 발생하는 열과 빛에도 금속 원자의 배열이 무너지지 않는다는 뜻입니다.

주기율표는 하나가 **아니다**

1417년 겨울 로마 교황청의 필사가인 포조 브라촐리니는 생계를 위해 신에게 봉사하는 몸이었지만, 그의 마음만은 다른 세계에 대한 꿈을 꾸고 있었습니다. 마치 돈이 신이 되어버린 지금의 자본주의 사회에서 다른 세상을 꿈꾸는 우리의 모습과 흡사합니다. 책 사냥꾼이었던 그는 독일의 어느 수도원에서 기원전 고대 로마의 시인 겸 철학자였던 루크레티우스Lucretius Carus의 책을 하나 찾아냅니다. 그 책의 이름이 바로 『사물의 본성에 관하여』입니다. 포조는 그 책을 필사했고, 친구들에게 보냅니다. 르네상스 시대는 이를 계기로 시작합니다. 세상에서 '신'에 대한 관념을 날려버리고 중세 암흑기는 막을 내린 것이죠.

이 책을 관통하는 맥락은 자연에 대한 과학적 통찰이었습니다. '모든 사물들은 쪼개질 수 없는 원자로 이루어져 있으며 계속해서 결합되고 또 해체되는 것을 반복한다. 그리고 원자들은 사라지지 않고 돌고 돌며 형태를 바꾼 모습으로 존재한다'라는 것입니다. 천년 동안 이 책은 인류로부터 격리되고 시간 속에 봉인되어 있었습니다. 포조가 발견하지 않았더라면 어쩌면 우리는 과학기술로 작동되는 현대 문명의 혜택을 누리지 못하는 시대에 살고 있었을지 모릅니다. 왜냐하면 이 필사본은 이후에 토머스 모어, 몽테뉴, 갈릴레오 갈릴레이, 베이컨, 홉스, 뉴턴, 심지어 미국의 토머스 제퍼슨에게까지 전해져 인문과 철학은 물론 근대 자연과학 발전의 토대가 됐기 때문입니다. 그리고 이 영향을 받은 사람들이 중세 이후 연금술사라는 이름으로 물질의 근원을 찾아 나섰습니다. 사실 과학자와 연금술사의 경계는 명확하지 않습니다. 중력의 법칙을 발견한 것으로 우리가 잘 알고 있는 아이작 뉴턴이나, 독일의 대표적인 작가인 괴테 또한 당시의 기준으로는 연금술사였으니까요. 원소의 발견 연도를 보면 과학사의 단절이 극명하게 드러납니다. 기원전 인류가 알고 있던 원소는 구리와 철, 납 그리고 금과 은, 수은과 주석 그리고 화장의 용도였던 안티모니 총 여덟 개였죠. 그리고 천년이 지나 1250년에 비소가 발견되고, 연금술사의 대표적 인물인 헤닝 브란트가 인을 발견한 시기가 1669년입니다. 이때부터 여러 과학자들에 의해 봇물 터지듯 원소가 발견됩니다.

그들의 노력이 바탕이 되어 지금 우리는 원소의 정체를 알게 되었고, 각 원소가 가진 자신만의 특별한 정보가 잘 배열된 주기율표를 볼 수 있습니다. 물론 지금의 표준 주기율표는 멘델레예프가 완성했던 그대로는 아니죠. 당시의 주기율표는 원소 60여 개가 전부였고 지금의 모습과도 다르지만, 그가 주장한 원소의 주기성은 지금의 주기율표를 뒷받침하기에 충분한 근거가 있었습니다. 사실 멘델레예프 이전부터 여러 과학자들이 원소들의 성질과 원자량 사이의 관계를 고민했었죠. 첫 시도는 독일 화학자 되베라이너Johann Wolfgang DÖbereiner입니다. 그는 1828년에 세 쌍의 원소가 화학적 성질이 비슷하다는 규칙을 발견합니다.

그가 찾아낸 세 쌍의 원소는 다섯 묶음입니다. 염소(Cl)·브로민(Br)·아이오딘(I), 리튬(Li)·소듐(Na)·포타슘(K), 칼슘(Ca)·스트론튬(Sr)·바륨(Ba), 인(P)·비소(As)·안티모니(Sb), 황(S)·셀레늄(Se)·텔루륨(Te)이지요. 그는 이 묶음이 각기 화학적 성질이 비슷하다는 사실

뿐만 아니라, 가운데 원소의 원자량이 양쪽의 두 원소 원자량의 평균과 같다는 물리적 성질 또한 발견합니다. 놀라운 것은 이 다섯 묶음이 지금의 주기율표 세로줄에 들어 있다는 것이죠.

사람들의 관심은 자연스럽게 성질뿐만 아니라 원자량으로 옮겨 갑니다. 어쩌면 화학적 성질의 측정 불확실성보다 물리적 측정의 정밀도가 그들을 안심시켰을 수도 있겠죠. 1863년 프랑스 지질학자인 샹쿠르투아는 원자량에 따른 원소의 성질을 정리하기 시작했지요. 그의 논문은 원통의 원주 방향으로 나선 모양을 만들고 그 위에 원소를 배치한 겁니다. 배치된 순서는 원자량에 따른 것이었고, 원통의 수직선상으로 성질이 유사한 원소들이 배치된다는 주장을 하게 됩니다. '땅의 나사'라는 개념의 주기율표가 등장한 것이지요.

1864년 독일 화학자 마이어는 당시까지 밝혀진 마흔아홉 개의 원소를 배열해 표를 만들었습니다. 전자가 음극선에 의해 발견된 게 1870년이고 1897년에 와서야 톰슨이 새로운 원자 모형을 발표했으니 사실 이 표에 표시된 특별한 번호는 이후 원자가 전자의 수와 일치하는 순열이었습니다. 이 표에 되베라이너의 세 쌍 원소가 들어 있었고, 1868년에는 네 개의 원소를 더해 쉰세 개의 원소로 자신의 표를 개선했지요. 물리적 성질은 원자량뿐만 아니라 원소 부피에 따른 주기성도 표시했습니다. 사실 그는 멘델레예프가 이듬해에 주기율표를 발표한 후에도 그의 주기율표를 개선해 멘델레예프의 그것과 유사하게 만들기도 했지요.

1864년은 주기율표가 쏟아진 해였습니다. 잘 알려져 있지 않지

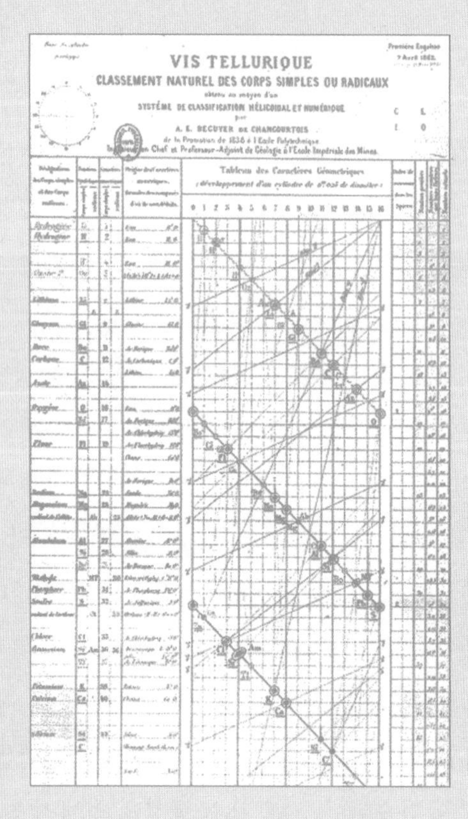

◀ 샹쿠르투아의 땅의 나사 주기율표(1863년)

▶ '옥타브 법칙'을 주장한 뉴랜즈의 주기율표(1864년)

No.	No.	No.	No.	No.	No.	No.	No.
H 1	F 8	Cl 15	Co & Ni 22	Br 29	Pd 36	I 42	Pt & Ir 50
Li 2	Na 9	K 16	Cu 23	Rb 30	Ag 37	Cs 44	Os 51
G 3	Mg 10	Ca 17	Zn 24	Sr 31	Cd 38	Ba & V 45	Hg 52
Bo 4	Al 11	Cr 19	Y 25	Ce & La 33	U 40	Ta 46	Tl 53
C 5	Si 12	Ti 18	In 26	Zr 32	Sn 39	W 47	Pb 54
N 6	P 13	Mn 20	As 27	Di & Mo 34	Sb 41	Nb 48	Bi 55
O 7	S 14	Fe 21	Se 28	Ro & Ru 35	Te 43	Au 49	Th 56

▶ 마이어의 주기율표(1868년)

MEYER'S TABLE OF 1868.

1	2	3	4	5	6	7	8
Cr=52.6	Mn=55.1 49.2 Ru=104.3 92.8=2.46.4 Pt=197.1	Al=27.3 [illegible]=14.8 Fe=56.0 48.9 Rh=103.4 92.8=2.46.4 Ir=197.1	Al=27.3 Co=58.7 47.8 Pd=106.0 93=2.465 Os=199.	Ni=58.7	Cu=63.5 44.4 Ag=107.9 88.8=2.44.4 Au=196.7	Zn=65.0 46.9 Cd=111.9 88.3=2.44.5 Hg=200.2	C=12.00 16.5 Si=28.5 [illegible]=44.5 [illegible]=44.5 Sn=117.6 89.4=2.41.7 Pb=207.0
9	**10**	**11**	**12**	**13**	**14**	**15**	
N=14.4 16.96 P=31.0 44.0 As=75.0 45.6 Sb=120.6 87.4=2.43.7 Bi=208.0	O=16.00 16.07 S=32.07 46.7 Se=78.8 49.5 Te=128.3	F=19.0 16.46 Cl=35.46 44.5 Br=79.9 46.8 I=126.8	Li=7.03 16.02 Na=23.05 16.08 K=39.13 46.3 Rb=85.4 47.6 Cs=133.0 71=2.35.5 Te=204.0	Be=9.3 14.7 Mg=24.0 16.0 Ca=40.0 47.6 Sr=87.6 49.5 Ba=137.1	Ti=48 42.0 Zr=90.0 47.6 Ta=137.6	Mo.=92.0 45.0 Vd=137.0 47.0 W=184.0	

만 영국 화학자 오들링도 쉰일곱 개의 원소를 원자량순으로 배열해 주기율표 경쟁에 합류했습니다. 이 중 독특한 법칙을 제안한 영국 화학자 뉴랜즈가 돋보였죠. 그는 같은 해 런던화학회에 논문을 발표했는데 그 논문 제목은 「옥타브 법칙The Law of Octaves」이었습니다. 원소들을 원자량순으로 배열하면 8이란 숫자를 주기로 비슷한 성질이 반복된다는 주장을 한 겁니다. 음악의 8도 음정에 비유해 옥타브라는 용어를 차용한 것인데, 샹쿠르투아와 마이어를 비롯해 뉴랜즈도 이와 비슷한 주기성을 확인했습니다. 하지만 당시 학계는 이런 관계성을 우연이라 여기고 그들의 주장을 무시하고 받아들이지 않았습니다. 뉴랜즈도 학회에 이 사실을 발표하고 난 뒤, 학회지에 논문이 실리지 않은 것에 더해 학회원들의 조롱을 받고 마음에 큰 상처를 입어 학문을 영원히 그만두게 될 정도였으니 당시의 상황을 짐작할 수 있습니다. 물론 그의 주장은 옳았습니다. 이후 영국학회는 뉴랜즈의 업적을 인정하고 메달을 수여하게 됩니다. 영국화학회가 이런 굴욕을 선택하게 된 계기는 바로 멘델레예프 때문이었습니다.

1869년에 러시아 화학자 멘델레예프는 러시아화학회에서 「원소의 성질과 원자량의 상관 관계」라는 제목의 논문을 발표합니다. 그 논문에는 표가 하나 등장하는데, 표의 제목은 '원소 체계의 개요'였죠. 러시아 학회지는 물론, 그가 유학 시절을 보낸 독일의 학술지에도 발표되며 유럽에 알려집니다. 물론 그것도 이전의 주기율표와 유사한 원자량순이었습니다. 이전의 그것과 어떤 차이가 있었던 걸까요? 그의 주기율표에는 발견된 원소만 정리했던 것은 아니었습니다. 당시까지 알려지지 않은 원소와 알려진 원소에서 원자량이 어긋났던 의문을 제시

ОПЫТЪ СИСТЕМЫ ЭЛЕМЕНТОВЪ.

ОСНОВАННОЙ НА ИХЪ АТОМНОМЪ ВѢСѢ И ХИМИЧЕСКОМЪ СХОДСТВѢ.

			Ti=50	Zr=90	?=180.
			V=51	Nb=94	Ta=182.
			Cr=52	Mo=96	W=186.
			Mn=55	Rh=104,4	Pt=197,4.
			Fe=56	Rn=104,4	Ir=198.
			Ni=Co=59	Pl=106,6	Os=199.
H=1			Cu=63,4	Ag=108	Hg=200.
	Be=9,4	Mg=24	Zn=65,2	Cd=112	
	B=11	Al=27,4	?=68	Ur=116	Au=197?
	C=12	Si=28	?=70	Sn=118	
	N=14	P=31	As=75	Sb=122	Bi=210?
	O=16	S=32	Se=79,4	Te=128?	
	F=19	Cl=35,5	Br=80	I=127	
Li=7	Na=23	K=39	Rb=85,4	Cs=133	Tl=204.
		Ca=40	Sr=87,6	Ba=137	Pb=207.
		?=45	Ce=92		
		?Er=56	La=94		
		?Yt=60	Di=95		
		?In=75,6	Th=118?		

Д. Менделѣевъ

▶ 맨델레예프가 처음 발표한
주기율표(1869년)

Reihen	Gruppe I. — R^2O	Gruppe II. — RO	Gruppe III. — R^2O^3	Gruppe IV. RH^4 RO^2	Gruppe V. RH^3 R^2O^5	Gruppe VI. RH^2 RO^3	Gruppe VII. RH R^2O^7	Gruppe VIII. — RO^4
1	H=1							
2	Li=7	Be=9,4	B=11	C=12	N=14	O=16	F=19	
3	Na=23	Mg=24	Al=27,3	Si=28	P=31	S=32	Cl=35,5	
4	K=39	Ca=40	—=44	Ti=48	V=51	Cr=52	Mn=55	Fe=56, Co=59, Ni=59, Cu=63.
5	(Cu=63)	Zn=65	—=68	—=72	As=75	Se=78	Br=80	
6	Rb=85	Sr=87	?Yt=88	Zr=90	Nb=94	Mo=96	—=100	Ru=104, Rh=104, Pd=106, Ag=108.
7	(Ag=108)	Cd=112	In=113	Sn=118	Sb=122	Te=125	J=127	
8	Cs=133	Ba=137	?Di=138	?Ce=140	—	—	—	— — — —
9	(—)	—	—	—	—	—	—	
10	—	—	?Er=178	?La=180	Ta=182	W=184	—	Os=195, Ir=197, Pt=198, Au=199.
11	(Au=199)	Hg=200	Tl=204	Pb=207	Bi=208	—	—	
12	—	—	—	Th=231	—	U=240	—	— — — —

▲ 멘델레예프가 보완한 주기율표(1871년)

했죠. 그가 만든 주기율표에 등장하는 물음표가 그의 주장을 대변했지요. 멘델레예프는 이후에도 주기율표를 개선해나갔습니다. 우리가 알고 있는 족의 개념은 멘델레예프에 의해 등장합니다. 그리고 존재할 것이라 예측한 원소도 포함했죠. 심지어 여기에는 우라늄보다 큰 원소인 초우라늄 원소도 등장합니다.

전에도 주기율표가 있었지만 그가 주기율표의 창시자로 대표성을 가지게 된 이유는 원소 위치의 정확성 때문입니다. 기존에 알려진 원자량의 어긋남을 재검토하고 원자량을 변경해 원소를 제 위치에 배치했죠. 이런 순서 뒤바꿈은 텔루륨을 제외하고 그의 주장이 모두 들어맞았습니다. 물론 원자량이 어긋남에도 이렇게 위치가 올바르게 들어맞은 원인이 중성자수가 다른 동위원소 때문이라는 것이고 그 사실이 나중에 밝혀졌지만, 원자의 구조와 원리도 밝혀지지 않은 시기에 원소들을 올바른 자리에 배치한 것은 우연이 아닌, 그의 엄청난 노력의 결과였습니다. 덕분에 뉴랜즈의 옥타브 주기성까지 인정받게 만들어 동료의 명예를 복구했으니까요.

이 주기율표로 멘델레예프가 이룬 또 다른 업적은, 존재하지만 아직 발견되지 않은 원소를 빈자리에 두고 원자량과 화학적 성질을 정확히 예측했다는 겁니다. 그가 예언한 원소들은 에카붕소, 에카알루미늄, 에카망가니즈, 에카규소 네 가지인데, 에카[eka]는 산스크리트어로 1이란 뜻입니다. 그러니까 같은 족의 다음 주기에 들어갈 원소를 표시한 거죠. 지금 붕소 아래에 에카붕소라는 위치를 잡은 것입니다. 이 예언은 들어맞았고 지금의 스칸듐(Sc), 갈륨(Ga), 테크네튬(Tc), 저마늄

(Ge)이 발견되며 그 자리를 차지했습니다. 물론 화학적 성질도 그의 예측에 들어맞았죠. 그는 원소들의 원자량과 성질을 정확하게 예측하여, 화학을 경험에만 기대는 것이 아닌 예측 가능한 학문으로 발전시킨 것입니다.

당시의 주기율표와 지금의 표준 주기율표는 다른 점이 많습니다. 대표적으로 비활성 기체인 18족의 흔적은 찾을 수도 없었지요. 당시에는 이 원소의 존재조차 알 수 없었을 겁니다. 비활성 기체는 사람들에게 그 존재를 드러내지 않았으니까요. 비활성 기체들은 30년간 꽁꽁 숨어 있다가, 1869년 영국의 천문학자인 노먼 로키어가 헬륨을 확인한 것을 시작으로 서서히 그 모습을 드러냅니다. 특히 1894년부터 1898년에 걸쳐 영국의 화학자 윌리엄 램지에 의해 무더기로 발견되면서 주기율표에 덧대어 0족으로 표기되기 시작했습니다.

20세기에 들어서며 원자 구조가 밝혀지고 물리학자 모즐리에 의해 원자량이 양성자와 관련이 있다는 것이 밝혀지며, 원자량에 갇혀 있던 원자 번호가 양성자수로 해석이 되고 당시에 원자 번호와 원자량이 맞지 않았던 몇몇 원소 쌍의 의문이 풀립니다. 지금처럼 1족에서 18족까지로 구성된 형태는 1923년 데밍이 발표해 지금까지 사용하는 것입니다. 당시의 주기율표에는 기존 주기율표 아래에 란타넘족이 위치합니다.

1945년 제2차 세계대전으로 핵이 연구되며 악티늄족 원소들이 발견되고 시보그가 이 악티늄족 원소를 란타넘족 아래에 둘 것을 제안

O	IA R_2O	IIA RO	IIIA R_2O_3	IVB RO_2	VB R_2O_5	VIB RO_3	VIIB R_2O_7				IB R_2O	IIB RO	IIIB R_2O_3	IVA RO_2	VA R_2O_5	VIA RO_3	VIIA R_2O_7
									1 H 1.008								
2 He 4.00	3 Li 6.94	4 Gl 9.1	5 B 10.9											6 C 12.005	7 N 14.008	8 O 16.000	9 F 19.0
10 Ne 20.2	11 Na 23.00	12 Mg 24.32	13 Al 27.0											14 Si 28.1	15 P 31.04	16 S 32.06	17 Cl 35.46
INERT GASES	LIGHT METALS						Transition Group Valence Variable					HEAVY METALS			NON-METALS		
18 A 39.9	19 K 39.10	20 Ca 40.07	21 Sc 45.1	22 Ti 48.1	23 V 51.0	24 Cr 52.0	25 Mn 54.93	26 Fe 55.84	27 Co 58.97	28 Ni 58.68	29 Cu 63.57	30 Zn 65.37	31 Ga 70.1	32 Ge 72.5	33 As 74.96	34 Se 79.2	35 Br 79.92
36 Kr 82.92	37 Rb 85.45	38 Sr 87.63	39 Yt 88.33	40 Zr 90.6	41 Cb 93.1	42 Mo 96.0	43 ? 99.±	44 Ru 101.7	45 Rh 102.9	46 Pd 106.7	47 Ag 107.88	48 Cd 112.40	49 In 114.8	50 Sn 118.7	51 Sb 120.2	52 Te 127.5	53 I 126.92
54 Xe 130.2	55 Cs 132.81	56 Ba 137.37	57-72 Rare Earths 139-179		73 Ta 181.5	74 W 184.0	75 ? 188±	76 Os 190.9	77 Ir 193.1	78 Pt 195.2	79 Au 197.2	80 Hg 200.6	81 Tl 204.0	82 Pb 207.20	83 Bi 209	84 Po 210	85 ? 219±
86 Nt 222.4	87 ? 225±	88 Ra 226.0	89 Ac 230	90 Th 232.15	91 Pa 234.2	92 U 238.2											

Arrows indicate directions of increasing basic properties. Sloping lines indicate the degree of relationship between Extreme Groups (A) and Intermediate Groups (B): greatest for Group IV, decreasing in both directions, and nearly disappearing with Groups I and VII.

The rare earth elements are:

57	58	59	60	61	62	63	64	65	66	67	68	69	70	71	72
La	Ce	Pr	Nd	?	Sa	Eu	Gd	Tb	Dy	Ho	Er	Tm	Yb	Lu	Ct

Valence Details:

+5

0

At. No.

10 20 30 40 50 60 70 80 90

▲ 데밍의 주기율표(1923년)

PERIODIC TABLE SHOWING HEAVY ELEMENTS AS MEMBERS OF AN ACTINIDE SERIES

Arrangement by Glenn T. Seaborg, 1945

1 H 1.008																1 H 1.008	2 He 4.003
3 Li 6.940	4 Be 9.02											5 B 10.82	6 C 12.010	7 N 14.008	8 O 16.000	9 F 19.00	10 Ne 20.183
11 Na 22.997	12 Mg 24.32	13 Al 26.97										13 Al 26.97	14 Si 28.06	15 P 30.98	16 S 32.06	17 Cl 35.457	18 A 39.944
19 K 39.096	20 Ca 40.08	21 Sc 45.10	22 Ti 47.90	23 V 50.95	24 Cr 52.01	25 Mn 54.93	26 Fe 55.85	27 Co 58.94	28 Ni 58.69	29 Cu 63.57	30 Zn 65.38	31 Ga 69.72	32 Ge 72.60	33 As 74.91	34 Se 78.96	35 Br 79.916	36 Kr 83.7
37 Rb 85.48	38 Sr 87.63	39 Y 88.92	40 Zr 91.22	41 Cb 92.91	42 Mo 95.95	43	44 Ru 101.7	45 Rh 102.91	46 Pd 106.7	47 Ag 107.880	48 Cd 112.41	49 In 114.76	50 Sn 118.70	51 Sb 121.76	52 Te 127.61	53 I 126.92	54 Xe 131.3
55 Cs 132.91	56 Ba 137.36	57 La / 58-71 SEE La SERIES	72 Hf 178.6	73 Ta 180.88	74 W 183.92	75 Re 186.31	76 Os 190.2	77 Ir 193.1	78 Pt 195.23	79 Au 197.2	80 Hg 200.61	81 Tl 204.39	82 Pb 207.21	83 Bi 209.00	84 Po	85	86 Rn 222
87	88 Ra	89 Ac / SEE Ac SERIES	90 Th	91 Pa	92 U	93 Np	94 Pu	95	96								

LANTHANIDE SERIES	57 La 138.92	58 Ce 140.13	59 Pr 140.92	60 Nd 144.27	61	62 Sm 150.43	63 Eu 152.0	64 Gd 156.9	65 Tb 159.2	66 Dy 162.46	67 Ho 163.5	68 Er 167.2	69 Tm 169.4	70 Yb 173.04	71 Lu 174.99
ACTINIDE SERIES	89 Ac	90 Th 232.12	91 Pa 231	92 U 238.07	93 Np 237	94 Pu	95	96							

▲ 악티늄족 원소들을 보완한 시보그의 주기율표(1945년)

했고 현재의 주기율표로 완성이 됩니다. 이후 빈자리가 입자 가속기에서 인공적으로 만들어진 원소로 채워지면서 118개를 모두 채우게 된 것이죠.

사실 주기율표는 지금까지 소개된 것 외에 수백 가지가 넘습니다. 우리가 현재 사용하고 있는 주기율표는 국제순수응용화학연맹International Union of Pure and Applied Chemistry, IUPAC에서 채택하고 대한화학회도 공식적으로 인정하고 있는 주기율표입니다. 연맹은 시보그가 제안한 주기율표를 지속적으로 보완해 발표를 하고 있습니다. 예를 들어 최근 배포된 수정본은 2018년 12월 1일 자로, IUPAC의 동위원소 함량 및 원자량 가중치위원회(CIAAW)에서 같은 해 6월에 배포한 수정사항이 포함되어 있습니다. 아르곤의 경우 보통의 지상 물질에서 원소의 원자량 변동이 일반적으로 발생하고, 이 변동을 표준 원자량의 하한과 상한을 정해 새롭게 제공한 거죠.

앞서 말씀드렸듯이 주기율표는 원소의 정보를 보고자 하는 시각에 따라 새롭게 구성할 수도 있습니다. 한 예로 1976년 저널에 발표된 주기율표는 흥미로운 정보를 알려줍니다. 지구의 대기를 포함한 지각에 존재하는 원소들이 얼마나 존재하는지를 알려줌과 함께, 화학적인 유사성을 적절하게 증명하고 있습니다. 이 정보는 동시에 우리 행성과 생명체가 우주의 별로부터 만들어졌다는 것을 간접적으로 알려줍니다. 요리를 하려면 재료가 풍부해야 가능하듯 지구라는 행성 표면에 풍부한 재료와 각 재료가 가진 특성이 묶이고 오랜 시간을 통해 우연과 필연이 겹치며 모든 것이 만들어졌을 테니까요.

별에서 와서 다시 별로 돌아가다

지금까지 인류는 118개의 원소를 알고 있습니다. 알고 있는 118개의 원소를 찾아보기 쉽게 표로 만들었지요. 하지만 모든 원소가 자연 상태에서 존재하는 것은 아닙니다. 1번 수소에서부터 92번 우라늄까지의 원소 중 반감기가 짧아 지구에서 사라지고 인공적으로 만들 수밖에 없는 43번 테크네튬(Tc)과 61번 프로메튬(Pm) 두 가지를 제외한 아흔개만 자연계에서 존재하고, 나머지 스물여덟 개의 원소는 인공적으로 만든 원소입니다. 하지만 이 구분은 발견 시점의 기준입니다. 인공 합성 원소 중에서도 43번과 61번, 그리고 93번부터 98번까지의 여덟 가지 원소는 발견된 이후에 천연 우라늄 광석에 미량으로 존재한다는 것을 알게 됐지요. 결과적으로 현재는 아흔여덟 개의 원소가 존재한다는 것이 확인된 것입니다.

이 모든 원소는 우리 태양계 근처에서 오래되고 거대한 별의 초신성 폭발로 만들어졌죠. 결국 지구는 이렇게, 어느 별의 죽음에서 시작한 겁니다. 그리고 지구에서 가장 진화된 생명체인 인간도 지구를 만들었던 것과 같은 재료로 만들어진 것이죠. 물론 가장 존엄하다고 생각하는 존재인 인간을 마치 공산품의 성분표처럼 재료 성분으로 따진다는 것이 달가울 리는 없겠지만, 이 또한 과학적 사실임을 부인할 수 없습니다. 우리 몸은 원자로 이루어진 것이니까요. 그렇다면 우리 몸은 어떤 원소로 만들어졌을까요?

우리 몸을 이루는 원소는 크게 금속 원소와 비금속 원소로 나뉩니다. 물론 대부분은 비금속 원소입니다. 사람의 체중은 제각각 다르지만 대략 체중의 94퍼센트는 산소(O)와 탄소(C) 그리고 수소(H)로 이루어집니다. 이 중 65퍼센트가 산소이지요. 몸무게가 60킬로그램인 사람이라면 대략 40킬로그램 가까이가 산소 원자의 무게인 셈입니다. 이 원소들은 당과 탄수화물 그리고 지방의 구성 원소이고 단백질의 주요 성분이기도 합니다. 인(P)과 질소(N)는 우리 몸을 이루는 또 다른 중요한 비금속 원소입니다. 질소는 단백질을 구성하는 아미노산의 핵심인 핵산의 성분이지요. 인과 함께 유전체인 DNA에 포함됩니다. 유전자를 보면 마치 사다리가 꼬여 있는 듯한 모습의 이중나선 구조를 볼 수 있는데, 그 토대가 바로 질소입니다.

인은 뼈와 치아를 튼튼하게 하는 역할을 합니다. 금속 원소 중에서 칼슘(Ca)은 인체에서 가장 풍부한 원소입니다. 무려 체중의 1.4퍼센트를 차지합니다. 비금속 원소인 인과 결합해 인산칼슘 형태로 뼈대를 이루고 있지요. 이렇게 인체는 118개의 원소 중 약 60종의 원소들로 구성되고, 이 중 지금까지 언급된 탄소와 수소, 산소, 질소, 인과 칼슘의 여섯 원소가 체중의 98.5퍼센트를 차지합니다. 나머지 1.5퍼센트를 약 50여 종이 넘는 원소가 차지하는 거죠. 하지만 적다고 무시할 수 없습니다. 제각기 필수적인 임무를 띠고 인체에 존재하는 거죠. 인체에는 철(Fe)이나 아연(Zn)과 같은 금속 원소들도 있습니다. 이런 특정 금속은 인체에 없어서는 안 될 원소입니다.

철은 성인의 몸속에 5그램 정도 들어 있고 주로 적혈구에서 산소를 운반하는 헤모글로빈 단백질의 중심에 있습니다. 인체에 금속 원소가 포함되어 있다는 것은 혈액을 태운 찌꺼기가 자석에 끌리는 것을 통해 알게 되었다는 일화가 있습니다. 체중의 0.85퍼센트는 포타슘(K), 황(S), 소듐(Na), 염소(Cl), 마그네슘(Mg)이고, 나머지 마흔아홉 개 원소들이 0.15퍼센트, 그러니까 약 10그램가량 있습니다. 마흔아홉 가지의 미량 원소 중에 열여덟 개는 그 기능이 밝혀졌거나 기능을 예측할 수 있지요. 수은(Hg)이나 비소(As), 코발트(Co) 혹은 플루오린(F) 등이 여기에 포함되는데, 모두 체내에 과하게 있으면 치명적인 원소입니다.

간혹 이들 원소가 인체에 필수적인 기능을 담당한다는 주장을 하는 연구자도 있지만 아직 증거는 발견되지 않았습니다. 나머지 서른한 가지 미량 원소들은 아직 그 역할이 밝혀지지 않았거나 극소량만 존재합니다. 금(Au)이나 세슘(Cs), 우라늄(U) 등입니다. 아마도 음식물과 피부 혹은 호흡으로 유입돼 잔류한 물질일지도 모르겠습니다. 이렇게 118개의 원소 중에 인체에서 발견된 예순 개의 원소는 인체에서 중요한 기능을 한다고 알려졌거나 혹은 인체에서 아무런 기능이 없거나 어떤 기능을 할지 모른다는 것들입니다. 118개 중 나머지 쉰여덟 개 개의 원소는 인체에 존재하지 않습니다.

여기서 주목할 점은 인체에 원래부터 없어야 할 것이나 아무런 기능이 없는 것들이 과도하게 몸 안에 쌓이는 경우입니다. 이런 원소가 인체로 과도하게 들어오면 자체적으로 배출하기는 하지만, 여러 가지 이유로 몸에 축적이 되기도 합니다. 대표적으로 납(Pb)이 있습니다. 납은 인체에 없는 쉰여덟 개의 원소 중 하나인 중금속입니다. 납이 몸 안에 들어오면 뼈 안에 축적되어 있다가 서서히 혈액으로 녹아 나오며 각종 질병이 발생하고 사망에 이르게까지 합니다. 혈관을 굳게 하고 근육을 경직시키죠. 당연히 혈액 순환이 원활할 수 없습니다. 혈색이 없는 하얀 얼굴이 젊음의 상징이던 시절이 있었죠. 과거에는 피부의 미백효과 때문에 납을 미용재료로 사용했습니다. 인체에 아무런 기능이 없는 원소를 강제로 들어오게 하면 당연히 문제가 생깁니다. 또 다른 원소를 볼까요?

수은과 카드뮴(Cd)은 인체에서 발견되지만 납과 마찬가지로 기능이 없는 원소 중 하나입니다. 미나마타병과 이타이이타이병은 수은과 카드뮴 중독에 의해 발생되는 대표적 질병입니다. 수은과 카드뮴은 인체 내 기능이 없다고 했습니다. 그런데 인체에 존재하고 있습니다. 이 말은 다른 의미로 어떤 경로든 인체 내부로 들어와 배출되지 않고 남아서 발견된다는 뜻이기도 합니다. 보통은 이런 경우 인체는 독으로 판단하고 배출하는 것이 일반적입니다.

아연은 우주와 지구 지각에도 비교적 많이 존재합니다. 그러니 생명체에도 꽤 많이 존재하지요. 상대적으로 카드뮴과 수은은 양이 적습니다. 인류는 진화하며 같은 성질을 가진 12족 원소 중 풍부하게 존재하는 아연이라는 금속 원소를 선택하고 적극적으로 섭취했습니다. 아연은 각종 효소를 활성화시키는 원소로 사용합니다. 반면에 양이 적은 카드뮴과 수은은 필요가 없으니 독이 된 겁니다. 세 원소의 원자 모양을 보면 가장 바깥껍질이 닮았습니다. 바깥껍질의 상태는 반응과 관련이 많습니다. 결국 화학적인 성질도 많이 닮은 겁니다. 인체에 해가 되는 원소라도 배출되면 문제가 없다고 했지요. 필요 없는 것들이 몸에 남아 있어서 축적이 되어 양이 많아지면 독성 물질이 되는 겁니다. 그런데 수은이 몸에 들어오면 배출이 잘 되지 않습니다.

수은은 왜 배출이 잘 되지 않을까요? 바로 아연과 화학적 성질이 닮았기 때문이지요. 결국 수은은 아연이 활동하는 경로를 따라갑니다. 우리 몸은 생명체이고 기계나 컴퓨터처럼 정확하게 동작하지 않습니다. 간혹 실수도 하고 착각하기도 합니다. 간혹 엉성해 보이기까지 할 정도입니다. 산업 활동에서 생성된 환경호르몬 분자는 분명 우리 몸의 호르몬과 분자 구조가 다르지만 비슷한 모양을 하고 있습니다. 그래서 이런 분자를 호르몬으로 착각하고 생명 활동에 사용하다가 문제를 일으키는 겁니다. 인체는 아연으로 착각하고 카드뮴과 수은까지도 축적합니다. 해양 생물 중 최종 포식자인 참치와 같은 어류에는 수은이 다량으로 축적되어 있습니다. 우리 몸에 아연이 부족하면 여러 가지 증상도 발생하겠지만, 음식을 통해 수은을 잘 흡수하는 몸 상태가 되기도 합니다. 이렇게 원소의 주기율표를 활용하면 우리 몸의 메커니즘을 예측하고 위험을 예방할 수도 있습니다.

이처럼 원소 하나하나를 알아가는 것도 중요하지만, 가장 중요한 것은 모든 원소가 별에서 왔듯이 우리의 몸도 별에서 만들어진 원소로 구성돼 있다는 것입니다. 우리가 살아 있는 동안에도 몸 안의 원자는 수없이 다른 원자로 교체됩니다. 그리고 우리가 죽으면 미생물에 의해 다시 원자로 분해되고, 그중 일부는 다시 우주로 가서 또 다른 별이 될 것입니다. 고대 로마 시인이자 철학자인 루크레티우스의 책에는 이런 내용이 있었습니다. 모든 사물들은 쪼개질 수 없는 원자로 이루어져 있으며 계속해서 결합하고 또 해체되며 재결합하고 재해체된다는 겁니다. 그리고 가득한 원자들은 돌고 돈다는 것입니다. 결국 수천 년을 지나 인류가 알아낸 해답은 이미 그 전에 살았던 인류가 알고 있던 사실과 그리 다르지 않습니다. 다만 가정과 가설 단계에 머물렀던 것이 부인할 수 없는 사실로 증명된 거죠. 그런데 수천 년 전에 살았던 그들은 미래의 후손이 또 다른 원자를 만들어낼 것까지도 알고 있었을까요?

원소는 118개가 끝일까

118개를 채운 마지막 원소는 113, 115, 117, 118번 원소입니다. 2015년 말에 정식으로 인정되며 주기율표의 마지막 7주기까지 가득 채우게 됩니다. 그럼 8주기 원소는 없을까요? 앞서 인공적으로 만든 원소도 자연에서 여덟 개나 발견됐다고 했으니 118개 이후의 미지의 원소가 자연에서 발견될 확률이 있지 않을까요? 불행인지 다행인지 자연에서 발견된 인공 합성 원소의 마지막 원자 번호는 98번이었습니다. 양성자수로 100개를 넘지 못했죠. 만약에 98번 이상의 원소가 자연에 존재하더라도 그 원소는 우리가 찾아내기도 전에 숨어버릴 겁니다. 그만큼 불안정해 바로 붕괴해버릴 테니까요.

굳이 다행이라고 표현한 이유는 118번 이후의 원소가 발견되면 8주기로 넘어가며 현재의 주기율표가 모양과 규칙을 달리하기 때문입니다. 란타넘과 악티늄이 있던 위치를 벌려 더 아래 주기에 배치될 겁니다. 이론적으로 계산만 해보더라도 주기율표는 더 복잡해지며 지금까지의 규칙을 벗어나게 됩니다. 8주기가 있는 주기율표를 예측하면 이렇습니다. 3족 8주기를 채우던 138번의 다음에 141번이 등장합니다. 사라진 139번과 140번은 한참을 건너뛰어 13족에 나타나게 됩니다. 13족에 원래 있어야 할 165번부터 168번 자리를 뺏고 그 자리를 차지하는 거죠. 그리고 자리를 뺏긴 네 개의 원소는 엉뚱하게 9주기로 쫓겨납니다.

이렇게 원자 번호 순서가 무시되며 주기율표는 뒤죽박죽이 됩니다. 물론 이론적 계산일뿐이지만 원자 번호가 커지면서 전자의 부껍질의 수가 많아지고 전자 부껍질에 들어가는 전자의 순번이 복잡해지기 때문입니다. 원자 번호 118번 이후의 원소들은 아직 발견되지 않았지만, 그렇다고 자연에 존재하지 않는다거나 인공적으로 합성될 가능성이 없다고 증명되지도 않았습니다. 이미 이름이 정해진 우누넨늄이라는 119번 원소 발견에 대한 연구를 한창 진행하고 있습니다.

그러나 과학자들은 이런 초중원소, 특히 원자 번호 100번인 페르뮴보다 무거운 초페르뮴 원소는 기본적으로 자연계에 존재하지 않는다고 생각합니다. 설사 존재하더라도 원자핵이 커질수록 매우 불안정해 1마이크로초(μs)도 지나지 않아 원자핵이 붕괴해 다른 원소로 변한다는 거지요. 사실 원자 번호 몇 번까지 존재할 수 있는지 확실하지 않다는 게 적절해 보입니다. 존재를 부정하는 것이 아니라, 존재의 부정을 확신할 수 없으니 존재할 가능성도 동시에 인정하는 겁니다. 결국 인공적으로 합성할 수밖에 없다는 결론에 다다른 과학자들은 경쟁적으로 새로운 인공원소를 만들기 시작합니다. 한때 과학자들이 116번과 118번의 초중원소를 발견했다고 연구 결과를 조작했던 사건이 있었습니다. 당시 핵물리학계에 커다란 충격을 가져다주었죠. 왜 과학자들은 실험 결과를 조작하면서까지 이런 초중원소를 만들려고 할까요?

이 물음에 대한 대답은 바로 '안정한 섬island of stability'을 찾기 위함이라 할 수 있습니다. 안정한 섬이 뭘까요? 모든 원소들은 주기율표의 지리적 위치에 따라 예상되는 화학적 성질을 지닙니다. 그래서 이러한 경향이 초우라늄 원소들에서도 나타나는지, 그리고 어느 원소까지 유지될 것인지를 알고 싶어 합니다. 주기율표 18족에 있는 원소는 비활성 원소들로 다른 원소들과 결합하지 않고 안정된 상태를 유지합니다. 이들 원소의 바깥껍질이 전자로 모두 채워져 있기 때문이지요. 이 책에서 자세히 다루지 않았지만 입자물리학에서 전자의 경우와 비슷하게 양성자나 중성자도 어떤 조건에서 안정된 핵을 이룬다는 것을 알고 있습니다.

안정된 핵을 형성하는 조건의 수는 2, 8, 20, 28, 50, 82, 126, 184입니다. 이 수를 만족하는 원자핵과 전자껍질의 궁합이 안정하기 때문에 이 숫자와 일치하는 양성자수 또는 중성자수를 마법수magic number라고 합니다. 원자 번호인 양성자수(Z)와 중성자수(N)가 둘 다 이 마법수를 가지는 동위원소들은 비교적 자연계에 안정한 상태로 존재한다는 것이지요. 예를 들어 헬륨-4(Z=2, N=2), 산소-16(Z=8, N=8), 칼슘-48(Z=20, N=28) 그리고 납-208(Z=82, N=126)이 바로 '이중 마법수'를 갖는 동위원소의 예입니다. 이 동위원소가 모여 있는 장소를 안

정한 섬이라 부르는 거지요. 만약 인공적으로 마법수를 갖는 동위원소를 만든다면, 안정하기 때문에 원소의 화학적 성질을 자세히 관찰할 수 있습니다. 안정하다는 의미는 그만큼 수명이 길다는 의미이니까요. 1초도 지나지 않아 변해버리는 원소에서 화학적 성질을 관찰하기는 불가능에 가깝기 때문입니다. 그러니까 118번 이후에 등장할 126번 원소는 비교적 수명이 길 가능성이 있다고 판단한 겁니다.

만약 126번 원소를 합성할 수 있다면 수수께끼 속에 묻혀 있던 초중원소의 성질을 알게 될 수도 있으니까요. 하지만 이 원소에 이르기는 쉽지 않아 보입니다. 원자 번호가 126보다 작은 두 원소의 핵반응으로 생성되는 이 초중원소는 핵분열과 알파 붕괴의 두 과정을 거칩니다. 그런데 이론적으로는 원자 번호가 125번 이상인 인공원소는 순간적으로 핵분열하기 때문에 만들기 어렵다고 예측되고 있습니다. 그럼에도 불구하고 핵물리학자들은 이론적으로 예측된 안정한 섬에 존재할 수 있는 양성자 126개, 중성자 184개를 가진 원소를 확인하고자 노력하고 있는 겁니다.

그렇다면 안정한 섬을 떠나 원소의 원자 번호 상한선은 존재할까요? 양성자가 많이지면 원자핵 근처에 있는 전자들이 인력에 의해 핵과 충돌하지 않기 위해 광속에 가깝게 운동하며 상대성 이론에 의해 질량이 증가합니다. 즉, 안정적 궤도를 갖지 못하는 불안정한 궤도를 갖는데 그 한계가 양성자 137개였죠. 상대성 이론을 적용하지 않았던 보어 모형조차 원자 번호가 137보다 큰 원자에서는 첫 번째 부껍질인 1s 오비탈의 전자 속도가 빛의 속도보다 커지기 때문에 137을 존재할 수 있는 원자 번호의 상한선으로 보았습니다. 그리고 상대성 이론을 반영한 디랙Dirac도 1s오비탈이 음수 또는 허수가 되며 불안정해진다고 해서 137을 원자 번호의 상한으로 예측했죠. 이론물리학자 파인먼Richard Feymman은 여러 해석을 근거로 137이 중성 원자로 존재할 수 있는 원소의 원자 번호 상한이 될 것이라고 확신했고, 마치 멘델레예프가 발견하지 않은 미지의 원소에 이름을 붙인 것처럼 137번 원소를 파인마늄feymmanium(Fy)이라고 정했습니다. 이후 몇몇 학자들도 존재 가능한 원소의 원자 번호 상한을 예측하고 내놓고 있지만, 아직은 그 상한선인 양성자수가 존재할지, 혹은 그 존재로 인해 발생할 양전자의 생성과 전자의 소멸 등에 관한 이론 등이 몹시 분분합니다. 이렇게 새로운 원소를 합성하려는 과학자들의 노력은 멈추지 않을 것입니다.

방사광 가속기는 선형 가속기에서 전자를 빛의 속도에 가깝게 가속시켜 저장 링에 입사시킨 다음, 이극자석 등을 활용해 전자를 휘게 해서 방사광을 발생시키는 일종의 빛 공장입니다. 이 빛은 물질을 분석하는 데 필수적입니다. 예를 들어 방사광 가속기에서 나오는 극자외선을 이용하면 최근 수출 규제 품목에 있는 반도체 제조와 관련한 필수 소재를 평가할 수 있습니다. 방사광 가속기는 과학뿐만 아니라 과학기술 기반의 산업에서도 분석을 위한 빛 생산에 필수적이란 겁니다. 또 다른 가속기는 전자를 가속하는 게 아니라 더 무거운 원자 단위의 이온도 가속할 수 있습니다. 중이온 입자 가속기는 양성자나 헬륨보다 원자 번호가 큰 원소에서 전자를 떼어내 양이온 상태로 만들어 가속하는 장치입니다. 무거운 원소를 결합해야 안정한 섬에 도달할 확률이 있으니까요.

지금까지의 초우라늄 원소의 발견의 성과는 미국 로렌스버클리 그룹, 로렌스리버모어 그룹, 독일 GSI 그룹, 러시아의 두브나 그룹이 주도한 결과입니다. 그리고 일본도 중원소 그룹을 결성해 이 연구에 참여하고 있습니다. 최근 중국도 참여하고 있지요. 그 증거이자 기반은 공통적으로 중이온 입자 가속기의 유무입니다. 가까운 일본은 입자 가속기를 아홉 기나 보유하고 있고 10호기를 건설하는 중입니다. 그리고 중국도 이미 세 개의 장치를 보유하고 있지요. 현재 한국에는 아쉽게도 한 개의 방사광 가속기가 있을 뿐입니다. 그리고 중이온 입자 가속기는 2021년에 완공될 예정입니다. 그리고 새로운 방사광 가속기 건설을 계획하고 있지요. 가속기의 종류가 다르지만 이제 두 번째 가속기를 짓고 있는 겁니다. 다소 늦었지만 국내에 중이온 가속기를 보유하게 되고 초중량 원소에 대한 연구 성과가 나타난다면 언젠가 우리나라의 이름을 주기율표에 채우는 날도 올 수 있겠지요. 그 이름은 코리움koryium이 될 겁니다.

사실 새로운 원소의 발견이 어떤 의미로 인류에게 다가올지는 누구도 알 수 없습니다. 찰나의 시간에만 존재하는 원소가 인류의 미래에 어떤 큰 영향을 줄지도 알 수 없고 이런 연구가 단지 국가적 경쟁이나 과학자의 호기심을 충족하기 위한 모습일 수도 있겠지요. 하지만 지금까지 인류의 여정이 그러했습니다. 인류는 사물의 본성을 알기 위해 끊임없이 미지를 탐구했고 결국 우리의 과거를 알게 했고 현재를 규정한 겁니다. 우리가 확신할 수 있는 것은 새로운 물질이 우리가 미처 알지 못한 미래로 우리를 인도할 이정표가 될 수도 있다는 것입니다.

추

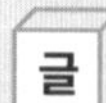

헤아릴 수 없이 많은 세상의 물질들을 구성하는 단 100여 개 남짓한 원소들, 그리고 새롭게 발견되는 또 다른 원소들의 존재까지, 원소에 대한 이야기는 흥미롭고 매력 있지만 그만큼 다루기 어렵다. 기존의 많은 책이 원소를 백과사전식으로 나열하거나, 발견의 역사 혹은 감춰진 비화들을 바탕으로 옴니버스식 흥미 본위 서술로 구성되어왔던 것에 반해, 『주기율표를 읽는 시간』은 원소에 대한 이야기를 장치 삼아 과학의 다양한 분야에 접근하는 입문 안내서이다.

원소의 시작을 이해하기 위해 별들을 바라보며 시작하는 『주기율표를 읽는 시간』은, 인류 역사 수천 년의 시간 속에서 원소와 물질 발견의 지난한 과정을 함께 거쳐 다시금 별들을 바라보며 인류의 무한한 가능성을 이야기한다. 막연히 어렵게만 느껴질 수 있는, 화학·환경·공학·에너지를 비롯한 과학 분야 속에서 어떠한 원소가 각기 적용되고 있는지를 일상과의 교집합을 바탕으로 자연스럽게 녹여내는 책의 흐름은, 화학을 공부하고 가르쳐온 나 역시도 감쪽같이 빠져들게 만들었다.

과학기술의 과거와 미래를 잇는 이정표이자 지도인 주기율표를 통해, 가장 기본적인 원소/원자 단계로부터 현대 융합과학 분야까지 유기적으로 자아내고 있기에, 『주기율표를 읽는 시간』은 어떤 독자에게든 부담 없이 다가와 많은 지식과 생각할 여지를 남겨준다. 덧붙여 시각화된 양질의 자료 위주로 구성된 2부는, 1부를 읽으며 생기는 궁금증을 실시간으로 해소할 수 있는 훌륭한 참고서이기도 하다. 2020년대를 여는 과학책으로 주저 없이 추천한다.

「원소가 뭐길래」, 「원소 쫌 아는 10대」의 저자 **광운대 화학과 교수 장홍제**

신비한 원소 사전

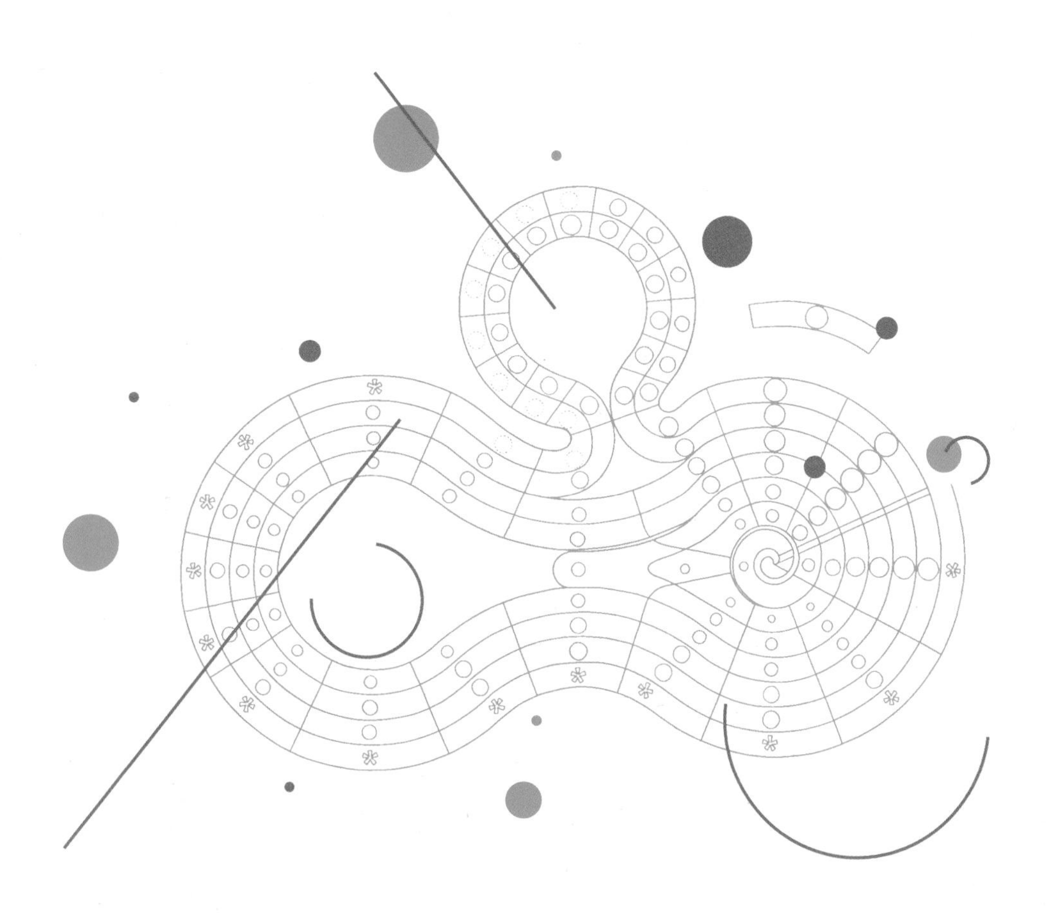

동아시아

범례

원자량

질량수 12의 탄소 원자 ^{12}C의 질량을 12.00으로 정하여, 이를 기준으로 각 원자의 상대적인 질량을 나타낸 것이다.

원자 번호

원소를 구별하는 기준으로, 원자핵 속에 있는 양성자의 수와 같다.

Al | 26.9815 g/mol
13
aluminium | 알루미늄 | 전이후금속

원소 기호

원소의 이름(영어)

원소의 이름(한국어)

원소의 분류

이 책에서는 비금속·전이금속·비활성 기체·전이후금속·알칼리 금속·알칼리 토금속·준금속·란타넘족·악티늄족·성질 미상의 열 가지로 분류하였다.

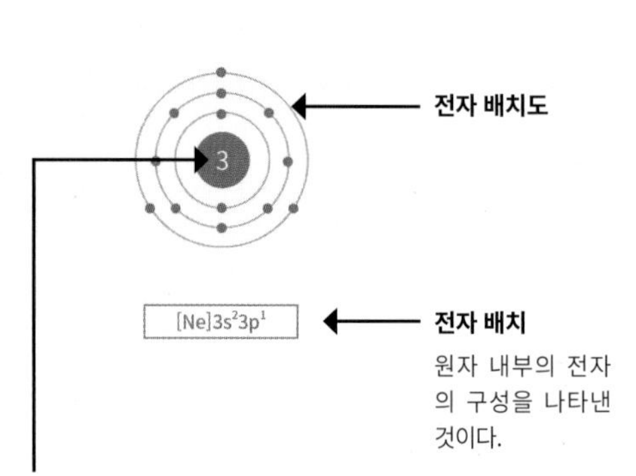

전자 배치도

전자 배치

원자 내부의 전자의 구성을 나타낸 것이다.

원자가전자

원자의 가장 바깥껍질에 존재하면서, 화학 반응에 참여하는 전자. 최외각전자쌍반발이론(VSEPR)을 통해 수가 정해지고, 전형원소의 결합방식을 예측할 수 있다. d오비탈과 f오비탈을 사용하는 전이금속과 란타넘족, 악티늄족의 경우 이 이론에 크게 영향을 받지 않으므로 원자가전자의 수에 큰 의미가 없다. 따라서 이 구간의 원자가전자는 원자의 바닥상태 전자배치에서 최외각전자를 기준으로 최댓값을 기재했다.

cf. Electronegativity Seen as the Ground-State Average Valence Electron Binding Energy (2018 JACS)

2부 본문 내의 이미지는 Shutterstock.com의 라이선스 하에 사용되었습니다.

Periodic Table

1	2	3	4	5	6	7	8	9	10	11	12	13	14	15	16	17	18
1 H																	2 He
3 Li	4 Be											5 B	6 C	7 N	8 O	9 F	10 Ne
11 Na	12 Mg											13 Al	14 Si	15 P	16 S	17 Cl	18 Ar
19 K	20 Ca	21 Sc	22 Ti	23 V	24 Cr	25 Mn	26 Fe	27 Co	28 Ni	29 Cu	30 Zn	31 Ga	32 Ge	33 As	34 Se	35 Br	36 Kr
37 Rb	38 Sr	39 Y	40 Zr	41 Nb	42 Mo	43 Tc	44 Ru	45 Rh	46 Pd	47 Ag	48 Cd	49 In	50 Sn	51 Sb	52 Te	53 I	54 Xe
55 Cs	56 Ba	57 La	72 Hf	73 Ta	74 W	75 Re	76 Os	77 Ir	78 Pt	79 Au	80 Hg	81 Tl	82 Pb	83 Bi	84 Po	85 At	86 Rn
87 Fr	88 Ra	89 Ac	104 Rf	105 Db	106 Sg	107 Bh	108 Hs	109 Mt	110 Ds	111 Rg	112 Cn	113 Nh	114 Fl	115 Mc	116 Lv	117 Ts	118 Og

58 Ce	59 Pr	60 Nd	61 Pm	62 Sm	63 Eu	64 Gd	65 Tb	66 Dy	67 Ho	68 Er	69 Tm	70 Yb	71 Lu
90 Th	91 Pa	92 U	93 Np	94 Pu	95 Am	96 Cm	97 Bk	98 Cf	99 Es	100 Fm	101 Md	102 No	103 Lr

비금속 | 전이 금속 | 비활성 기체 | 전이후 금속 | 알칼리 금속 | 알칼리 토금속 | 준금속 | 란타넘족 | 악티늄족 | 성질 미상

H

hydrogen

1.00794 g/mol

1

수소 | 비금속

$1s^1$

최고라는 의미의 수식어가 가장 많이 붙는 원소가 바로 수소이다. 우주에 존재하는 모든 물질의 75%, 원자의 수로 보면 90%가 수소이다. 나머지는 대부분 헬륨이고, 만물을 구성하는 다른 원소의 비율은 각 1%도 되지 않는다. 태양은 대부분 수소와 헬륨이다. 수소 원자는 양성자와 중성자로 이뤄진 핵과 주위의 전자로 구성돼 있지만, 중성자와 전자를 버리고 양성자 혼자 존재하는 경우가 많다. 그래서 가장 가볍다. 가볍다고 다루기 쉬울까? 아니, 가벼운 만큼 빠르다. 중력의 영향도 덜 받는다. 수소가 이동하는 속도는 대기에서 총알 속도의 두 배나 된다. 게다가 수소는 밀폐된 공간에 4%만 넘게 존재해도 산소와 폭발적으로 결합해서 가둬놓기도 어렵다. 최근 발생한 수소 저장 탱크 폭발 사건은 그 사실을 말해준다. 수소는 대부분 물질에 갇혀 있다. 수소를 친환경 에너지로 사용하려고 해도, 물질에 갇힌 수소를 꺼내기 위해 화석 에너지를 동원해야 하는 난점이 있다. 수소 경제가 완전한 친환경이라고 하기는 어렵다.

WATER

1766년 캐번디시Henry Cavendish가 수소가 산소와 반응하며 물이 생성되는 것을 발견한다. 그 전까지는 물이 원소라고 알고 있었다. 결국 물은 화합물이고, 그 성분 중 하나인 수소가 원소라는 것을 알아내 수소 발견자가 되었다. 이름을 붙인 것은 라부아지에로, 1793년에 그리스어로 '물이 생긴다'라는 의미의 'Hydrogen'이라는 이름을 제안했다.

ECO

수소 가스를 연소해 얻어지는 에너지는 다른 어떠한 연료보다 월등하게 크다. 게다가 연소 시 온실가스가 발생하지 않기에 친환경 에너지로서 부각되고 있다. 문제는 수소가 자연 상태에서 기체보다 다른 물질에 화합물로 더 많이 존재한다는 것이다. 현재로서는 수소를 추출하는 데 드는 에너지가 방출되는 에너지보다 크다. 현재 수소는 다른 산업 활동의 부산물로 얻는다.

RADIOACTIVE DECAY

1914년 러더퍼드는 수소 원자핵이 입자 중에서 가장 작은 알갱이라는 것을 밝혔다. 질소 기체에 알파 입자인 헬륨핵을 충돌시켰을 때, 질소 원자핵이 깨지면서 수소 원자핵이 나왔다. 이를 통해 인류는, 모든 원자의 원자핵 속에 수소 원자핵인 양성자가 들어 있다는 사실을 알게 됐다.

EXPLODE

처음의 발견도 폭발에 기인했을 만큼, 수소는 태생적으로 폭발성이라는 위험성을 안고 있다. 공기 중에서 4~74%를 차지할 때, 가벼운 외부 자극에도 산소와 반응해 폭발한다. 1937년에 비행선 힌덴부르크호가 수소 가스의 폭발로 전소하고 만 사건이 유명하다. 흥미로운 건 수소만 있는 경우에 폭발성은 현저히 낮아진다는 사실이다.

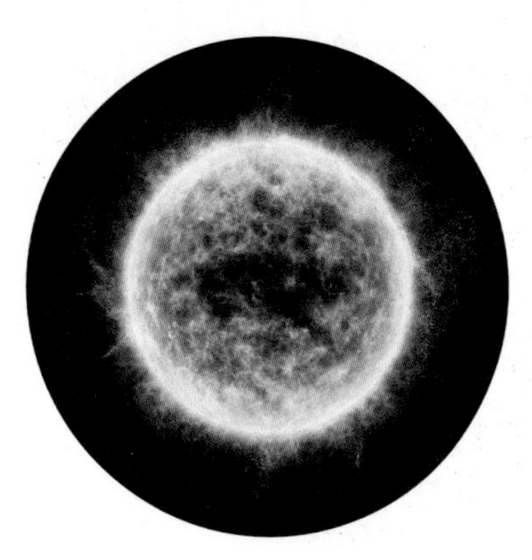

FUSION

자연에서 세 가지 동위원소로 존재한다. 태양을 포함하여 대부분의 항성에서 일어나는 핵융합반응이 바로, 수소원자를 동위원소인 중수소Deuterium 또는 삼중수소Tritium로 융합하고, 이들을 헬륨 원자로 융합시키는 연속적인 핵융합반응이다.

He | 2

helium

4.002602 g/mol

헬륨 | 비활성 기체

1s²

헬륨을 마시면 일시적으로 목소리가 변한다. 목소리는 폐에서 나온 공기가 성대와 발성통로를 지나면서 나는 소리이다. 그런데 이 소리는 입 안에서 또 한 번 공명한다. 입 안에서 울리는 소리의 속도는 공기 밀도에 따라 다르다. 공기의 밀도는 일반적으로 약 1.3kg/m³인데, 이때 이 공기를 통과하는 소리의 속도는 0℃에서 331m/s이다. 그래서 일반적 상온에서 소리의 속도는 334m/s이다. 그런데 헬륨은 가볍다. 헬륨의 밀도는 약 0.18kg/m³으로 입 안의 공기보다 훨씬 낮다. 헬륨을 통과하는 소리의 속도는 일반 음속의 세 배 정도인 891m/s이다. 그래서 입 안에 헬륨이 있는 상태에서 말했을 때 성대를 거친 소리의 진동수는 보통 공기의 경우보다 약 2.7배 정도 커지고, 이때의 목소리는 평상시보다 진동수가 높아져 우스꽝스러운 소리가 난다. 무거운 크립톤을 마시면 반대 현상이 발생한다.

ECLIPSE

헬륨을 발견한 건 화학자가 아니라 천문학자이다. 무려 지구가 아닌 우주에서 발견된 원소이다. 영국의 천문학자인 노먼 로키어J. N. Lockyer는 1868년 인도에서 개기일식 때의 태양 스펙트럼을 분석해 밝은 노란색 선을 발견했고 새로운 원소임을 확인했다. 이 원소가 태양에 존재한다고 해서 그리스어로 태양을 뜻하는 Helios에서 이름을 따와 헬륨이라고 지었다.

LOW TEMPERATURE

헬륨의 끓는점은 -269°C이다. 절대온도로 환산하면 4K이다. 그래서 액화된 헬륨은 강력한 냉매로 MRI, NMR, 입자 가속기 등에 쓰인다. 기체 상태의 헬륨은 보다 일반적인 곳에 사용한다. 가볍고 폭발성이 없어 풍선이나 비행선을 띄우는 기체로 사용하고, 비활성 특성을 이용해 산업에서 공정 환경을 채우는 용도로 쓰기도 한다.

lithium

6.941 g/mol

3

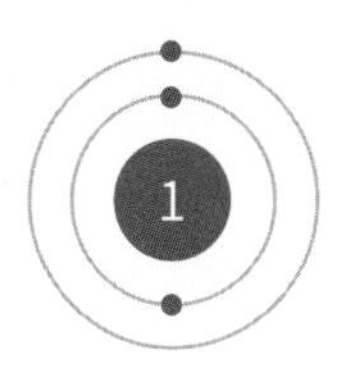

리튬 | 알칼리 금속

[He]$2s^1$

우리가 이동기기에서 사용하는 전지는 사실 화학의 산물이다. 전지의 양쪽 전극에서 산화와 환원 반응으로 전자가 이동하는 원리이기 때문이다. 전자의 이야기를 다루는 것이 바로 화학이다. 2차전지의 원리는 충·방전이 가능하다는 것이다. 양쪽 극성의 전위차가 바로 전자가 움직이는 원동력이다. 리튬 원자는 매우 낮은 전위에서 산화와 환원이 일어나기 때문에 높은 전위차를 만들기에 유리하다. 그리고 원자번호 3번인 리튬 원자는 작고 가벼워, 같은 부피 안에 더 많은 에너지를 저장할 수가 있고 수명도 길다. 이러한 이유로 지금까지 활용도 면에서 우위를 차지하고 있고, 미래의 전기자동차 분야에서도 리튬을 이용한 전지를 주목하고 있다.

MINERAL

산화규소에 리튬과 알루미늄이 들어 있는, 무색 투명한 보석질의 엽장석이라는 광물이 있다. 1817년에 아르프베드손Arfwedson은 엽장석에서 알칼리 금속과 비슷한 미지의 물질을 발견한다. 당시 소듐, 포타슘 같은 대부분의 알칼리 금속은 식물에서 발견됐다. 그런데 이 물질은 광물에서 발견된 것이다. 이에 그리스어로 암석을 뜻하는 Lithos에서 따와 리튬이라고 이름을 지었다.

리튬은 항우울제의 재료로도 쓰이고, 수소폭탄을 만드는 삼중수소를 만드는 데도 이용된다. 하지만 지금 가장 많이 쓰이는 곳이 바로 전지이다. 최근에는 미래 전기자동차의 주요 에너지로 각광받고 있다. 현재 추정되는 리튬의 매장량은 약 40억 대의 전기자동차를 움직일 수 있는 양이다.

Be

beryllium

9.012 g/mol

4

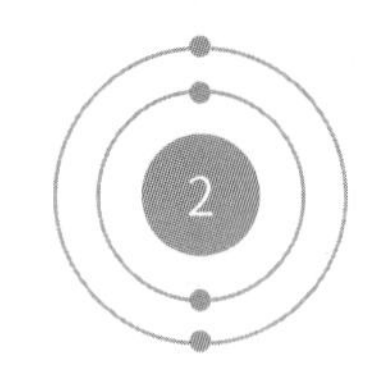

베릴륨 | 알칼리 토금속

[He]$2s^2$

주기율표를 보면 위쪽에 위치한 원소일수록 가볍고 존재량도 많다. 빅뱅으로 수소와 헬륨이 나타나 별이 생성된 후에 핵융합을 하면서 나머지 원소가 만들어졌으니 당연한 결과이다. 그런데 특이한 예외가 하나 있다. 원자번호 4번이면 탄소나 산소보다 가볍다. 그럼에도 존재량이 매우 적다. 우주에 적게 있으니 인체에 존재하기도 어렵다. 원소의 질량과 존재량이 반비례한다는 게 절대적인 원리는 아니어도 어느 정도 경향성이 있는 법칙인데, 여기서 벗어나도 너무 벗어났다. 이렇게 베릴륨이 적은 것은 베릴륨이 만들어지면 바로 헬륨 두 개로 분열되기 때문이다. 헬륨이 너무 안정한 원소여서 그렇다. 현존하는 베릴륨은 핵에 양성자 네 개와 중성자 하나가 더 많은 베릴륨-9밖에 없다. 그렇다면 탄소는 헬륨 세 개로 분열되어야 하는 게 아닌가? 아니다. 그랬다면 우리는 우주에 존재하지도 않았을 것이다. 탄소가 헬륨보다 더 안정적이기 때문에 분열되지 않는다.

베릴륨은 무척 희소하기 때문에 어지간해서는 어디에 사용하는지조차 알지 못한다. 극저온에서도 변형되지 않아, 혹독한 환경에 노출되는 우주망원경에 사용된다. 또 원자로에서 발생한 중성자의 속도를 줄이는 감속재로도 사용된다. 그 외에 구리 혹은 알루미늄과 섞어 합금으로 이용하기도 한다.

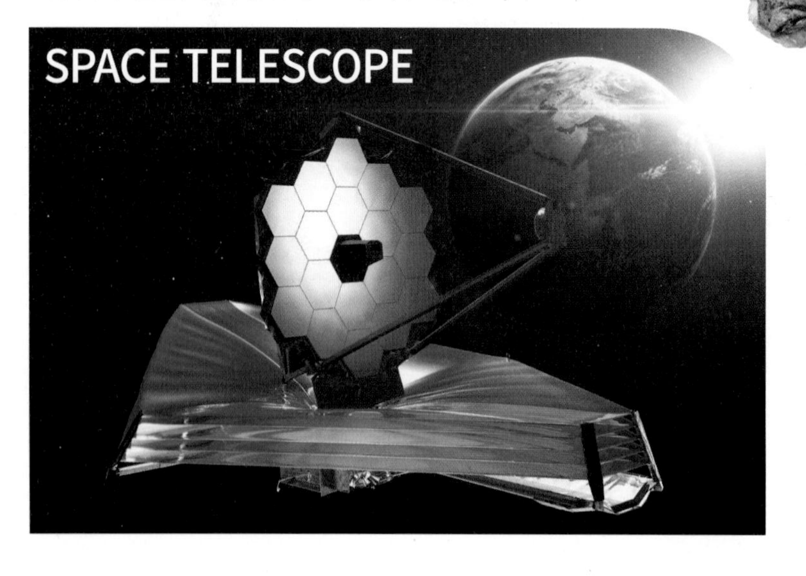

SWEET

1798년 니콜라 보클랭L.N.Vauquelin이 녹주석을 분석하던 중 발견했다. 알루미늄과 유사하지만 수산화칼륨에도 잘 녹지 않고 단맛이 나는 새로운 산화물을 발견한 것이다. 보클랭은 그리스어로 '달다'라는 뜻인 glucus에서 따와 글루시늄glucinium이라는 이름을 붙였지만, 단맛이 나는 물질이 많기 때문에 1957년 녹주석beryl에서 딴 베릴륨으로 바뀌었다.

B

boron

10.81 g/mol

5

붕소 | 준금속

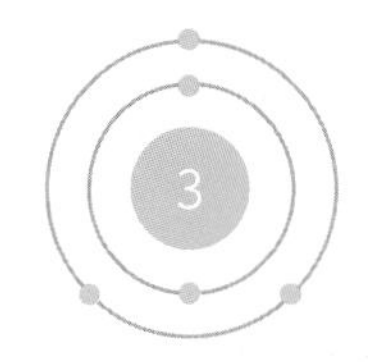

[He]$2s^2 2p^1$

NASA의 화성탐사선 큐리오시티가 화성에서 붕소를 발견한 것으로 생명체 존재의 가능성에 무게가 실렸다. 그런데 붕소와 생명체가 무슨 관계가 있을까. 유전정보를 담고 있는 RNA는 현존 생명체에 존재하는 핵산이다. 주요성분은 리보오스라는 당이다. 당은 매우 불안정해서 물속에서 빨리 분해된다. 붕소가 물에 용해되면 붕산염이 되고 이 붕산염이 리보오스와 반응하면 안정화된다. RNA가 만들어질 가능성이 높아지는 셈이다. 과학자들은 RNA 가닥으로 이뤄진 최초의 생명체가 있을 것이라고 가설을 세웠고 화성의 분화구에서 붕산염을 발견했다.

1824년 베르셀리우스가 붕소가 원소라는 것을 확인하고, 탄소carbon와 비슷한 성질을 지녔다는 이유로 boron으로 명명했다. 붕소는 탄소와 비슷한 공유결합을 하며 탄소처럼 분자의 단단한 뼈대를 만든다. 붕소 원소만으로 결정을 이룬 결정성 붕소는 모스 경도 9.5나 된다. 탄소만으로 결정을 이루는 다이아몬드 다음으로 단단하다.

붕소의 가장 흔한 용도는 표백제이지만, 그 외에 살충제로도 쓰이고 중성자를 흡수하는 능력이 뛰어나 원자로의 제어봉에도 쓰인다. 붕소화합물의 다양한 성질을 활용해 방탄복, 내열유리, 절삭도구 등에도 쓰이고, 탄소보다 가볍고 탄성이 좋아 고강도 탄성을 요구하는 온갖 곳에서 활용된다.

대부분의 사람들은 붕소는 잘 몰라도 붕소화합물인 붕산은 안다. 바퀴벌레나 지네 그리고 뱀은 붕산을 극도로 싫어한다. 그래서 어린 시절 집 주변에 하얀 붕산을 뿌려놓곤 했다. 포유류에게는 큰 영향이 없지만 너무 많이 섭취하면 설사를 할 수도 있다. 과거에는 식품첨가물에 쓰였으나 현재는 사용되지 않는다.

INSECTICIDE

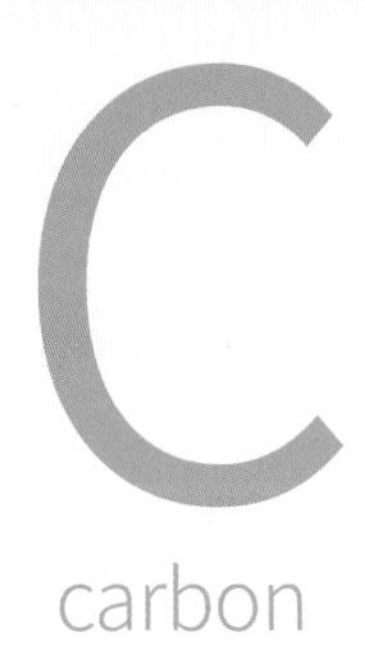

carbon

12.01 g/mol

6

탄소 | 비금속

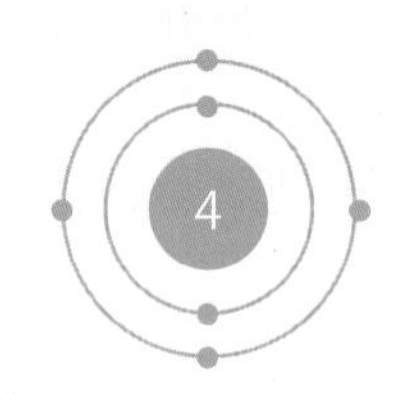

[He]$2s^2 2p^2$

연필심을 칼로 깎을 때 독특한 촉감을 느낄 수 있다. 흑연은 칼로 잘리는 것이 아니라 마치 결이 있는 것처럼 깨져 떨어져 나간다. 탄소가 세 개의 다른 탄소에 있는 전자를 공유하는 경우에는 육각형 구조를 가진 벌집모양으로 결정을 만들고 평면으로 확장한다. 이 물질이 그래핀이다. 이 결합에 참여하지 않은 전자 하나는 그래핀 평면에서 자유전자처럼 남아 있다. 그래핀이 철보다 강한 이유는 평면에 펼쳐진 육각형 구조 때문이고 전기가 잘 통하는 이유는 결합에 참여하지 않은 전자 때문이다. 이런 그래핀이 모여 마치 페이스트리 빵처럼 겹겹이 결합한 것이 흑연이다. 각각의 그래핀 층끼리는 약하게 붙어 있다. 층 방향으로는 잘 깨진다는 것이다. 종이에 연필로 글을 쓰는 것은 손의 압력으로 흑연에서 그래핀 덩어리를 층의 결 방향으로 깨뜨려 종이 섬유질 틈에 붙이는 원리이다. 물론 종이에 붙어 있는 물질은 그래핀 한 층이 아니라 수천, 수백만 층이 붙은 흑연 조각이다.

탄소의 존재가 알려지기 이전부터 탄소동소체인 흑연, 목탄, 다이아몬드 등은 줄곧 이용되었다. 무정형 탄소동소체인 목탄이나 숯은 금속의 제련에 중히 쓰였다. 지금은 그 외에도 그래핀, 풀러렌 등 다양한 동소체가 있다는 것이 알려졌다. 워낙 흔히 쓰이는 만큼, 탄소의 최초 발견자에 대해서는 논란이 많다. 학계에 남은 최초의 보고는 1752년 영국의 조지프 블랙이다.

ALLOTROPE

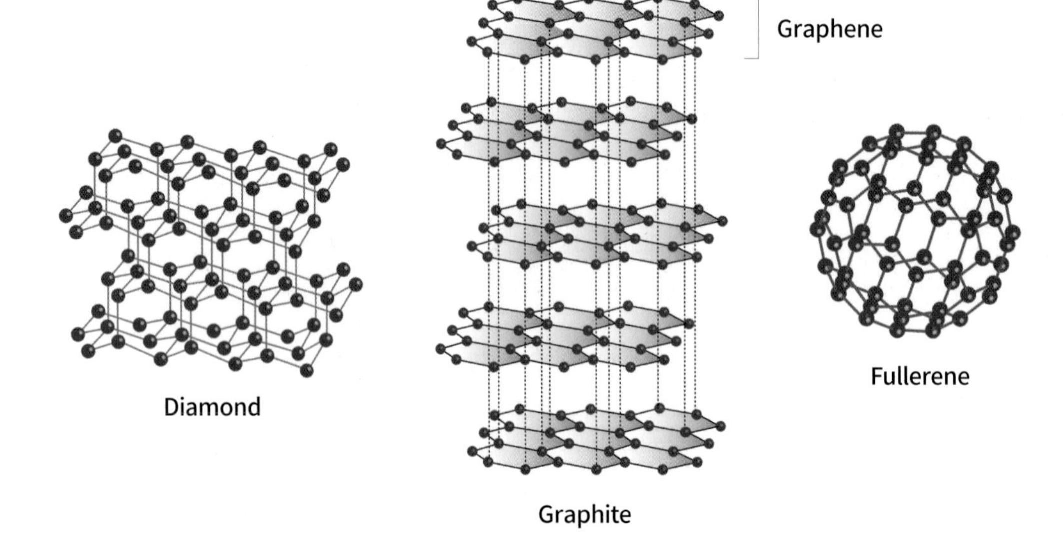

LAVOISIER

1772년 라부아지에A. Lavoisier가 같은 무게의 숯과 다이아몬드를 태웠을 때 같은 양의 이산화탄소가 발생한다는 것을 발견하고, 다이아몬드와 숯이 같은 원소로 만들어진 동소체임을 밝혔다. 1789년 자신의 저서에서 탄소를 원소로 규정하고, 목탄을 의미하는 라틴어 carbo에서 따온 carbon이라는 이름을 붙였다.

CARBON CYCLE

탄소는 일부 무기물을 제외하고 대부분의 물질에 들어 있다. 생명체를 비롯한 온갖 유기물이 탄소로 이루어져 있는 것이다. 광합성과 호흡의 과정에서 에너지가 생성되고 소비된다. 지구상에서 일어나는 탄소의 순환으로 생태계가 작동된다고 해도 과언이 아니다.

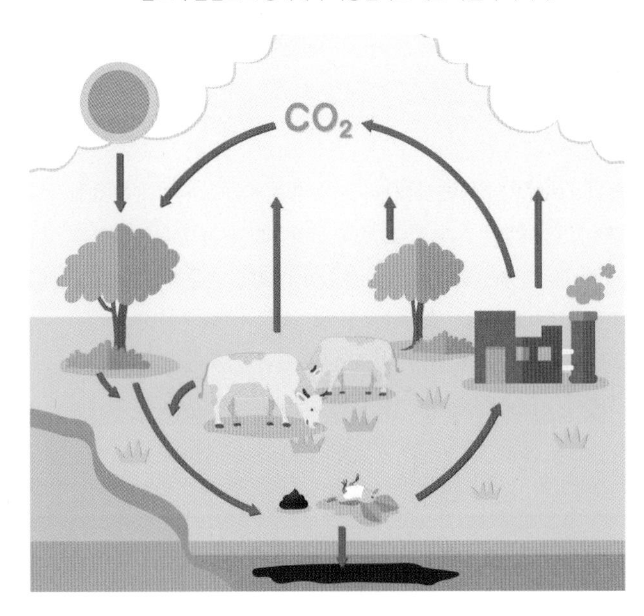

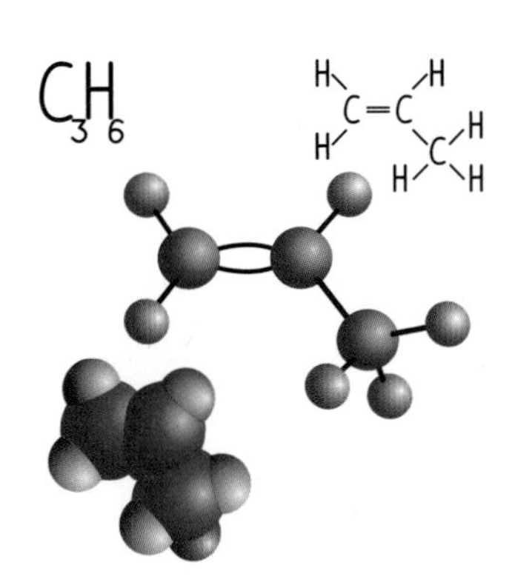

COVALENT BOND

탄소의 가장 큰 특징은 다른 탄소 원자와 다양한 공유결합을 한다는 것이다. 단일, 이중, 심지어 삼중결합까지 한다. 이런 특징은 다른 원소에서 찾아보기 힘들다. 이런 까닭에 탄소가 분자의 뼈대를 이룬다. 탄소의 독특한 결합능력 때문에 현재 조사된 것만 해도 탄소화합물의 수가 1,000만 종 가까이 된다. 탄소를 제외한 다른 모든 원소의 화합물을 합한 것보다 더 많은 수이다.

GLOBAL WARMING

탄소 자체는 위험성이 없는 원소이다. 하지만 인류가 화석연료를 사용하면서 대기 중에 이산화탄소를 배출하는데, 이것이 지구온난화의 원인이 되어 기후 위기로 지구 생태계를 위협한다. 이산화탄소를 없애기 어려운 이유는 결합력이 크기 때문에 분해를 위해서 다른 에너지가 필요하고 그만큼 이산화탄소를 발생하기 때문이다.

N

nitrogen

14.006 g/mol

7

질소 | 비금속

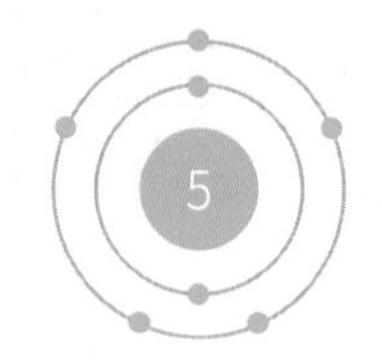

[He]$2s^2 2p^3$

질소는 지구 대기에서 가장 많은 비중을 차지한다. 대기 부피의 약 78%, 질량의 약 76%나 된다. 무색·무취이며 화학적으로 안정한 상태여서 반응성이 없다. 인체와 반응하지 않는 안정한 원소이지만 인류가 똑똑해지면서 먹거리에 사용되기 시작했다. 먹으면 입에서 하얀 연기가 나는 과자나 아이스크림을 만들어 아이들을 유혹한다. 과자에 남은 낮은 온도의 액체질소가 기화되지 않고 체내로 흡수되며 세포를 괴사시켜 위에 구멍이 뚫린 사건도 발생했다. 자연에 존재하는 질소 분자(N_2)는 큰 문제가 없다. 상온에서 질소는 대부분 기체 상태이고 -196℃가 돼야 액체로 존재하기 때문이다. 액체질소는 연구나 공업용 냉동 처리, 심지어 요리나 정자의 보관에까지 이용된다. 영화 〈터미네이터 2〉에서 T-1000을 얼려 깨뜨린 물질이 바로 액체질소이다.

SUFFOCATION

1772년 러더퍼드는 대기에서 질소를 분리하는 데 성공했다. 산소와 이산화탄소를 제거하고 남은 공기에 쥐를 넣었더니 질식을 하며 숨졌다. 호흡과 연소를 돕지 않는 원소라는 의미에서 유독한 공기noxious air라고 불렀다. 독일에서는 '질식시키는 물질'이라는 의미에서 Stickstoff라고 불렀고, 질소窒素라는 이름도 여기에서 왔다.

질소는 생명체에게 필수적인 원소이다. 세포를 구성하는 단백질을 만드는 데 사용되는 원소이기 때문이다. 동물과 식물은 땅에서 질소화합물을 섭취해 질소를 보충한다. 질소야말로 예로부터 농업에서 중시해온 '지력'의 정체이다. 질소 비료를 두고 "공기에서 빵을 만들었다"라고 표현한 이유이다.

PRESERVATION

우리나라에서는 질소를 사면 과자를 준다는 우스갯소리가 있다. 스낵과자 포장지가 부풀어 있는 모양은 내용물이 손상되는 것을 방지하기 위해 질소 기체를 충전해두었기 때문이다. 그 외에 산소와의 접촉을 피해야 하는 전자제품이나 포도주의 장기 보관에도 질소를 이용한다. 질소 기체를 채운 냉장고는 과일을 3년가량 보존할 수 있다.

DEATH PENALTY

질소는 무색·무미·무취이다. 피할 수 없다. 대기에 질소가 너무 많으면 아주 미약한 몽롱함과 무기력함만을 느끼다가 고통 없이 질식사하게 된다. 이런 이유로 오클라호마 등의 일부 지역에서는 인도적인 사형방법이라고 주장하여, 실제로 채택하고 있다.

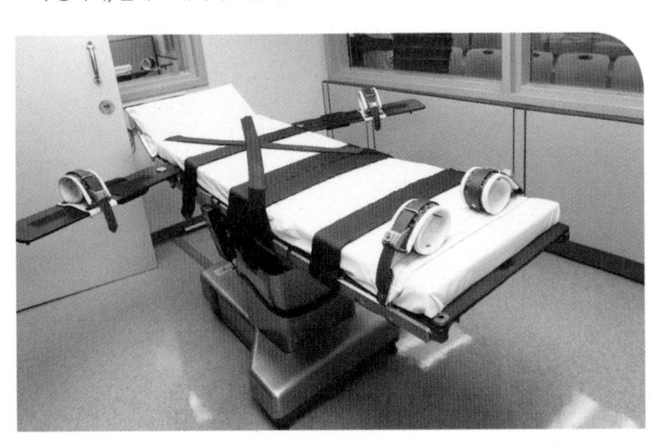

NITROUS OXIDE

질소의 다른 형태인 아산화질소가 커피에 사용되기도 한다. 질소 기체 거품이 커피 맛을 부드럽게 한다는 이유이다. 소량의 아산화질소는 큰 문제가 되지 않지만 일반적으로 의료용 마취제에 사용하는 물질이다. 마시면 기분이 좋아진다는 이유로 이 가스를 풍선에 채워 마시기도 한다. 일명 해피 벌룬Happy Balloon인데, 환경부에서 환각제로 지정한 물질이다.

oxygen

15.999 g/mol

8

산소 | 비금속

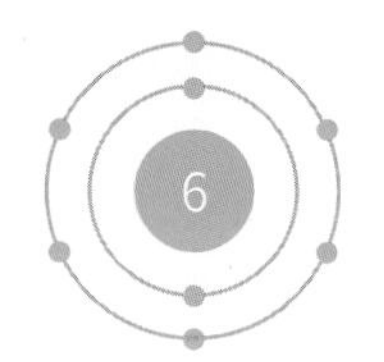

$[He]2s^2 2p^4$

포도당은 생명체에게 중요한 연료이다. 이렇게 중요한 물질이 어디서 온 것일까? 독립영양생물은 자신에게 필요한 포도당을 스스로 만들었다. 바로 세상을 푸르게 만드는 녹색식물이다. 음식을 만들기 위해 재료를 넣을 그릇이 필요한 것처럼. 녹색식물에는 엽록체라는 공간이 있다. 이 엽록체 안에 회로가 있다. 엽록소는 녹색식물에서 발견되는 색소이다. 마치 우리의 혈액에 있는 헤모글로빈과 유사한 구조이다. 엽록소가 하는 일은 잎을 녹색으로 보이게 하는 것 이상의 위대한 일을 한다. '빛'을 이용해 '물'을 분해하고 생성된 수소 이온과 전자로 특별한 회로를 구동시킨다. 회로에 입력된 이산화탄소는 복잡한 반응을 거쳐 포도당으로 변한다. 이 과정에서 물이 분해되며 에너지를 저장하는 물질을 만들고, 그 부산물로 생긴 산소는 공기 중에 버려진다. 이 과정이 '광합성'의 흐름이다.

동물은 스스로 포도당을 만들지 못한다. 그래서 식물이 만든 포도당과 버려진 산소를 가지고 에너지를 얻는다. 그 과정은 식물만큼 흥미롭다. 식물의 엽록체처럼 포도당을 이용해 에너지를 생성하는 특정 장소가 있다. 바로 세포 내 소기관인 미토콘드리아이다.

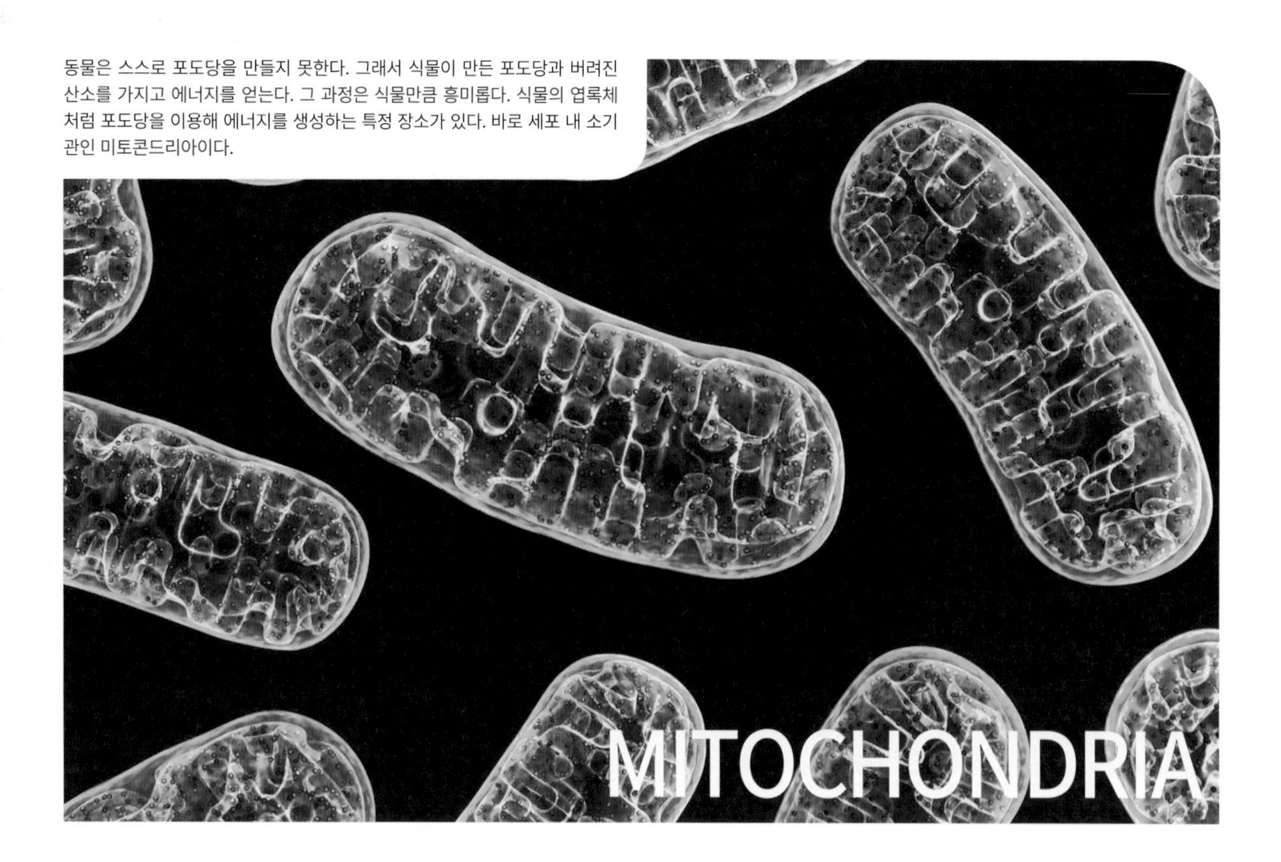

최초로 순수한 산소를 분리해내는 데 성공한 사람은 셸레Carl Schelle이지만 발표가 늦어, 공로는 1774년의 프리스틀리Joseph Priestley에게 돌아갔다. 같은 해에 라부아지에도 산소를 발생시켰다. 그는 모든 산acid이 새로운 원소인 산소를 포함하고 있다고 착각했다. 이 때문에 '신맛을 만든다'라는 의미의 Oxygen이라는 이름이 붙었다.

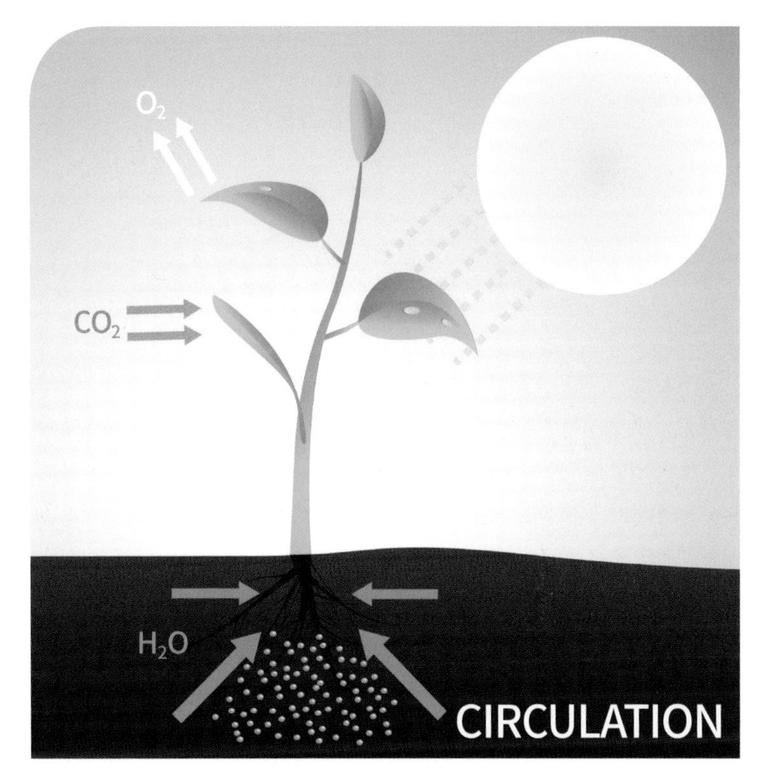

포도당에 숨겨진 에너지원을 끄집어내는 것이 세포의 '호기성 호흡' 과정이다. 반응 전체를 보면 광합성은 호기성 호흡 과정을 거꾸로 돌려놓은 것과 같다. 이 과정이 반복되며 중요한 몇 가지 원소가 순환한다. 이것이 자연의 위대함이다.

CARBONIFEROUS PERIOD

산소는 현재 대기의 21%를 차지한다. 하지만 과거 석탄기에는 무려 35%에 달했다. 4억 5,000만 년 전에 식물이 육지로 올라오며 산소량이 급속도로 증가했다. 이 시기에는 동물이 진화하고, 산소를 받아들이면서 거대하게 성장했다. 미생물은 존재하지 않고 큰 곤충만 존재했다. 동시에 이산화탄소양도 많아 식물이 우거졌던 시기이다.

OZONE

산소 원자와 산소 분자(O_2)가 결합하면 오존(O_3)이 생성된다. 성층권에서는 태양에서 오는 자외선으로부터 지표면을 보호하는 역할을 하지만 지구 표면에서는 생명체에 해로운 공해물질이다. 광화학적 스모그 과정에서 생성되며 반응성이 좋아 폐 조직에 유해하다.

F

fluorine

18.998 g/mol

9

플루오린 | 비금속

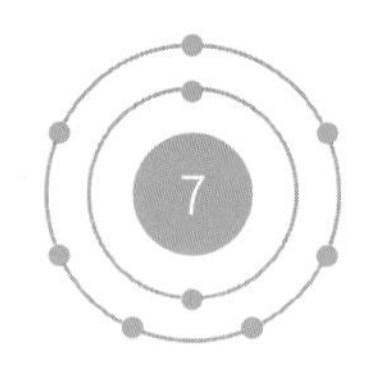

[He]$2s^2 2p^5$

플루오린은 반응성이 매우 큰 원소이다. 불소라고도 부르는데, 불소와 수소가 결합해서 만들어지는 물질이 불산(HF)이다. pH농도가 낮지만 인체에는 3대 강산(염산, 황산, 질산) 이상으로 위험하다. 불산이 피부에 닿을 경우 크기가 작은 불산 분자가 피부로 흡수된다. 흡수된 불산 일부는 인체의 수분과 수소결합을 하며 플루오린 이온이 생성된다. 플루오르 이온은 강한 반응성으로 파고들어 칼슘, 마그네슘 이온과 반응해 전해질 이상을 일으키고 뼈 속 골수조직까지 침투해 뼈를 녹인다. 불산 기체가 호흡기로 들어오면 몸속 장기를 녹이기 시작한다. 반응성과 독성이 강한 플루오린을 분리해내는 데 많은 어려움이 따랐다. 플루오린 분리를 위해 희생한 과학자를 '플루오린 순교자'라고 불릴 정도였으니 그만큼 어려웠고 값진 일이었다. 플루오린 분리에 성공하여 1906년 노벨화학상을 받은 무아상Henri Moissan은 실험 과정에서 한쪽 눈을 잃었다.

FLUORIDIZATION

플루오린화합물이 사용되는 대표적인 분야가 치아 관련 분야이다. 산aicd으로부터 치아를 보호하는 효과가 있어 치약에도 들어가고, 수돗물에도 플루오린을 첨가해 충치를 예방하는 사업이 전개되기도 한다. 그 외에 프레온가스의 형태로 에어컨 등의 냉매로 사용되거나, 들러붙지 않는 프라이팬의 재료로 사용되기도 했으나 유해성 문제가 계속 불거지고 있다.

불산은 특히 산화규소 물질을 잘 녹여내는데 바로 유리 물질이다. 휴대전화를 포함한 모바일 기기는 갈수록 진화한다. 많은 정보를 다루기 위해 화면은 커지는데, 화면을 보호하는 유리는 강하면서도 얇고 가벼워야 한다. 불산은 이 강화유리를 연마하는 데에도 사용하고, 규소를 기반으로 하는 반도체 공정에서도 효율 좋은 식각제로 사용한다.

Ne

20.108g/mol

10

neon

네온 | 비활성 기체

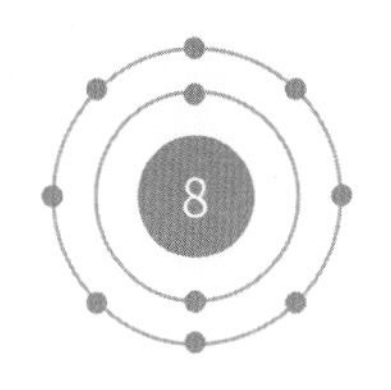

$[He]2s^2 2p^6$

네온은 바깥 궤도인 2s와 2p오비탈에 전자를 모두 채운 안정한 원소이다. 따라서 홑원소로, 다른 원자와 화학적 결합을 하지 않는 무색·무취의 기체 상태로 존재한다. 18족 비활성 기체 중에서도 가장 안정한 원소이다. 반응성도 낮고, 화합물이 거의 존재하지 않는다. 원소에서 방사성이 아닌 안정한 동위원소가 존재한다는 사실을 밝혀준 원소이기도 하다. 네온의 쓰임새는 다양하지 않다. 레이저 빛이나 네온 조명 정도이다. 네온 기체에 전류가 흐르면 붉은빛을 낸다. 같은 족의 다른 원소인 헬륨과 아르곤, 크립톤이나 제논을 넣으면 다른 빛을 낸다. 반응을 하지 않는 기체라 다루기가 쉽다. 보통 가정집에도 이런 네온 조명이 무수히 있다. 다른 조명도 많은데 네온 조명을 사용하는 것은 왜일까? 네온 조명은 90V 정도의 전압으로도 작동한다. 간단한 저항을 하나 붙이면 220V 전원에 바로 연결할 수 있기 때문에 복잡한 회로가 별도로 필요 없다. LED도 효율이 좋지만 5V에서 동작한다. 전원 회로를 따로 구성하는 번거로움이 있다.

원래 네온은 밝은 붉은색이다. 네온관에 다른 희유기체를 섞으면 다른 빛이 난다. 헬륨은 노란색, 아르곤은 빨간색이나 파란색, 크립톤은 황녹색, 제논은 초록색을 낸다. 형형색색의 네온사인은 이렇게 만든다. 과학자가 가장 보편적으로 사용하는 레이저 중 하나가 헬륨-네온 레이저이다. 레이저는 들뜬 상태의 수많은 입자들을 동시에 바닥상태로 떨어뜨려 나오는 빛을 증폭하는 장치이다. 헬륨은 네온을 들뜨게 하는 작용을 한다.

전자제품 사용이 많아진 덕에 멀티탭이 없는 가정은 거의 없다. 멀티탭 자체에 전원의 제어 기능을 갖춘 멀티탭은 상태 표시를 위해 스위치 부분에 붉은색 램프가 있다. 이 붉은빛을 플라스틱 스위치의 색이라고 생각하기 쉽지만, 실제 램프빛도 붉은색이다. 바로 작은 네온 조명이 들어 있기 때문이다.

Na

sodium

22.9897g/mol

11

소듐(나트륨) | 알칼리 금속

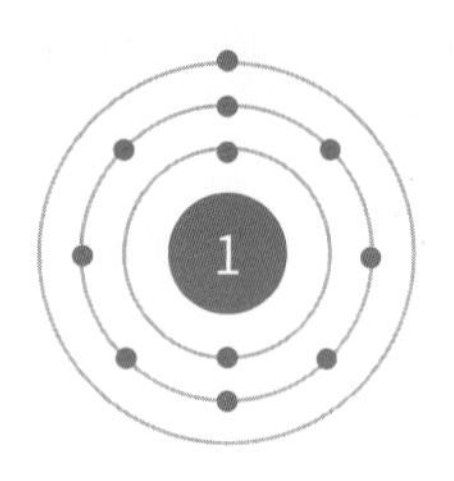

[Ne]$3s^1$

케모포비아 덕분일까? 커피믹스 시장에 카제인나트륨 대신 우유를 넣었다고 안전성을 자랑하는 제품이 등장했다. 하지만 카제인은 우유 단백질이다. 우유 단백질을 염기로 처리해 카제인 단백질만 분리한 것이다. 커피믹스는 물에 잘 녹아야 한다. 하지만 순수한 카제인은 물에 잘 섞이지 않아 사용하기 어렵다. 그래서 소듐(나트륨) 수용액으로 처리해 '카제인나트륨'을 만든 것이다. 카제인은 영국을 포함해 유럽과 호주에서는 첨가물이 아닌 일반 식품이고, 식품첨가물로 분류된 국내에서도 일일섭취허용량이 설정되지 않은 안전한 물질이다. 우리가 마시거나 바르는 액체 제품에 소듐이 들어 있는 경우가 꽤 많다. 대부분 물에 잘 녹게 하기 위한 것이다. 소듐이 물과 잘 반응하기 때문이다. 물론 소듐 금속은 물과 만나면 수산화나트륨과 수소가 발생하며 발열한다. 열로 인해 수소에 불이 붙어 폭발하게 된다. 하지만 각종 제품에 들어 있는 소듐은 이온 형태로, 안정하게 다른 물질에 결합되어 있으니 안심해도 좋다.

SALT

소듐의 가장 대표적인 용례는 소금이다. 음식에 맛을 더하고 식품을 오래 보관할 수 있게 만든다. 그 외에도 비누를 만드는 탄산나트륨, 베이킹 소다라고도 하는 탄산수소나트륨, 세제 등에 쓰이는 수산화나트륨 등 용처가 다양하다. 소듐은 인체에서 세포의 삼투압을 조절하고 신경 전달에 중요한 역할을 한다. 그리고 우리 몸의 수분 조절을 하는 전해질 역할 또한 맡고 있다.

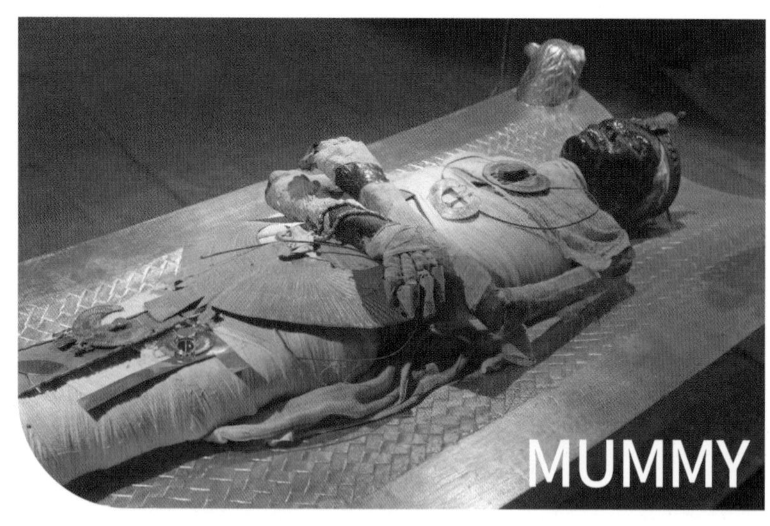

MUMMY

지금은 소듐이라고 표기하지만, 아직도 많은 사람들에게는 나트륨이라는 말이 친숙하다. 원소 기호도 나트륨에서 온 Na이다. 이는 탄산나트륨을 지칭하는 고대 이집트어인 나트론natron에서 온 것이다. 나트론은 고대 이집트에서 미이라를 만들 때 건조제로 사용한 물질이다. 한편 소듐은 라틴어 소다눔sodanum에서 온 단어 소다soda에서 따온 이름이다.

Mg

magnesium

24.304 g/mol

12

마그네슘 | 알칼리 토금속

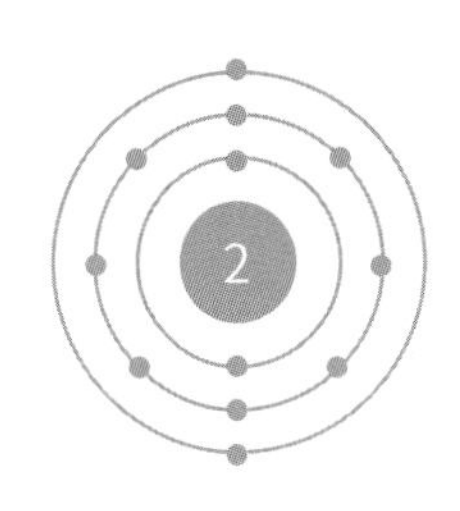

[Ne]$3s^2$

17세기 초 영국에 심한 가뭄이 계속됐다. 구릉에 위치한 엡솜 마을은 특히 심했다. 그런데 주민 하나가 밭에 난 작은 구멍에서 물이 나오는 것을 발견했다. 가뭄에 단비 같았지만 사람 이상으로 힘들었을 소들은 이 샘물을 마시지 않았다. 물에서 쓴맛이 났기 때문이다. 조사했더니 당시에 상처 치료제로 사용하던 명반이 함유되어 있었다. 마을 주민은 명반으로 큰돈을 벌었다. 그러던 어느 날 갈증을 못 이긴 주민 하나가 물을 마시고 설사를 했다. 명반 외에 다른 성분이 함유된 것이 틀림없었다. 이후 이 물에 특별한 성분이 있다는 소문이 났고, 이를 들은 의사들이 찾아왔다. 물을 분석해서 설사제 작용이 있는 쓴맛의 염이 들어 있다는 것을 밝혀냈다. 이후 소문은 더 넓게 퍼져 많은 환자들이 이 물을 마시기 위해 엡솜 마을을 찾아왔다. 엡솜염은 지금도 염증이나 통증 환자들이 치료제로 사용하곤 한다. 설사제로 사용되기도 하는데, 다른 설사제인 수산화마그네슘(마그네시아액)과는 별개의 화합물인 황산마그네슘이다.

FIRE WORKS

정글에서 생존하는 방송 예능프로그램 등을 보면 간혹 불을 피우기 위해 나이프로 금속을 긁곤 한다. 이때 사용하는 점화기가 바로 마그네슘 금속이다. 마그네슘은 화학 반응성이 크다. 덩어리 금속은 공기와 접촉하면 산화물 보호 피막이 생겨 반응하지 않지만 얇은 막이나 가루 상태에서는 쉽게 반응한다. 그래서 불꽃놀이 폭죽의 밝기를 더하고 다른 물질을 점화하는 데 마그네슘 분말을 사용한다.

CHLOROPHYLL

지구 생태계의 근저에는 녹색식물이 있다. 녹색식물은 태양광과 물 그리고 이산화탄소를 이용해 탄수화물을 합성한다. 이 과정에서 빛을 흡수하는 엽록소에 클로로필 분자가 있고, 그 중심에 마그네슘 이온이 들어 있다. 마그네슘은 엽록소를 구성하는 중심 원자이다. 식물에게 마그네슘이 부족하면 녹색을 잃고 광합성을 하지 못해 죽고 만다.

Al

aluminium

26.9815 g/mol

13

알루미늄 | 전이후금속

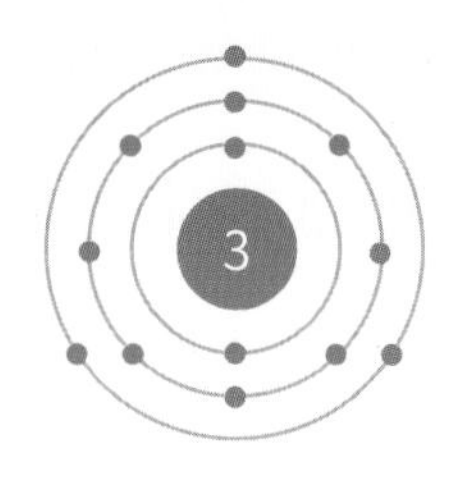

[Ne]$3s^2 3p^1$

알루미늄 포일을 은박지라고 부르기도 한다. 우리나라에 알루미늄이 처음 소개됐을 때 겉보기에 은과 비슷해서 이렇게 부르게 되었다. 알루미늄 포일은 순수한 알루미늄으로 만들어진 얇은 판이다. 각기 다른 용도에 맞춰 다양한 두께로 사용된다. 대략 2~600μm의 두께를 가진다. 그런데 알루미늄 포일 양면의 질감이 다르다. 반질거리고 반짝이는 면이 있고, 거칠거칠한 면이 있다. 이 차이는 생산과정에서 발생한다. 상온에서 알루미늄 덩어리를 롤러에 통과시키며 눌러 늘이는 공정을 통해 포일을 만드는데, 이때 압력으로 인해 마찰열이 발생하므로 윤활유를 계속 공급해야 한다. 그런데 생산성을 높이기 위해 알루미늄 금속 두 개를 붙여 한꺼번에 압연한다. 결국 두 금속 사이에는 윤활유가 닿지 않는 것이다. 롤러와 윤활유가 닿은 부분만 반짝이게 된다.

ALUM

산소와 규소에 이어, 지구상에 세 번째로 많은 원소인 알루미늄의 이름은 백반alum에서 딴 것이다. 1787년에 라부아지에는 백반에 아직 미지의 금속이 함유되어 있다는 것을 알았다. 하지만 강한 산화성 때문에 분리해내기 어려웠다. 1825년에 외른스테드가 최초로 분리에 성공했다.

TO VACUUM PUMP
CRUCIBLE
ANODE RODS
GAS
ANODE (SUPERSTRUCTURE)
$Al_2O_3+Na_3[AlF_6]$
Al
SOLID ELECTROLYTE
CATHODE RODS

LUXURY

한때 알루미늄이 금이나 은보다 비싸던 시절이 있었다. 유럽의 귀족들이 손님을 맞이할 때 최상급의 예우로 알루미늄 식기를 사용했다. 나폴레옹 3세도 알루미늄 애호가 중 한 명이었다. 당시에는 순수한 알루미늄을 추출하는 데 엄청난 비용이 들었기 때문이다.

ELECTROLYSIS

순수한 알루미늄을 효율적으로 추출하기 위해서는 전기분해를 이용해야 한다. 홀-에루 방식을 사용하면 1kg의 금속 알루미늄을 생산하는 데 약 15kW의 전력이 소모된다. 전체 생산 비용에서 전력 요금이 차지하는 비중이 20~40%로 매우 높은 편이다.

REFLECTION

표면을 매끄럽게 다듬은 알루미늄은 어느 금속에도 뒤지지 않을 정도의 광택을 자랑한다. 이유는 단순하다. 빛의 반사율이 높기 때문이다. 가시광선 영역에서 가장 반사율이 높은 것은 아니다. 하지만 알루미늄 또한 반사율이 거의 은(Ag)에 가까울 정도로 높고, 가시광선과 근적외선 영역에서 거의 일정하여 거울에 사용된다.

JEWELRY

알루미늄의 가치가 희소성에만 있었던 것은 아니다. 어떤 의미에서 알루미늄은 보석 그 자체이다. 보석 중에서 아름다운 빛깔로 사랑받는 루비와 사파이어 등은 산화알루미늄에 산화크로뮴을 비롯한 불순물이 섞여서 만들어지는 광물이다. 어떤 불순물이 섞여 들어가느냐에 따라 다른 색을 띤 보석이 된다.

Si

silicon

28.084 g/mol

14

규소 | 준금속

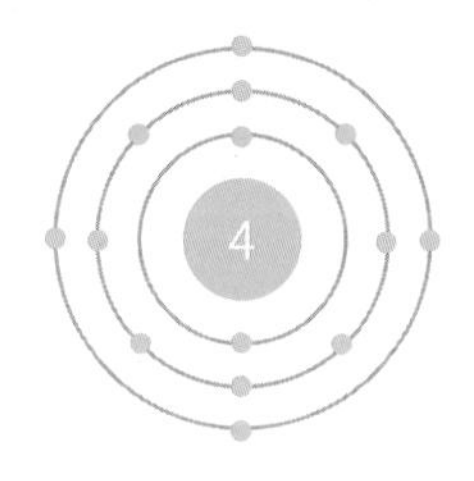

[Ne]$3s^2 3p^2$

규소는 모래나 암석의 형태로 지각에 대량으로 존재한다. 규소는 대부분 산화물로 존재하며 그 형태는 이산화규소(SiO_2)이다. 가장 흔한 규소산화물은 유리이다. 유리를 구성하는 원자는 규칙 없이 결합해 고체화돼 있다. 그런데 같은 이산화규소로 이루어졌지만 규칙적인 3차원으로 배열되면 석영이나 수정이 된다. 이를 얇은 판으로 만들어 결정에 전압을 걸면 이 결정 구조가 휘어진다. 그리고 거꾸로, 물리적 힘으로 결정을 휘면 전압이 발생한다. 이런 현상을 압전현상이라고 한다. 이제 여기에 교류 전압을 가하면 수정판이 진동을 하며 수정판 표면에 전하가 나타난다. 이 진동은 외부의 영향에도 진동주기가 일정하기 때문에 고유 진동수를 이용한 진자로 활용할 수가 있다. 이 수정 진동자를 가지고 태엽시계를 전자식 시계로 만든 것이 바로 쿼츠QUARTZ 시계이다.

FLINT

1824년에 베르셀리우스가 헥사플루오르화규소포타슘(K_2SiF_6)에 포타슘을 이용해 환원시켜, 순수한 규소를 얻어냈다. 라부아지에가 처음 규소의 존재를 확인한 물체인 부싯돌의 라틴어 이름 silex에, 규소와 성질이 비슷한 탄소와 맞춘 접미사 -on을 결합하여 실리콘이라고 이름 지었다.

EXTRATERRESTRIAL LIFE

간혹 '규소 생명체'의 존재를 점치는 경우가 있다. 지구상에 존재하는 생명체는 탄소를 기반으로 하고 있는데, 규소가 탄소와 가장 성질이 비슷한 원소이기 때문이다. 규소도 탄소와 마찬가지로 수많은 화합물을 이룰 수 있지만 규소 간의 이중·삼중 결합은 몹시 불안정하다. 탄소만큼 안정한 화합물을 이루기 힘들어 지구상에는 규소 생명체가 탄생할 수 없었다.

SEMICONDUCTOR

산화수가 +4가이므로 불순물을 섞어 전자가 모자라거나 전자가 남는 화합물처럼 만들면 둘 사이에 전자의 흐름을 조절할 수 있게 된다. 이런 성질을 이용해 반도체 등 전자부품 소재에 사용한다. 미국의 첨단 기업이 밀집한 지역, 실리콘밸리의 이름이 여기서 나왔다. 자연 상태의 규소산화물은 도자기, 유리 등의 형태로도 사용한다.

SILICONE

한글로는 같은 '실리콘'이라고 표기하지만, 영어 표기에서 알파벳 철자 'e'가 더 붙은 silicone은 규소라는 원소 자체가 아니라, 규소에 탄소 사슬과 산소를 결합한 물질을 가리킨다. 흔히 실리콘이라고 부르는 물질이 바로 이 규소수지이다. 화학적으로 안정해 반응성과 생체 독성이 거의 없고 물이나 산화, 열에 강하며 전기·열전도도도 낮아 널리 쓰인다.

QUARTZ

이산화규소(SiO_2)가 규칙적으로 배열되어 결정질로 자라면 '석영'이 된다. 같은 이산화규소가 비결정질로 굳으면 유리가 된다. 결정질인 상태가 더 안정하고 내구성이 뛰어나기 때문에, 실험기구 등 내구성이나 광학적 성질이 요구되는 사물에는 유리가 아닌 석영을 사용하기도 한다. 특히 결정형이 뚜렷하고 흠이 적은 석영은 수정Crystal이라는 보석으로 분류된다.

P

phosphorus

30.9737g/mol

15

인 | 비금속

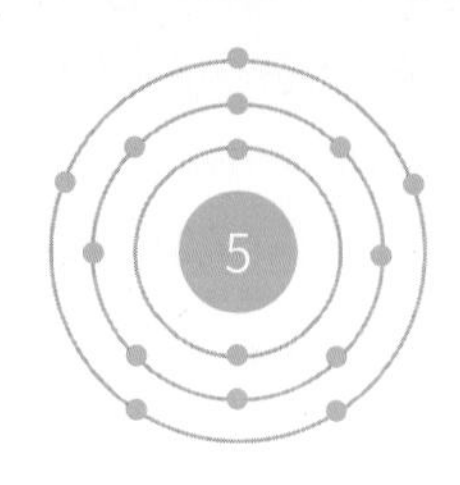

[Ne]$3s^2 3p^3$

세포는 생명체에 필요한 분자를 만들거나 분해하기 위해 에너지가 필요하다. 에너지는 음식물 속에 포함된 분자의 형태로 존재하기 때문에, 분자 결합을 끊어서 에너지를 추출해내야 한다. 그리고 그래서 세포 속에서 생성된 에너지를 실어 나르는 이차 전지 같은 물질이 필요하다. 이런 일을 하기 위해 ATP adenosine triphosphate라는 분자를 충전식 전지로 사용한다. ATP는 아데노신에 인산이 세 개 결합한 분자이다. ATP에서 중요한 것은 인산(H_3O_4P)이다. 실제로는 약하게 결합해 있지만 이 결합이 끊어지면서 ADP adenosine diphosphate이 되며 많은 에너지가 방출된다. ADP는 다시 미토콘드리아로 돌아가 음식물에서 얻은 에너지로 다시 ATP로 충전된다. ATP에서 인산을 떼어낼 때 가수분해를 한다. 그러니까 음식을 먹고 물을 마시는 것은 생명활동에 필요불가결한 일이다. 그리고 그 중심에 인이 있다.

인燐은 '도깨비불'을 의미하는 한자이다. 공동묘지에서 떠다니면서 사람들을 공포에 떨게 했던 초록색의 도깨비불의 정체가 바로 인 성분이다. 인화성이 커서 공기 중에서 쉽게 발화하기 때문에 사체에서 나온 인 성분이 이런 기현상을 일으킨 것이다. 인은 생명과 직결된 원소로, 동물의 뼈나 식물에도 포함되어 있다.

인은 식물의 3대 영양소 중 하나이다. 현대 농업에서 화학 비료의 원료로 사용한다. 과거에는 바닷새의 분뇨 화석인 구아노에서 추출했지만 지금은 고갈되었다. 지금 인산 비료의 원료가 되는 인광석은 전 세계에 약 300억 톤이 매장되어 있다.

FERTILIZER

URINE

연금술사였던 헤닝 브란트는 은을 금으로 바꾸기 위해서 사람의 소변을 모았다. 어쩌면 소변의 노란색에서 금을 떠올렸던 것 같다. 소변에서 수분을 증발시키고, 거기서 증류를 통해 하얀 가루를 얻었다. 이 가루, 즉 인이 공기와 접촉하면서 밝게 빛나는 현상을 발견하면서 phosphorus라는 이름을 붙였다. 그리스어로 빛을 가져온다는 의미로, 금성을 의미하기도 한다.

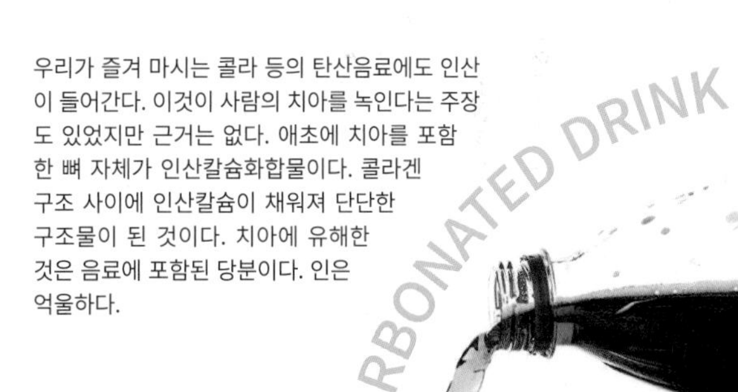

우리가 즐겨 마시는 콜라 등의 탄산음료에도 인산이 들어간다. 이것이 사람의 치아를 녹인다는 주장도 있었지만 근거는 없다. 애초에 치아를 포함한 뼈 자체가 인산칼슘화합물이다. 콜라겐 구조 사이에 인산칼슘이 채워져 단단한 구조물이 된 것이다. 치아에 유해한 것은 음료에 포함된 당분이다. 인은 억울하다.

CARBONATED DRINK

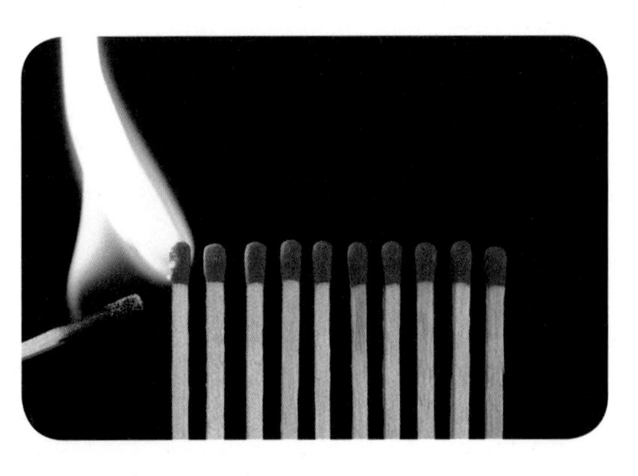

FLAMMABILITY

인은 질소족이지만 단일 결합을 잘하는 성질 때문에 여러 형태의 동소체가 있다. 적린과 흑린은 비교적 무해하다. 그러나 백린은 산소와 결합하기 쉬워 공기 중에서도 쉽게 발화하고, 그 자체로 맹독이다. 백린탄은 인류 사상 최악의 군사병기이다. 몸에 닿으면 꺼지지 않고 계속 타들어가 국제사회에서 금지되었다.

sulfur

32.06 g/mol

16

황 | 비금속

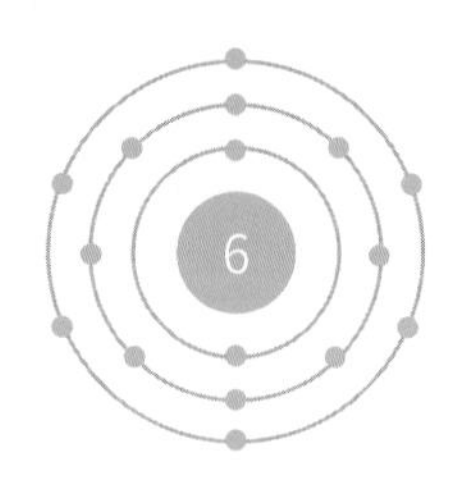

[Ne]$3s^2 3p^4$

초기의 지우개는 생고무로 만들었다. 그런데 생고무 지우개는 더운 날에는 끈적거리고 추운 날이면 굳어버리는 단점이 있었다. 1839년에 미국의 발명가 찰스 굿이어Chrles Goodyear는 덜 끈적이고 탄성도 증가시키며 수명도 오래가는 고무를 연구하던 중에 실수로 뜨거운 난로에 유황을 섞은 고무조각을 떨어뜨렸다. 이로써 우연히 생고무에 유황을 넣어 가열 후 식히면 고무의 질이 향상된다는 사실을 발견했다. 고무는 작은 분자가 긴 사슬처럼 연결된 자연산 고분자이다. 황 원자는 긴 고분자 사이에 교차결합을 만드는데 이것이 고무의 탄성과 안정성을 증가시킨다. 자동차 타이어와 고무로 유명한 글로벌 기업인 GOODYEAR의 이름이 찰스 굿이어를 기려 명명된 것이다.

SULVERE

황의 영어 이름은 산스크리트어 sulvere에서 유래했다. 이는 '불의 근원'을 의미하는 단어이다. 기원전부터 알려진 원소인데, 화산지대에서 노란색 광물 결정의 형태로 쉽게 찾아볼 수 있었기 때문이다. 구약성서를 비롯한 여러 오래된 기록에서 찾아볼 수 있을 정도로 친숙한 원소 중 하나이다.

생고무는 탄성이 약하여 그대로 활용하기 힘들다. 여기에 황을 가하면 탄성이 가해져 활용도가 높아진다. 이 과정을 가황이라고 한다. 현대에 와서는 가소성물질을 탄성물질로 변환하는 모든 과정을 총칭하는 단어로 확대되기도 하였다. 이 외에 공업용 황산을 비롯한 각종 화학 약품이나 의약품 등을 만드는 데도 황을 사용한다.

1790년 영국 과학자 프리스틀리는 어느 날 글을 쓰다가 잠시 졸다 깼더니, 써놓았던 글이 지워진 것을 발견했다. 손에는 고무를 들고 있었고 종이 주변에는 자잘한 고무 가루가 흩어져 있었다. 고무가 연필 자국을 지울 수 있다고 생각한 그는 지우개를 발명해냈다. 영어로 지우개가 러버rubber라 불린 것도 이 때문이다.

미용실에서 하는 '파마'의 원리는, 머리카락에 있는 케라틴을 환원시켜 이황화결합을 끊어주는 것이다. 원하는 머리 형태를 만든 후에 다시 산화시켜 이황화 결합을 이어줌으로써 모양을 고정한다. 황과 수소가 결합한 싸이올(-SH)이 머리카락을 위시한 단백질 분자에 함유되어 있다. 머리카락을 태울 때 나는 독특한 냄새도 황이 원인이다.

HOT SPRING

유황(황)이 함유된 온천수는 피부 질환을 치료하는 데 유용하다고 여겨졌으며, 지금까지도 많이 이용되고 있다. 역사적으로도 황의 제균력은 여러 용도로 이용되었으며, 황을 태워서 발생하는 아황산가스로 집 안을 소독했다는 기록도 남아 있다. 현대에도 피부병의 치료약이나 소독약의 원료로 사용되기도 한다.

chlorine

35.446 g/mol

17

염소 | 비금속

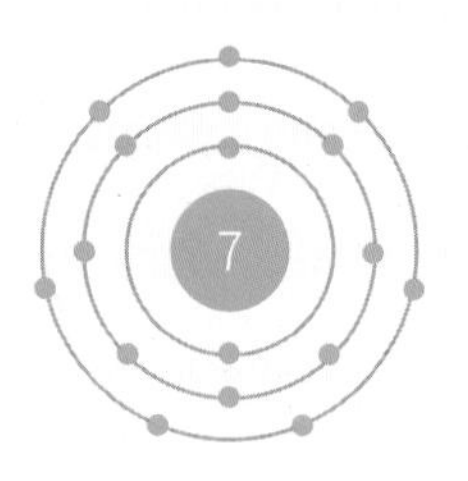

[Ne]$3s^2 3p^5$

수영장이나 대중탕에 가면 독특한 냄새를 맡을 수 있다. 소독을 위해 사용한 염소성 세제 때문이다. 염소는 전자 친화도가 가장 큰 원소이다. 다른 원소의 전자를 훔쳐 음이온이 되기 쉽다. 전자를 잃는다는 것은 '산화'를 뜻한다. 그러니까 염소는 강력한 산화제라는 의미이다. 산화제는 세균이나 바이러스와 같은 병원균을 파괴한다. 염소가 세균 세포막에 포함된 화합물을 산화시켜 세포의 내용물을 흘러나오게 하는 것이다. 원소 상태의 염소도 강력한 산화제이지만 염소 화합물은 더 강한 살균작용을 한다. 염소는 기체이지만 산소와 결합시키고 나트륨을 붙여 수용액으로 만들면 액체 상태로 사용할 수 있다. 이것이 바로 하이포염소산나트륨, 즉 락스이다. 정확히 말하면 락스는 물질의 이름이 아니라 상품명이다. 미국의 크로락스라는 회사의 제품이다.

MURIATICUM

염소의 존재가 밝혀지기 전에는 염산에서 얻은 기체를 무리아티큠이라고 부르면서, 산소화합물의 일종으로 여겼다. 계속되는 분리 시도가 실패하면서 이 기체가 화합물이 아닌 새로운 원소일 가능성이 제기되었다. 그리고 염산에 산소가 들어 있지 않은 것이 확인되며, 모든 '산'에 산소가 함유된다는 그때까지의 이론이 부정되었다.

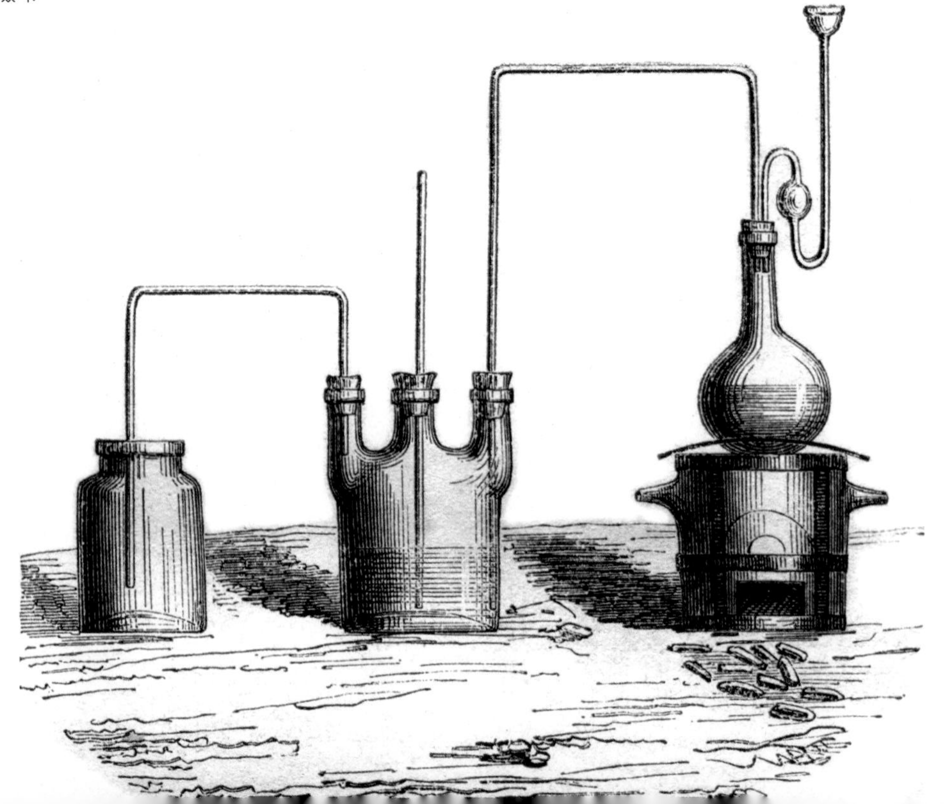

GREENISH YELLOW

염소의 영어 표기인 chlorine은 그리스어로 녹황색을 의미하는 chloros에서 유래했다. 염소가 실온에서 자극적인 냄새가 나는 녹황색 기체 상태로 존재하기 때문에 붙은 이름이다. 우리말로는 '염(소금)을 구성하는 원소'라는 의미에서 염소라고 불린다. 실제로 소금물이나 액체 소금을 전기분해하면 염소를 추출할 수 있다.

TOXIC

독성이 강한 기체로, 제1차 세계대전에서는 염소를 함유한 화학병기가 많은 인명을 살해하는 데 쓰이기도 했다. 여러 염소화합물에서 독성이 발견되고, 환경오염의 문제가 제기되기도 하였다. 가장 대표적인 유독성 염소화합물이 바로 DDT이다.

VINYL

대부분의 원소와 결합해 화합물을 만들 수 있어, 자연계에 2,000가지가 넘는 유기염소화합물이 존재하는 것으로 알려져 있다. 건축 자재나 비닐 랩 등 다양한 곳에 쓰인다. 염소와 비닐기를 결합하여 레코드판 등의 재료로 쓰기도 한다. 레코드판을 바이닐이라고 부르기도 하는데, 바로 레코드판의 재료인 PVC에서 유래한 것이다.

STERILIZE

염소는 근대 이후 인류의 위생 관리에 크게 기여했다. 대표적인 것이 락스이다. 하이포염소산 이온(ClO^-) 안의 염소 원자는 정상보다 하나 적은 전자를 가지고 있어서 다른 물질과 반응하며 전자 두 개를 빼어 와 염소 이온(Cl^-)이 된다. 한 개를 빼어 오는 염소보다 두 배나 되는 산화력이 있는 셈이다.

39.948 g/mol

18

아르곤 | 비활성 기체

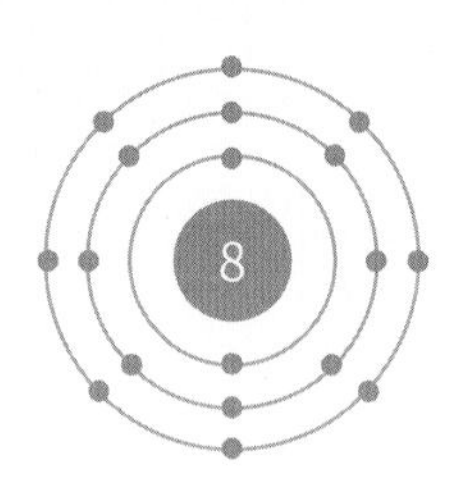

[Ne]$3s^2 3p^6$

형광등의 원리는 전극에서 방전한 열전자가 형광등 안의 수은 기체와 충돌하고, 이때 발생한 자외선이 유리관 벽에 있는 형광물질을 통과하며 가시광선인 백색광의 형태로 보이는 것이다. 그런데 이런 반응이 원활하게 일어나기 위해서는 방해되는 환경적 조건들을 배제해야 한다. 공기는 산소를 포함하고 있다. 산소는 열전자와 반응할 수도 있고, 필라멘트의 성능을 떨어뜨릴 수도 있다. 그렇다고 해서 진공상태로 만들자니, 외부 압력과의 차이 때문에 전구의 안정성이 떨어진다. 그래서 이런 화학적 반응을 하지 않는 비활성 기체를 유리관 안에 채운다. 일반적인 충전제로 사용하는 것은 질소나 아르곤 기체이다. 아르곤은 1894년에 발견되었지만 멘델레예프가 만든 주기율표에는 아르곤과 같은 비활성 기체가 들어갈 자리가 없었다. 아르곤을 찾아낸 램지가 주기율표의 오른쪽에 새로운 18족을 추가할 것을 제안하면서 자리가 생겼다. 어원처럼 쉽사리 반응하지 않는 도도함 때문에 귀족 기체noble gas라고도 부른다.

'반응을 하지 않는다'라는 특성을 살려 많은 곳에 활용하는 원소이다. 주로 안정제나 보호제 등으로 쓰인다. 어떤 물질을 산소나 다른 반응성이 있는 물질로부터 보호할 필요가 있을 때 사용하는 것이다. 고문서를 보관하고 포도주 등 식품의 산화를 방지한다. 그 외 닭이나 오리 등 가금류의 폐사, 반응성이 큰 금속의 특수용접 등 다양한 곳에도 쓰인다.

LAZYBONES

공기보다 무겁고 반응성이 낮아, 그리스어로 게으름뱅이를 말하는 argos에서 따와 이름을 지었다. 흔히 보존용으로 많이 쓰이는 질소도 전구 안에서 미세하게나마 반응을 하지만 아르곤은 반응을 하지 않는다. 더욱이 헬륨과 네온 등의 다른 비활성 기체에 비해서 가장 저렴하기 때문에 충전제로 최적이다.

K

potassium

39.0983 g/mol

19

포타슘(칼륨) | 알칼리 금속

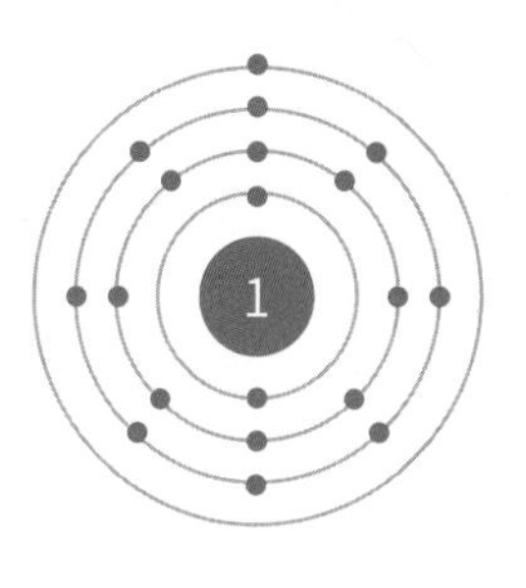

[Ar]$4s^1$

사이안화물Cyanide은 탄소와 질소 원자가 삼중결합을 한 R-C≡N 형태의 독특한 유기화합물이다. 이런 사이나이드 이온(CN-)을 갖는 화합물은 강한 독성을 가진다. 대표적으로 사이안화수소(HCN)가 있다. 청화수소라고도 불린다. 가스형태로 흡입하면 위험하다. 사이안화수소는 약산이지만 물에 잘 녹고 부분적으로 이온화되며 사이나이드 이온을 내놓는다. 세포내 기관인 미토콘드리아에서는 사이토크롬이라는 단백질이 산화 효소에 의해 활성화되며, 세포 호흡에 관여한다. 그런데 사이나이드 이온이 이 산화효소와 결합하면 활성을 떨어뜨려 세포 호흡이 불가능해진 세포가 죽는다. 제2차 세계대전 당시 나치스가 유대인들을 학살하는 데 사용한 가스가 사이안화수소이다. 대표적인 극약인 청산가리를 먹으면 위장 속의 염산에 반응하며 사이안화수소가 발생하고, 역류해 폐로 들어간다. 청산가리의 정식명칭은 사이안화칼륨(KCN)이다.

포타슘 이온(K^+)는 세포 기능에 필수적이기에 모든 생물 세포에 포함되어 있다. 식물도 마찬가지이다. 대부분의 식물은 생장에 포타슘을 필요로 한다. 그래서 식물을 재배하다 보면 그 토양의 포타슘이 고갈된다. 이 때문에 포타슘은 질소, 인산과 함께 비료의 3대 요소로 꼽힌다.

COMPOST

ASH

포타슘 혹은 칼륨은 알칼리 금속의 대표 격인 원소이다. 식물을 태우면 재가 남는데, 여기에 탄산칼륨이 함유되어 있다. 재ash를 녹인 물을 항아리pot에서 증발시켜 얻는다고 해서 포타슘이라는 말이 붙었다. 독일어 명칭인 칼륨은 알칼리alkali에서 접두사 al을 뺀 kali에서 따온 것이다.

40.078 g/mol

20

칼슘 | 알칼리 토금속

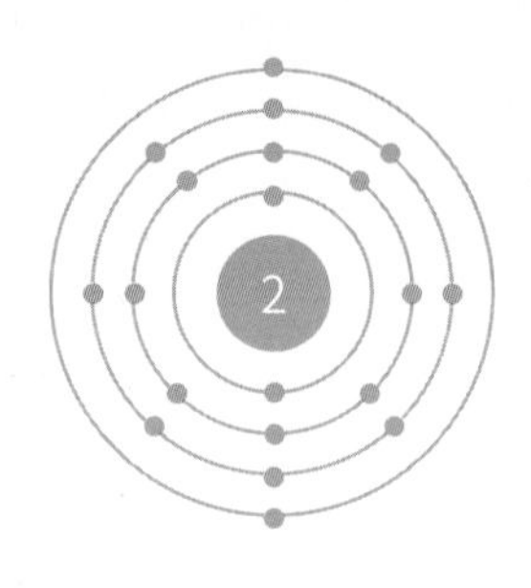

$[Ar]4s^2$

나이가 들어 퇴행성 질환으로 골밀도가 떨어지면 골다공증과 골절의 위험에 노출된다. 이런 질병은 삶의 질을 저하시킬 뿐만 아니라, 사망까지 이어질 수 있다. 칼슘은 뼈를 구성하는 기본 물질이다. 이런 이유로 골다공증 예방을 위해 칼슘 보충제나 칼슘이 들어 있는 식품을 섭취하곤 한다. 그러나 골다공증 환자가 아닌, 균형 있는 식사를 유지하고 있는 사람에게는 보충제가 큰 효과가 없다. 오히려 독이 될 수도 있다. 체내의 칼슘 수치가 갑자기 높아지면 혈관 내벽에 쌓여 동맥경화를 유발하고 심근경색까지 이어질 수도 있다는 연구결과가 있다. 특히 고령자가 여기에 취약하다. 보충제를 섭취하면 좋을까? 결론을 말하자면 큰 효과가 없다. 고령자의 골절은 영양 부족이 아니라 골밀도 감소에 의해 발생한다. 현대사회에서 특별한 경우가 아니면 영양 결핍이 일어나는 일은 거의 없고, 보충제가 큰 의미가 없다. 질병을 앓고 있는 경우가 아니라면 적당한 운동을 하면서 식사를 잘 하는 것이 훨씬 효과적이다.

STALACTITE

대표적인 칼슘화합물인 염화칼슘은 물을 잘 흡수해 건조제로 사용한다. 물에 녹으면서 많은 열을 방출하기 때문에 제설제나 핫팩의 재료로도 사용한다. 칼슘카바이드는 과거에 조명으로 사용하기도 했고, 과일을 인위적으로 숙성시키는 데 사용하기도 했다. 종유석, 석순과 같은 동굴 내 퇴적물 또한 탄산칼슘이 쌓여 만들어진 것이다. 흑칠판에 사용하는 분필이나, 운동장에 선을 그리기 위해 쓰는 흰 가루도 바로 칼슘화합물인 이 탄산칼슘이다.

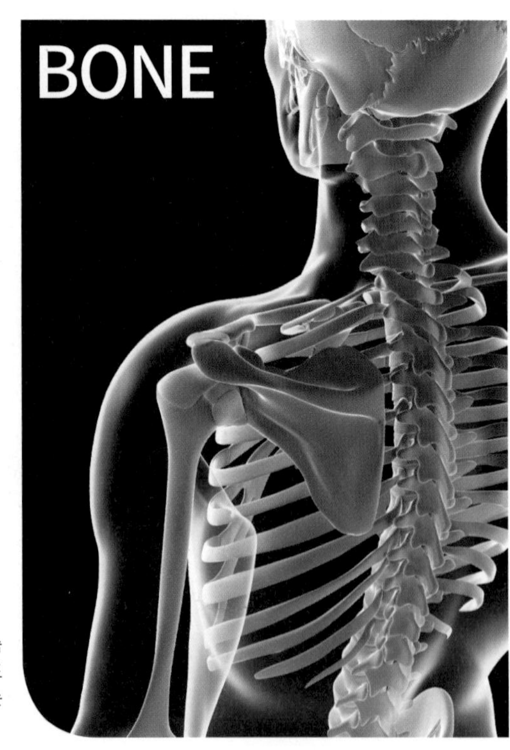

대리석이나 석회석의 주성분이며, 척추동물의 뼈를 구성하는 인산칼슘에도 함유되어 있다. 오래전부터 석회석의 상태로는 많이 사용하면서도 그 정체는 알지 못했으나, 베르셀리우스가 석회에서 칼슘을 추출하는 데 성공했다. 석회를 의미하는 calx에서 따서 이름을 붙였다.

Sc

scandium

44.955 g/mol

21

스칸듐 | 전이금속

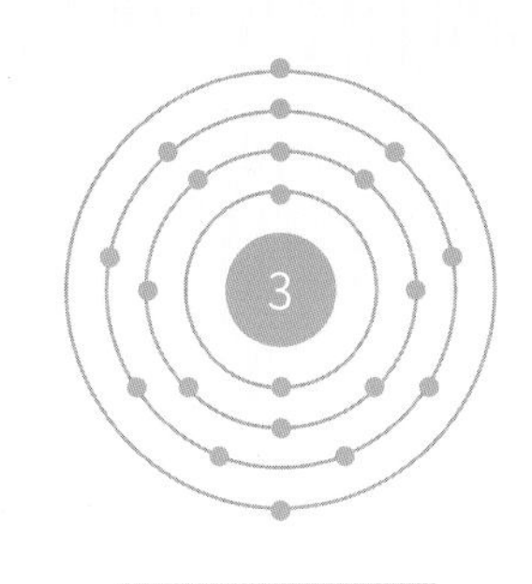

[Ar]3d¹4s²

여름철 운동 경기는 온도가 높은 한낮을 피해 주로 야간에 벌어진다. 야간 경기를 위해 운동장을 찾으면 놀라운 광경을 볼 수 있다. '대낮처럼 밝다'라는 표현에 손색이 없을 정도로 밝기 때문이다. 경기장 주변에 설치된 스탠드를 보면 위쪽에 수많은 조명이 줄지어 설치되어 있다. 분명 일반적인 조명은 아니다. 조명에 사용되는 것은 대부분 메탈 할라이드 램프metal halide lamp이다. 여기에는 일반적인 전구에 사용되는 수은과 아르곤 외에 스칸듐을 이용한다. 아이오드화스칸듐(ScI_3)이라는 스칸듐-할로젠화합물로 채워져 있다. 전류가 흐르면 방전하며 발생한 열전자에 의해 금속 원자와 할로젠 원자로 해리된다. 이온화된 금속 원자의 빈 곳에 전자가 채워지거나 들뜬 금속 원자의 전자가 안정화되며 그 에너지에 상응하는 원소 특유의 강한 스펙트럼을 발산한다. 일반적인 할로젠 램프와 비교하면 소비 전력은 절반이면서 수명은 다섯 배에 달한다. 이 조명은 방송 촬영용 조명에도 사용한다.

스칸듐의 가장 대표적인 활용은 메탈 할라이드 램프이다. 발광관에 스칸듐을 넣고 방전하는 것으로, 태양광과 비슷한 수준의 고휘도 빛을 발할 수 있다. 알루미늄과 합금으로 만들면 알루미늄의 가벼운 성질을 그대로 가지면서 강도와 탄성이 비약적으로 증가한다. 내부식성도 강해, 항공우주 산업에서 활용한다.

멘델레예프는 주기율표를 만들면서 아직 발견되지 않은 원소의 존재를 예측했다. 칼슘과 타이타늄 사이에 존재할 거라고 생각한 원소에 에카붕소ekaboron라는 이름을 붙였는데, 10년 후에 닐슨이 미지의 원소를 발견하면서 이 예측이 맞아떨어졌다. 이 원소는 스칸디나비아반도에서만 발견되는 광석에서 나왔기 때문에, 그 이름을 따 명명했다.

Ti

titanium

47.867g/mol

22

타이타늄 | 전이금속

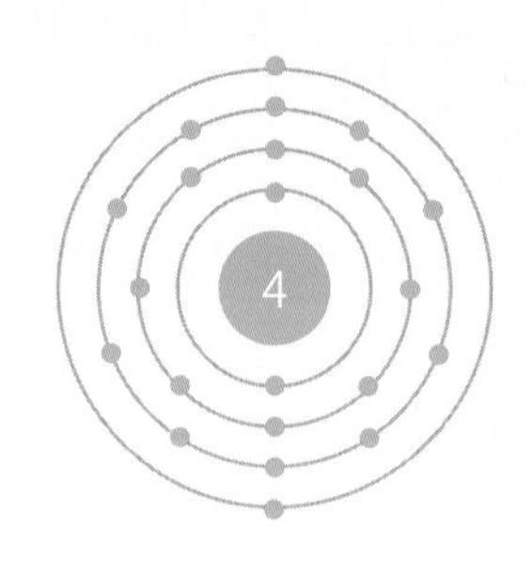

[Ar]$3d^{2}4s^{2}$

우리 몸에는 외부의 물질에 대한 방어 능력이 있다. 차단하거나 배출하거나 면역체계가 동작해 염증 반응을 일으키는 것들이 모두 이에 해당한다. 질병 등을 대상으로 정상적인 방어 시스템이 동작하는 것은 환영할 일이다. 그런데 의학기술이 발달하며 파손된 장기나 기관을 대체하기 위해 인공적인 신체기관을 체내에 삽입하는 사례가 늘어났다. 이렇게 이로운 목적으로 삽입하는 물질에도 거부반응이 일어난다. 다행히 타이타늄은 생체 거부반응에 자유로울 뿐만 아니라 생체조직과의 친화성도 좋다. 그래서 치아 임플란트나, 뼈에 삽입하는 인공관절 등 시술에 타이타늄으로 만든 의료용 기구를 사용한다. 1952년 스웨덴 의사 브로네마르크는 골수의 혈액 생성을 연구하기 위해 토끼의 넓적다리뼈에 얇은 타이타늄 창을 붙여 뼈의 안쪽을 관찰했는데 타이타늄 조직을 중심으로 뼈 조직이 형성되어 융합하는 기이한 현상이 관찰된 후 타이타늄의 특성을 활용해 체내 삽입용 보철물 기술이 발전하게 되었다.

ALLOY

주로 합금에 쓰인다. 경도가 높고 열에도 강하다. 고급 안경테나 골프클럽, 자전거 등 다양한 곳에 쓰인다. 타이타늄 합금이 가장 많이 사용되는 곳은 항공기이다. 특히 정찰기의 경우 100% 타이타늄으로 만들어진다. 광촉매로 잘 알려진 이산화타이타늄은 화장품이나 자외선 차단제에도 사용된다. 인체에 전혀 유해성이 없고, 생체 조직과도 친화력이 좋다.

1791년 윌리엄 그레고르William Gregor 목사가 새로운 광물을 발견하고 메나카이트manaccanite라는 이름을 붙였다. 그러나 1795년 화학자 클라프로트Martin H. Klaproth가 발표한 이름이 채택되었다. 두 가지가 같은 원소라고 밝혀진 것은 1797년의 일이다. 타이탄(티탄)은 그리스 신화에 나오는 거인신을 지칭하는 말인데, 이런 이름이 붙은 이유는 밝혀진 바가 없다.

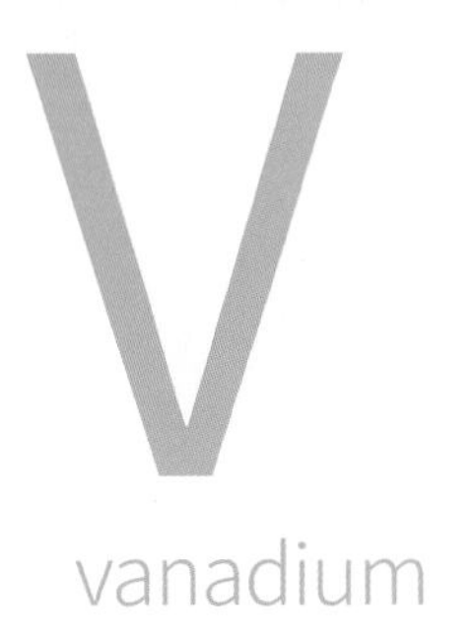

vanadium

50.9415 g/mol

23

바나듐 | 전이금속

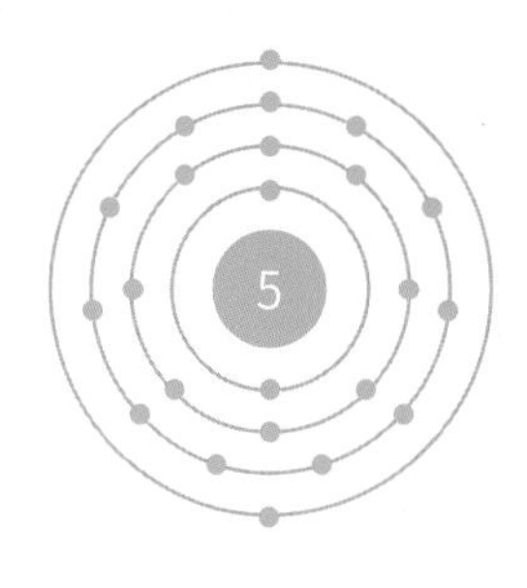

$[Ar]3d^3 4s^2$

외부에서 힘을 가해 형태를 변형시켰다가 힘을 제거하면 다시 원래의 상태로 돌아오는 성질을 탄성elasticity이라고 한다. 스프링은 이를 이용해 충격 에너지를 흡수하는 원리이다. 볼펜에서 침대, 자전거, 엘리베이터 및 각종 전자제품에 이르기까지, 우리 주변의 다양한 곳에서 스프링을 활용하고 있다. 특히 자동차는 1,000종 이상의 스프링을 사용한다. 일반적으로 둥근 형태의 코일스프링은 주로 자동차의 서스펜션으로 가장 많이 쓰인다. 자동차 바퀴 위를 보면 차축과 연결해 충격을 흡수하는 서스펜션을 볼 수 있다. 판으로 만든 스프링은 편편한 판을 여러 개 겹쳐 강한 스프링 효과를 낸다. 주로 대형차에 사용한다. 철로 만든 스프링이 이런 엄청난 탄성을 가진다는 게 가끔 보면 놀라울 정도이다. 그 비밀이 바로 바나듐이다. 바나듐 약간을 강철에 섞으면 강철 결정의 크기가 작아진다. 그래서 탄성과 점성viscosity이 커진다. 점성은 서로 붙어 있는 부분이 떨어지지 않으려는 성질을 말한다. 쉽게 말하면 잘 늘어난다는 얘기이다.

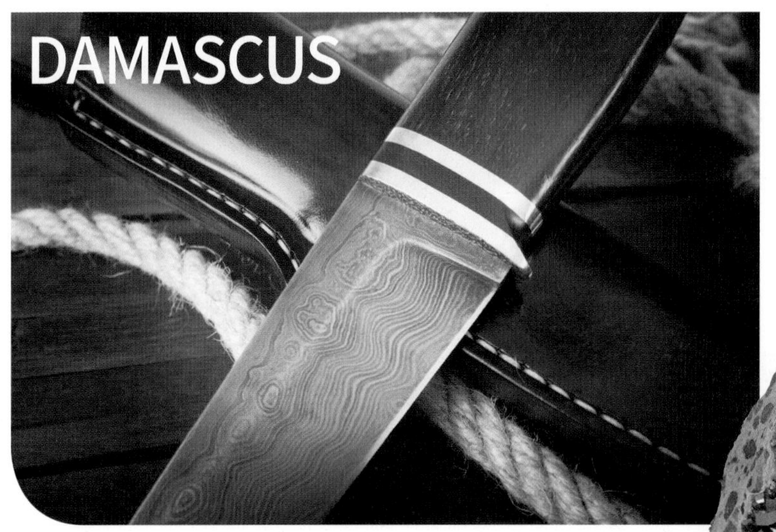

바나듐을 철에 첨가하면 강도가 강해지기 때문에 차량 등에 많이 활용된다. 그러나 놀랍게도 지금으로부터 약 1,000년 전에 이미 바나듐 합금이 사용된 곳이 있다. 십자군 전쟁 당시 이슬람의 군대는 바나듐을 섞어 놀랍도록 강도가 뛰어난 다마스쿠스 강으로 무기를 만들어 사용했다. 다마스쿠스 강은 특유의 방법으로 제련하는 과정 때문에 표면에 아름다운 무늬가 나타난다.

VANADIS

바나듐은 처음 발견되었을 때, 그리스어로 '모든 색'을 의미하는 panchrome에서 딴 판크로뮴이라는 이름이 붙었다. 에리스로늄이나 리오늄이라는 이름도 제시되었으나 결국 채택된 것은 발견자가 아닌 스웨덴 화학자가 제안한 바나듐이다. 여러 가지 색을 띠는 아름다운 외관을 보고, 북구신화의 미의 여신 프레이야의 별명 VANADIS에서 딴 것이다.

51.996g/mol

24

크로뮴 | 전이금속

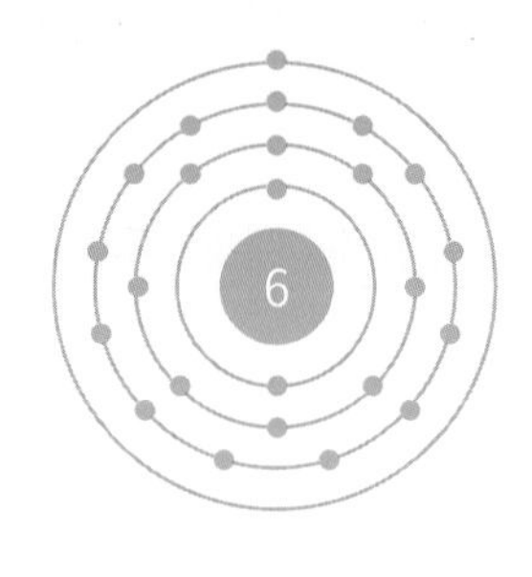

$[Ar]3d^5 4s^1$

1912년 영국의 제강회사 연구원 해리 브리얼리는 휴식시간에 공장 폐자재 더미에서 반짝이는 쇳조각을 발견했다. 이 조각은 예전에 대포 포신 재료를 개발하던 중 실패로 버려진 철 합금이었다. 그런데 버려진 지도 오래됐고 비를 맞았음에도 녹이 슬지 않았던 것이다. 이에 주목한 브리얼리가 조각을 분석해서 새로운 합금을 만들었다. 이 합금은 녹이 슬지도 않았고, 음식물을 담아도 얼룩이 생기지 않았다. 바로 스테인리스 스틸이다. 이 합금에 들어간 여러 금속 중 가장 핵심이 되는 것이 크로뮴이다. 브리얼리는 스테인리스 스틸을 만들면서 새로운 원소인 크로뮴 또한 발견해냈다. 크로뮴은 산화되면 부동태라 불리는 단단한 산화 피막을 만든다. 일반적으로 크로뮴을 11% 이상 함유해야 스테인리스 스틸이라고 부른다. 일반적으로 스테인리스 스틸 제품에는 두 가지 숫자를 표기한다. 앞의 숫자는 크로뮴 함유량이고, 뒤의 숫자는 니켈 함유량이다. 그 외에도 스테인리스 스틸에는 탄소, 망가니즈, 몰리브데넘 등이 함유되어 있다.

QIN SHI HUANG

기원전 중국을 통일했던 진시황의 무덤인 진시황릉에 부설된 병마용에서 청동 화살촉과 칼 등이 발견되었다. 그런데 오랜 세월이 지났음에도 부식이 되지 않아 놀라움을 샀는데, 확인 결과 크로뮴이 도금되어 있었던 것이 발견되었다. 그로부터 1,700년이 지나도록 역사적으로 크로뮴이 발견된 증거는 찾지 못했다.

COLORS

크로뮴은 다른 금속과 합금으로 많이 쓰인다. 크로뮴 도금 특유의 은회색 광택이 인상적이지만, 크로뮴 화합물은 생각 외로 다채로운 색을 띠는 물질이다. 19세기 초부터 크로뮴산 납을 사용한 천연 안료가 물감이나 안료에 사용되기도 했다. 산화알루미늄에 크로뮴을 첨가하면 붉은색을 띠는 루비가 되기도 한다. 애초에 크로뮴의 이름이 그리스어로 색을 의미하는 chroma에서 왔다.

Mn

manganese

54.938 g/mol

25

망가니즈 | 전이금속

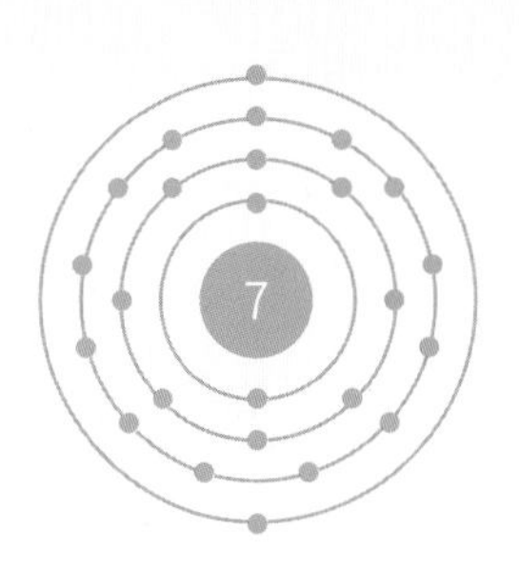

[Ar]$3d^5 4s^2$

자판기는 동전을 어떻게 구별할까? 핵심은 전자기 유도 현상이다. 자판기에 들어간 동전은 모양과 무게를 검사하며 1차 관문을 통과한다. 이후 동전은 자기장이 있는 경사 구간을 지나간다. 금속 종류에 따라 받아들이는 자력의 정도가 달라서, 자기장을 통과하는 동전의 속도는 동전의 성분에 따라 달라진다. 지나치게 무겁거나 일정 기준의 전류의 영향을 적게 받은 동전은 이때 빠른 속도로 떨어지며 반환된다. 최신식 자판기는 동전 속도를 보다 과학적으로 검사한다. 양극 전공관과 감광장치가 동전의 속도를 측정한다. 측정치가 자판기에 입력된 메모리와 일치할 경우에 받아들인다. 동전에 망가니즈를 넣는 나라가 많은데, 그 이유가 바로 이것이다. 망가니즈는 우수한 전자기적 성질을 가지기 때문에, 자판기가 확실하게 인식하기 쉽다. 또한 망가니즈는 모든 생명체에게 필수적인 무기염류이기도 하다. 생물의 물질대사에 이용되기에, 인간의 경우 부족하면 근육의 떨림이나 골다공증 등의 증상이 나타날 수 있다.

망가니즈가 함유된 동전은 자판기가 쉽게 인식하지만, 그렇다고 크기가 같다고 아무 나라 동전이나 넣어도 인식이 되는 것은 아니다. 나라별로 동전의 성분이 다르기 때문이다. 생산되는 망가니즈의 90%는 합금 제조에 사용되지만, 우수한 전자기적 성질을 살려 자석이나 전지 등에도 사용된다.

지구상에 열두 번째로 많은 원소이지만 대부분 바다에 있다. 망가니즈와 다른 광물이 공 모양으로 뭉쳐진 단괴가 태평양 심해저에 수천억 톤이나 깔려 있을 것으로 예상된다. 금속 자원을 지속적으로 사용해야 하는 지금, 기대되는 미래의 자원이다. 아직 본격적으로 개발하고 있지는 못하지만, 2016년에 국내 기술로 로봇을 이용한 채굴이 성공하면서, 상용화가 가까워지고 있다.

Fe

Iron

55.845 g/mol

26

철 | 전이금속

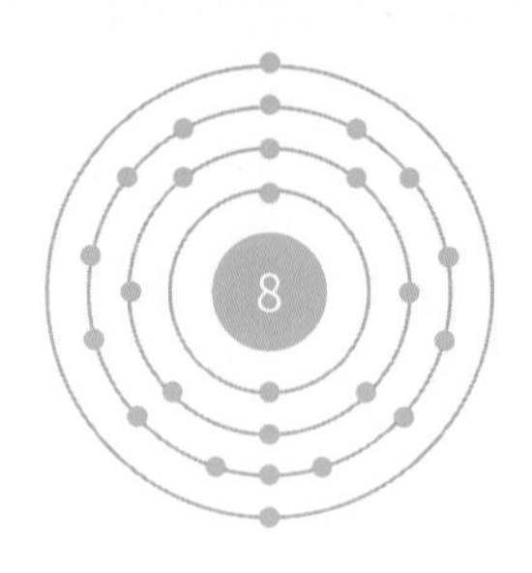

[Ar]$3d^6 4s^2$

우리가 아는 태양은 별의 초기 형태이다. 다양한 별은 질량에 따라 서로 다른 원소를 재료로 빛을 낸다. 질량이 큰 별은 수소핵을 융합시키며 탄소와 네온 등 더 무거운 원소를 만들어 별의 에너지원으로 삼는다. 점점 커지는 에너지는 26번 원소인 철을 만드는 데까지 이른다. 양성자 스물여섯 개를 가진 철을 만들려면 온도가 30억°C 이상이 돼야 한다. 별에서 철보다 무거운 원소는 만들어지지 못한다. 핵융합 에너지로는 그 이상의 에너지를 만들 수 없기 때문이다. 별은 이렇게 다양한 원소를 사용하면서 커지다가, 철을 마지막으로 죽음을 맞이한다. 더 이상 핵융합을 할 수 없게 된 별은 내부 압력을 견디지 못하고 스스로 붕괴할 수밖에 없다. 이것이 초신성 폭발supernova이다. 철보다 무거운 나머지 원소는 이로 인해 만들어진다.

EARTH CORE

철은 지구에서 가장 많은 원소이다. 질량비로 보면 지구 전체 질량의 30%가량이다. 하지만 대부분은 지구의 핵 안에 있다. 핵은 90%가 철이지만 지각에서는 고작 6%밖에 차지하지 않는다. 대부분 고체인 철로 이루어진 지구의 내핵은, 액체인 외핵 안에서 자전하며 지구를 거대한 자석으로 만들었다.

STEEL INDUSTRY

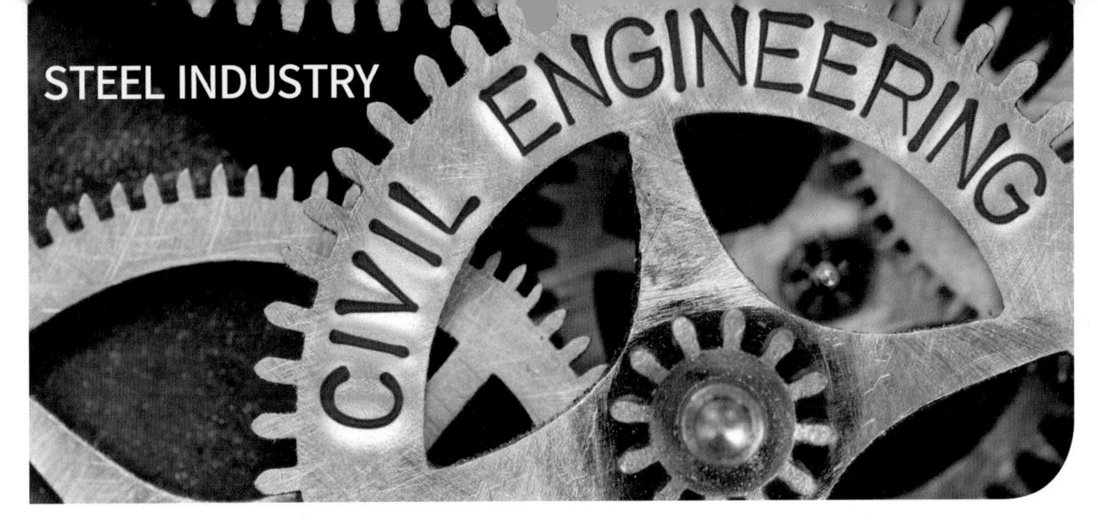

철은 지구상에 풍부한 자원으로, 비교적 낮은 비용으로 대부분의 산업과 인류 생활에 사용된다. 철은 인류가 금속을 다루기 시작한 이후로 가장 중요하게 쓰인 금속 원소이다. 철에는 '산업의 쌀'이라는 별명이 있다. 철은 전 세계 금속 생산량의 95%를 차지하며 다른 금속과 합금하는 소재이기도 하다. 합금뿐만 아니라 다른 물질과 함께 유용하게 사용되기도 한다.

RUST

철은 은회색 광택의 금속이다. 공기 중에서 녹이 잘 슨다고 알려져 있지만, 물과 산소 그리고 전해질의 세 가지 조건이 맞아야 한다. 녹은 산화작용인데, 다른 금속은 산화되며 얇고 강한 보호막을 표면에 만들기 때문에 금속 내부로는 산화가 진행되지 않는다. 그런데 철은 녹스면 녹의 부피가 커진다. 커진 녹은 떨어져 나가고 점점 안쪽으로 산화되다가 결국 사라진다.

HITTITE

인류는 단단한 철보다 무른 구리를 먼저 사용했는데, 그 이유는 간단하다. 철광석으로부터 철을 야금할 기술이 없었기 때문이다. 구리의 녹는점은 1,083°C이지만 철의 녹는점은 1,535°C이다. 언제부터 인류가 철을 야금할 수 있었는지는 확실하지 않다. 최초로 철기를 다룬 것은 기원전 1,500년경, 소아시아의 히타이트 왕국으로 여겨진다.

HEMOGLOBIN

철이 없다면 인류는 존재할 수 없다. 광합성을 하는 식물과 달리 산소 호흡을 하는 생명체는 산소가 필요하다. 세포에 산소를 전달하고 대사를 계속해야 살아갈 수 있다. 혈액에 들어 있는 적혈구가 산소를 운반하는데, 이것을 적혈구 안의 헤모글로빈이라는 분자가 담당한다.
산소는 헤모글로빈 안의 철 이온과 결합해서 옮겨진다.

58.9331g/mol

27

코발트 | 전이금속

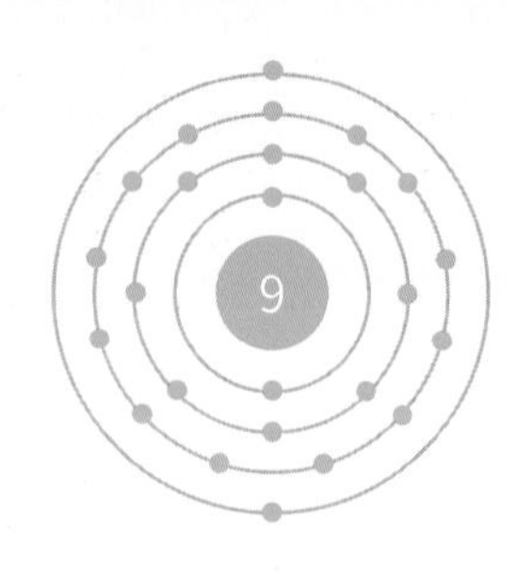

$[Ar]3d^7 4s^2$

밀봉된 제품에는 실리카 겔이라는 물질이 같이 들어 있는 경우가 있다. 비타민 같은 건강보조제나 알약이 든 병에도 있고, 김이나 과자처럼 수분에 의해 변질될 가능성이 있는 제품 등에도 동봉된다. 실리카 겔은 지각에서 가장 풍부한 원소인 규소로 만들어진다. 이산화규소(SiO_2) 형태로, 순도 99.9%의 친환경 물질이다. 우리가 알고 있는 유리 물질과 같은 성분이다. 쉽게 말해서 유리를 가공해 발포 스티로폼과 같은 형태로 가공한 것이다. 현미경으로 보면 다공질 구조를 갖기 때문에 작은 공간에 수분을 흡수할 수 있다. 수분의 흡수 정도를 알려주는 자가 지시 겔의 경우에 푸른색을 띤다고 해서 블루 겔이라 부른다. 이 실리카 겔은 수분을 흡수하면 붉은색으로 변한다. 염화코발트($CoCl_2$)를 함유하면 푸른빛의 실리카 겔이 된다. 하지만 발암물질로 규명되어 현재는 사용하지 않는다. 만약 블루 겔을 사용한다면 성분을 반드시 확인해야 한다.

KOBOLD

은은 중세부터 귀금속으로 여겨졌다. 그런데 대표적인 산지인 독일 작센 지역에서, 16세기 들어 은 생산량이 줄어들었다. 은과 함께 채굴된 은회색 광석이 은의 제련을 방해했기 때문이다. 이 불순물은 제련 시 비소 증기를 내뿜어 광부를 병들게 하고 용광로까지 손상시켰다. 광부들은 이 광물을 도깨비가 은을 감추고 해로운 돌로 바꿨다고 여겨, 독일 전설에서 광산이나 굴에 산다고 하는 도깨비kobold의 이름으로 불렀다.

COBALT BLUE

코발트는 단단하고 연한 푸른빛을 띠는 은회색 금속이다. 겉보기에 철과 니켈 그리고 은과 비슷하다. 청명하고 푸른 하늘을 보면 으레 코발트를 떠올릴 정도로 오래전부터 화합물의 형태로 사용해오기도 했다. 도자기의 푸른색 문양에는 코발트 안료를 사용한다. 코발트블루는 알루미늄산 코발트이고, 염화코발트는 물과 만나 분홍색을 띤다.

58.6934 g/mol

28

니켈 | 전이금속

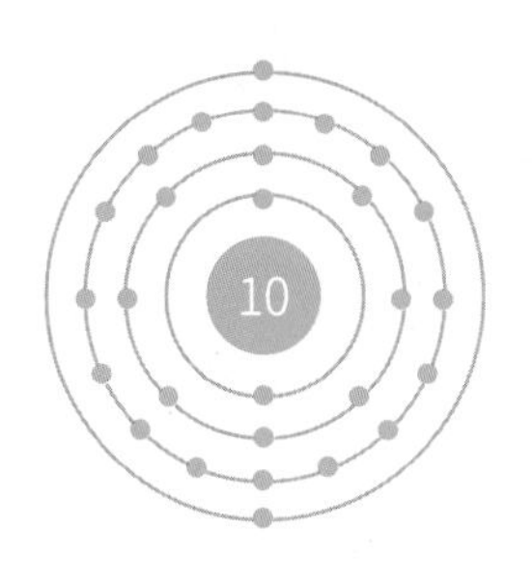

[Ar]$3d^8 4s^2$

헤어드라이어의 원리는 간단하다. 팬으로 드라이어 뒤쪽의 공기를 끌어들여 드라이어 앞으로 내보낸다. 공기의 출구 쪽에는 열선이 있다. 열선은 전기저항이 큰 합금 전기저항선이다. 전하가 저항으로 흐르기가 어려워 열로 방출되는 원리이다. 이렇게 전기 에너지를 열에너지로 이용하는 생활 기구는 주변에 많다. 토스터기는 내부에 있는 열선이 달아오르면서 빵을 구워낸다. 겨울철 온풍기도 열선을 이용해 난방을 한다. 다리미의 내부에도 열선이 들어 있다. 이런 열선으로 니크롬선을 많이 사용한다. 니크롬선은 고온에서도 산화되지 않고 부식에도 강하다. 니크롬선은 니켈과 크로뮴의 합금이어서 이러한 이름이 붙여졌다. 실제로 니켈이 57% 이상 들어 있고 크로뮴이 15~21% 있다. 나머지는 미량의 규소와 철이 함유된 합금이다. 니크롬선은 저항률이 110μΩ㎝(마이크로옴센티미터)로 높고 가공하기 쉬우며 값이 저렴하다. 저항으로 인한 최고온도는 950℃로 전기로를 비롯하여 전열기·저항선 등에 널리 사용되고 있다.

중세 독일 광부들은 구리광석과 겉보기가 비슷한 붉은 갈색 광석을 발견했다. 정련했지만 구리를 얻지 못하고 독성 증기로 병만 얻었다. 증기는 산화비소(AsO_3)였고 광물은 홍비니켈석인 비소화니켈(NiAs)이다. 이를 악마의 저주라고 생각한 광부들은 이것을 '악마의 구리'라는 의미에서 쿠퍼니켈kupfernickel이라 불렀다.

다른 금속 원소와 합성하여 동전 등에 쓰이기도 하고, 전기 도금한 장식용, 이차 전지의 양극 물질 등 다방면으로 쓰이는 원소이지만 사람의 몸에는 필요로 하지 않는다. 불필요한 원소가 몸에 들어오면 독성을 발휘한다. 니켈은 개인차가 있지만 알러지를 일으키는 물질이며, 여러 니켈 화합물들은 발암 물질로 알려져 있기도 하다.

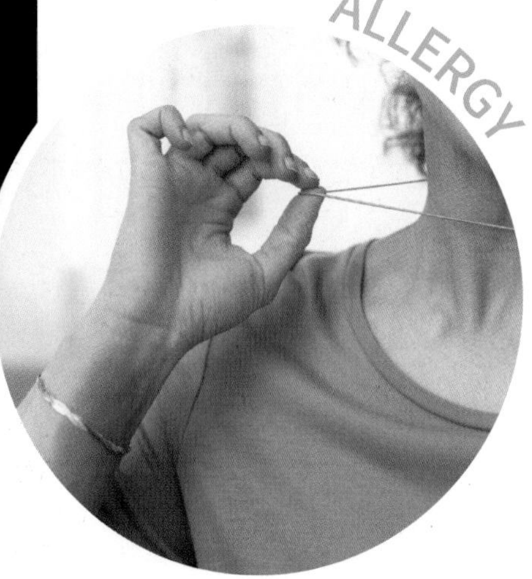

63.546 g/mol

29

구리 | 전이금속

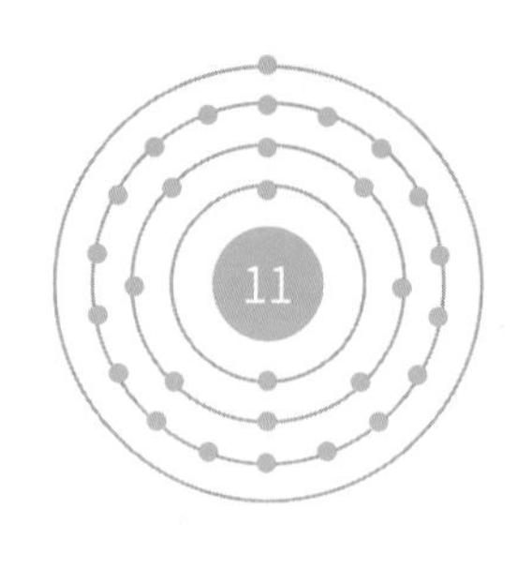

$[Ar]3d^{10}4s^{1}$

예전에는 탈취를 위해 신발에 10원짜리 동전을 넣어놓곤 했다. 지금은 재료가 바뀌었지만, 과거에는 구리가 많이 들어 있었기 때문이다. 구리에는 항균 기능이 있다. 물론 순수한 구리로 된 건 아니었고 구리와 아연의 합금이었다. 1966년, 우리나라에서 최초로 발행된 10원 동전에는 구리 88%가 함유됐다. 하지만 점차 함량이 줄어, 지금 사용하는 동전은 48%밖에 되지 않는다. 만약 항균 혹은 살균 효과를 기대한다면 옛날 동전을 사용해야 한다. 고대부터 주화를 만드는 데 구리를 사용했다. 구리가 제련이 쉽고 매장량도 풍부하기 때문이지만, 많은 사람의 손을 거치는 물건이라, 살균 작용이 필요했기 때문이기도 하다. 그래서 동전처럼 문손잡이나 난간, 엘리베이터 버튼 등 사람의 손을 많이 타는 곳에 구리로 된 물건이 많았다. 최근에 쉽게 찾아볼 수 있는 항균 필름이 바로 구리 필름이다.

COPPER AGE

인류가 이용한 최초의 금속이다. 지구의 분포량으로 따지면 철이 훨씬 많지만, 철기시대는 동기와 청동기 시대 이후이다. 이유는 간단하다. 구리광석은 비교적 큰 금속덩어리 형태로 존재했기 때문이다. 다른 금속은 광물에 섞여 있어서 존재를 몰랐고, 알더라도 별도의 복잡한 제련이 필요했다. 인류가 구리를 이용한 것은 최소 1만 년 이전으로 보고 있다.

BRONZE

동기 시대 이후, 주석과의 합금인 청동이 한 시대를 풍미했다. 청동기 시대는 지역과 나라마다 조금씩 차이가 있다. 현재 남은 유물로 보면 아랍에서 시작해 유럽과 중국 그리고 한반도로 확장했다. 구리는 무르다. 견고함을 필요로 하는 곳에 사용하기 어려웠다. 그러나 구리 합금인 청동은 단단하고, 표면의 녹이 산화로부터 내부를 보호한다.

THE STATUE OF LIBERTY

청동도 녹이 슨다. 실온의 건조한 공기중에서는 잘 산화되지 않지만, 공기가 습하면 습기와 이산화탄소가 작용해 녹이 슨다. 청동에 스는 녹은 염기성 탄산구리가 주성분으로, 녹청색을 띤다. 두껍지만 철과 달리 조직이 치밀해, 내부로는 스며들지 않는다. '자유의 여신상'의 특징적인 색이 바로 이 녹청색 녹이다.

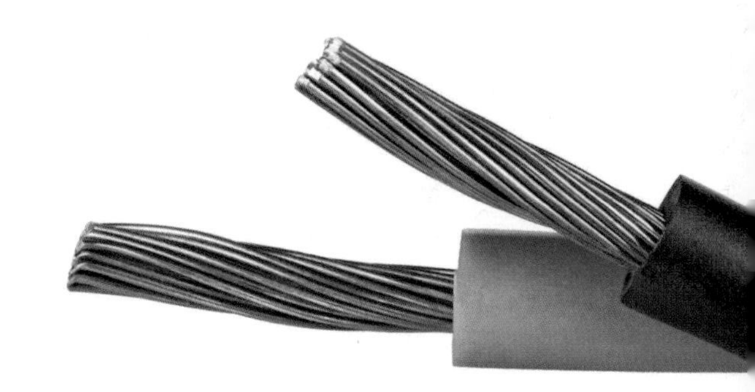

CONDUCTIVITY

구리는 전기전도도가 좋다. 실온에서 전도도가 제일 좋은 것은 은이지만 은이 너무 비싸기 때문에 구리선을 전선으로 사용한다. 하지만 구리가 다소 무거워 전송탑이 지탱하기 어렵기 때문에, 두꺼운 고압선의 경우 알루미늄을 사용하기도 한다.

STERILIZATION

구리는 강한 살균작용을 한다. 우리가 동전에 구리를 사용하는 이유는 많은 사람들의 손을 타기 때문이다. 구리 표면에서는 곰팡이나 미생물이 살아 있기 힘들다. 발냄새 방지용 깔창도 발이 닿는 부분에 구리 성분을 넣는데, 구리의 살균작용을 이용하는 것이다.

Zn

zinc

65.38 g/mol

30

아연 | 전이금속

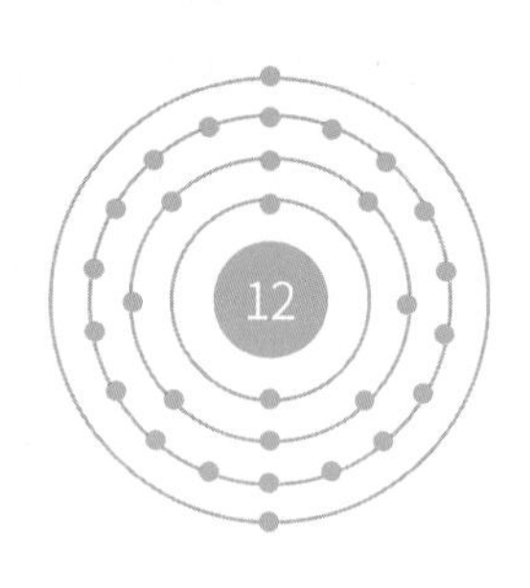

[Ar]$3d^{10}4s^{2}$

'희생양극'이라는 용어가 있다. 철이 산소를 만나면 산화한다. 녹이 스는 것이다. 산소가 풍부한 바다의 경우에 녹에 의한 철의 부식이 빨라진다. 목재로 된 배도 있지만 대형 선박은 대부분 철제다. 배를 만들 때 가장 중요한 작업 중에 하나가 녹스는 것을 막는 일이다. 철보다 더 쉽게 산화되는 물질을 철 위에 덧대어 놓으면 철을 대신해 녹이 슬어 철은 녹슬지 않는다. 철의 내부에서 발생한 전자를 이런 물질이 넘겨받아 산소와 먼저 결합하는 것이다. 이것을 희생양극법이라고 한다. 아연이 바로 희생양극이다. 한때 건축에서 외부에 노출된 건물 외장재로 '함석'을 사용했다. 함석지붕은 마치 저렴한 외장재로 취급되지만 특수한 기능이 있다. 내부식 효과가 뛰어 났기 때문이다. 함석은 아연이 도금된 철강재이다. 철과 아연 중에서 아연이 쉽게 이온화되기 때문에 아연이 있는 한 철은 녹슬지 않는다. 희생양극에는 아연 이외에도 마그네슘이 있다. 지하 수도관이나 선박에 아연이나 마그네슘을 구리로 연결하거나 용접했다.

ZINKE

순수한 아연을 얻는 기술은 아랍에서 시작했다. 산화아연을 숯으로 환원시키면 높은 온도에서 아연은 증기상태가 된다. 이때 공기와 접촉하지 않고 아연증기를 응축시키면 금속 아연을 얻을 수 있다. 공기와 접촉하면 다시 산화되기 때문이다. 일종의 증류법이다. 아연의 이름은 독일어로 '뾰족한 끝'을 의미하는 zinke에서 따왔을 가능성이 크다. 증류한 금속 아연이 바늘모양이었기 때문이다.

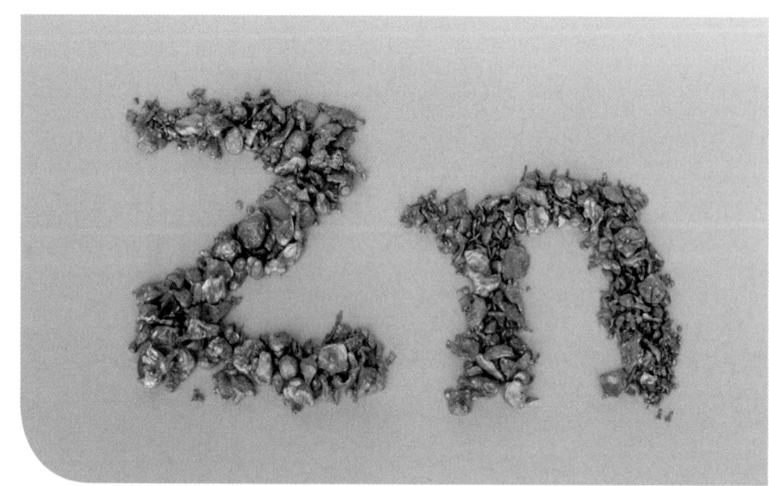

SEXUAL FUNCTION

아연은 지각에 스물네 번째로 많은 원소이다. 이렇게 풍부한 원소는 생명체에게 필수적인 경우가 많다. 성인은 하루에 5mg의 아연이 필요하다. 우리 몸의 다양한 효소가 동작하는 데 아연이 필요하다. 특히 성호르몬과 성장호르몬 등의 효소작용에 관여해서 성기능에 직접적인 영향을 준다. 바람둥이의 대명사인 카사노바가 아연이 많이 함유된 생굴을 즐겨 먹었다는 이야기는 괜한 것이 아니다.

Ga

gallium

69.723 g/mol

31

갈륨 | 전이후금속

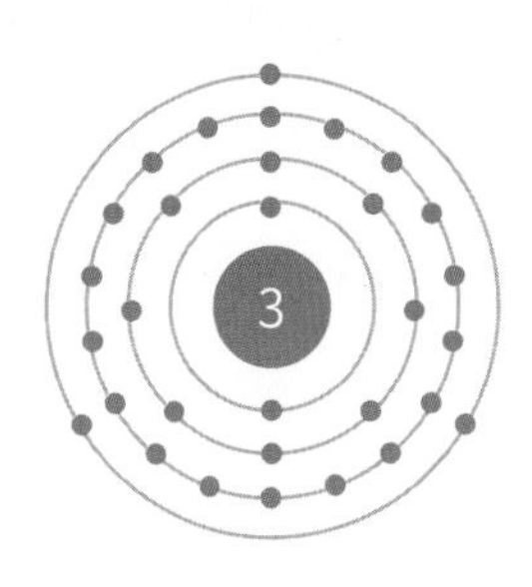

[Ar]$3d^{10}4s^24p^1$

1983년 데이비드 카퍼필드는 엄청난 마술로 관객들의 탄성을 불러일으켰다. 그는 수많은 사람들 앞에서 자유의 여신상을 사라지게 했다. 당시에 일루전은 전 세계에 방송됐다. 그 이전에 1970년대에는 유리 겔라라는 마술사가 있었다. 그는 마술사라기보다는 초능력자로 여겨졌다. 관객들의 기氣를 모아 쇠숟가락을 문지르자 단단한 쇠가 휘어졌던 것이다. 심지어 관객에게 숟가락을 들게 해 손을 맞잡고 주문을 외치게 하며 초능력자의 힘을 전달하는 쇼를 했다. 그러자 관객의 손에 들려 있던 숟가락이 휘는 것이 아닌가. 방송을 보는 시청자들에게도 기를 전달해달라는 주문을 했고, 실제로 숟가락이 휘었다. 사실 이 마술뿐만 아니라 모든 마술이 공공연한 속임수이다. 이 비밀의 정체가 바로 갈륨이다. 멘델레예프가 그 존재를 예측했던 원소 중 하나인 에카알루미늄의 정체이기도 하다. 프랑스의 화학자 폴 에밀 르코크 드 부아보드랑P. E. Lecoq Boisbaudran이 갈륨을 발견하고, 조국 프랑스의 라틴어 이름인 갈리아Galia에서 이름을 따왔다.

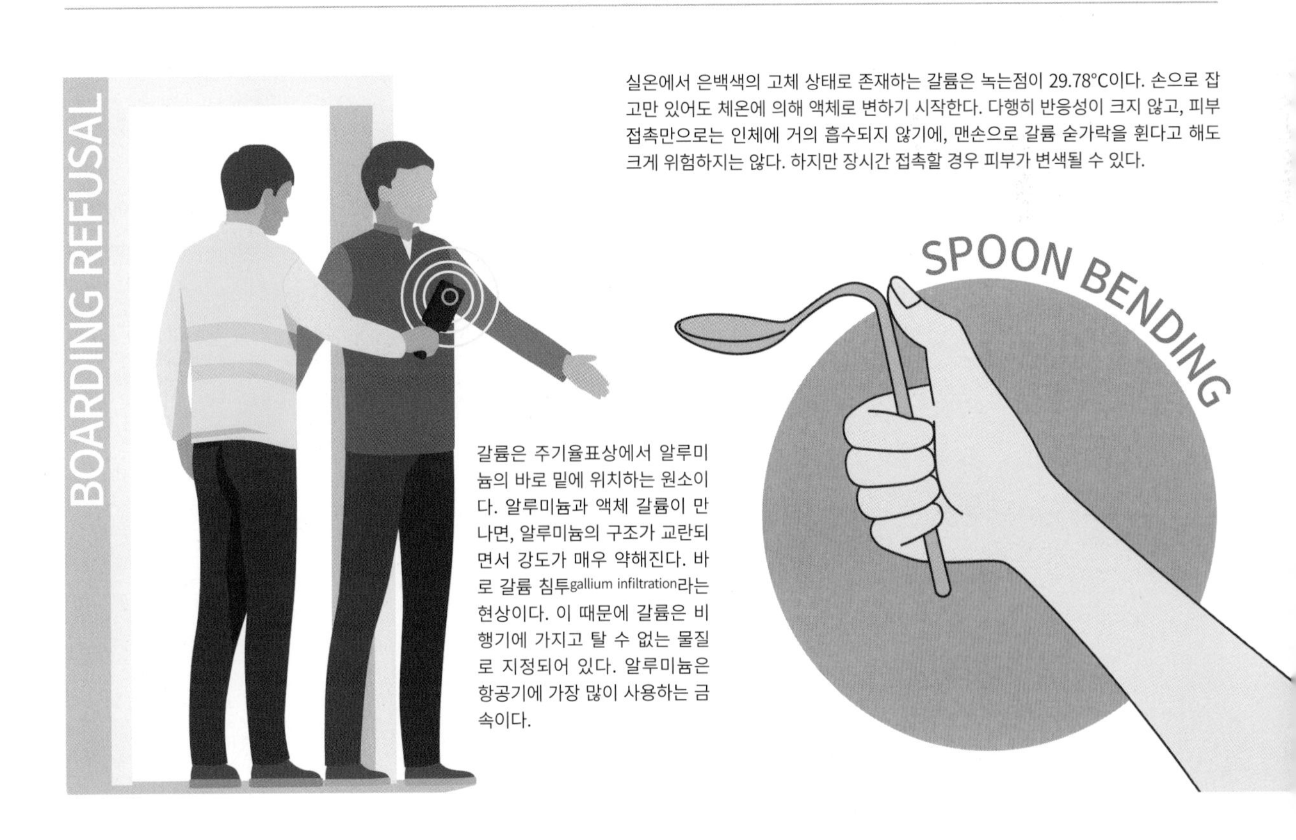

실온에서 은백색의 고체 상태로 존재하는 갈륨은 녹는점이 29.78℃이다. 손으로 잡고만 있어도 체온에 의해 액체로 변하기 시작한다. 다행히 반응성이 크지 않고, 피부 접촉만으로는 인체에 거의 흡수되지 않기에, 맨손으로 갈륨 숟가락을 휜다고 해도 크게 위험하지는 않다. 하지만 장시간 접촉할 경우 피부가 변색될 수 있다.

갈륨은 주기율표상에서 알루미늄의 바로 밑에 위치하는 원소이다. 알루미늄과 액체 갈륨이 만나면, 알루미늄의 구조가 교란되면서 강도가 매우 약해진다. 바로 갈륨 침투gallium infiltration라는 현상이다. 이 때문에 갈륨은 비행기에 가지고 탈 수 없는 물질로 지정되어 있다. 알루미늄은 항공기에 가장 많이 사용하는 금속이다.

Ge

germanium

72.64 g/mol

32

저마늄 | 준금속

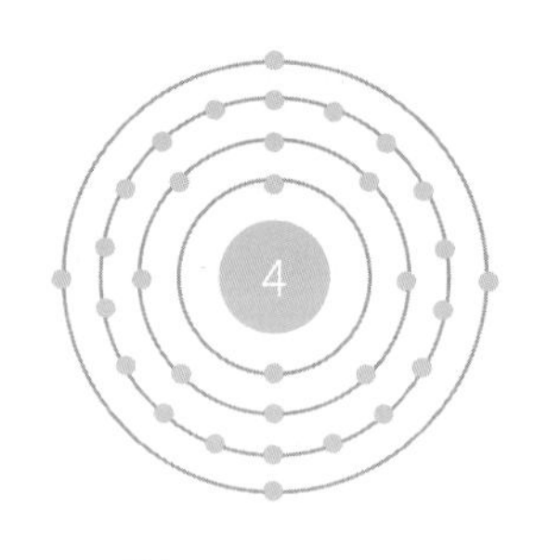

[Ar]$3d^{10}4s^{2}4p^{2}$

집집마다 원적외선 제품 하나씩은 있다. 그런데 정말 원적외선이 건강에 도움이 될까? 제품 홍보에는 "방출된 원적외선이 피부 속 깊숙하게 침투해 인체 조직을 공명 진동하여 열을 발생시키고 세포를 활성화한다"라고 설명한다. 물론 적외선은 투과하며 복사로 인해 열을 발생시킨다. 하지만 피부에 접촉하는 원적외선은 투과함과 동시에 인체의 복잡한 원소로 만들어진 분자들과 상호작용을 한다. 결국 원적외선은 인체 조직을 만나 대부분 산란되거나 흡수되며 미약한 에너지를 잃는다. 실험 결과를 보면 피부 표면 200μm 깊이 이내에서 대부분 에너지가 감쇠되어 사라진다. 대부분의 제품이 가진 성능은 허구일 가능성이 높다. 이런 제품에 가장 많이 사용되는 원소가 저마늄이다. 1886년 독일의 화학자 빙클러Clemens Alexander Winkler가 아지로다이트를 분석하는 도중 저마늄을 분리하는 데 성공했다. 독일의 옛 이름인 Germania에서 이름을 따와, 화학을 활용한 자작시에 곡을 붙여 널리 알렸다.

저마늄이 방출하는 원적외선이 인체에 좋은 효과가 있다고 해서 조리 기구나 몸에 부착하는 팔찌 등 장신구의 형태로 판매된다. 원적외선은 전자기파의 한 종류일 뿐이다. 파장으로 보면 적외선과 전자레인지에 사용하는 마이크로파의 중간 정도 되는 영역이다. 모든 전자기파는 물질을 만나면 반응을 한다. 특별할 것도 없는 이야기이다.

저마늄은 대부분 광섬유로 쓰이고 있다. 특히 산화저마늄은 굴절율이 매우 높고 분산율이 적어 각광받는다. 그 외에 적외선 렌즈나 열영상장비, 프리즘 렌즈 등의 고급 광학기기에 사용되고 있다. 과거에는 반도체 소재로 쓰이기도 했지만, 반도체 소재로서 규소의 우수성이 판명되면서 그 자리는 내주게 되었다.

74.9216 g/mol

33

비소 | 준금속

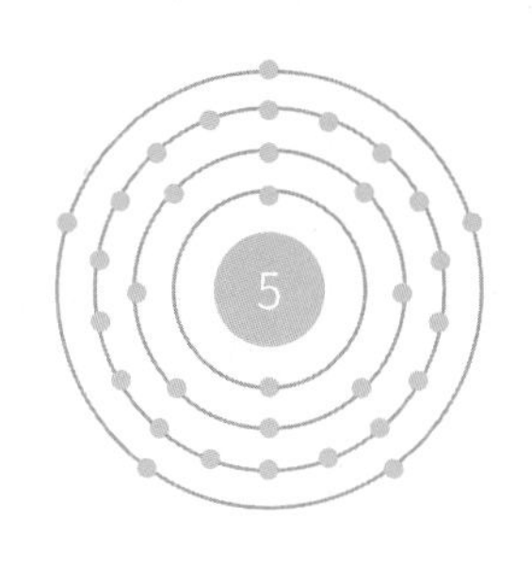

$[Ar]3d^{10}4s^{2}4p^{3}$

나폴레옹 1세는 러시아 원정에 이어 워털루 전투에서 패배하고 프랑스 황제의 자리에서 쫓겨났다. 그리고 남대서양 한 복판에 있는 세인트헬레나Saint Helena섬에 유배됐다. 1659년 영국의 동인도회사가 이 섬을 차지하고 1815년부터 그가 죽던 1821년까지도 영국 직할 식민지의 사법권 아래에 있었으니 적국의 황제였던 나폴레옹의 유배가 녹록지 않았을 것은 자명하다. 천하를 호령하던 나폴레옹도 51세라는 나이로 죽을 때까지 이 섬을 벗어나지 못했다. 그의 죽음을 둘러싼 의문은 지금까지도 회자되고 있다. 공식적인 사인은 위암이지만 독살설도 있다. 독이 든 포도주를 마시고 중독으로 사망했다는 것이다. 또 다른 원인으로 꼽히는 것은 당시 벽지에 함유된 안료로 인한 중독이다. 그의 머리카락에서 어느 물질이 나왔기 때문이다. 바로 오늘날 독약으로 잘 알려진 비소이다. 우리나라에도 유배된 역적에게 임금이 내린 사약의 성분이었다. 지금은 반도체 산업에 널리 쓰이는 원소이다.

POISON

수많은 사람들의 목숨을 빼앗아온 독극물이다. 로마의 네로 황제가 이복형제를 독살할 때도 비소가 쓰였으며, 이탈리아의 유력자였던 보르자Borgias 가문에서는 정적에게 비소를 탄 포도주를 대접했다. 사실 순수한 비소에는 독성이 없지만 산소와 결합하면 맹독인 산화비소가 발생하기 때문에, 자연 상태에서 구할 수 있는 비소화합물은 모두 독성 물질인 셈이다.

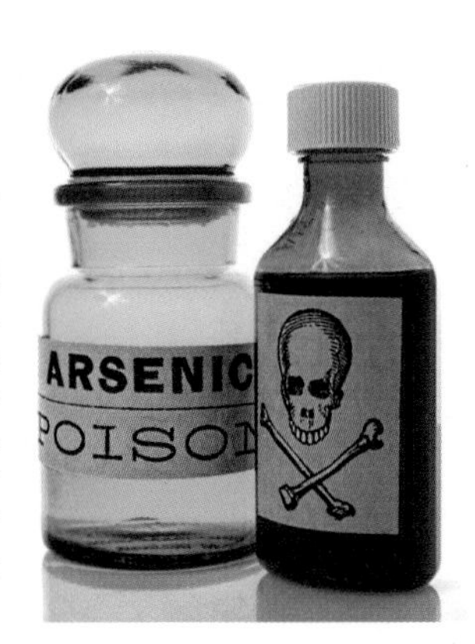

ICEMAN

비소는 오래전부터 사용됐던 것으로 간주되고 있다. 1991년 유럽 지역의 빙하에서 기원전 3,300년 무렵에 살았던 것으로 추정되는 인류의 미이라가 발견됐다. 발견된 지역명에서 따 아이스맨 외치Oetzi The Iceman라 불렀다. 외치의 두발에서 고농도의 비소가 발견되어 그의 직업이 광부였을 거라 추측했는데, 구리 광산에서 채굴된 구리에 비소가 많았기 때문이다.

Se

selenium

78.96g/mol

34

셀레늄 | 비금속

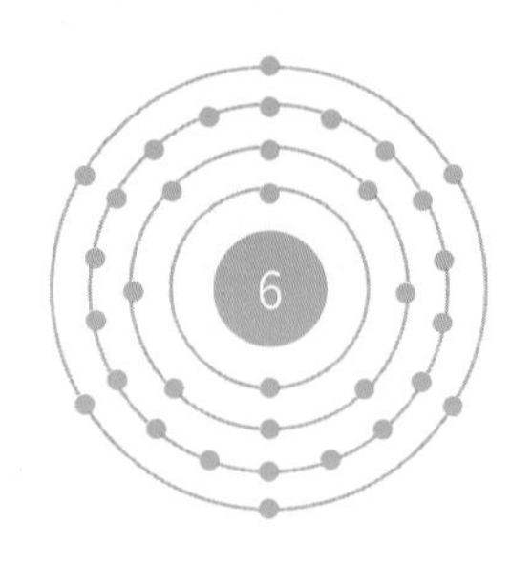

[Ar]$3d^{10}4s^{2}4p^{4}$

전기는 무조건 도체를 타고 흘러야 한다. 흐르지 않는 전하의 뭉치가 바로 정전기이다. 정전기가 도체에 닿아 갑자기 이동하면 높은 전위차를 가지게 된다. 이 전압으로 순간적인 고통을 겪은 경험은 누구나 있다. 하지만 정전기가 무조건 나쁜 것만은 아니다. 우리가 유용하게 사용하는 물건 하나가 정전기 때문에 탄생했다. 바로 복사기이다. 체이터 칼슨은 철로 만든 드럼에 정전기를 이용해 탄소 가루가 달라붙게 하고, 다시 정전기로 탄소를 떼어내 종이 위에 달라붙게 하는 원리로 복사기를 만들었다. 빛을 이용해 원본 종이의 흰 부분에서 반사된 빛이 드럼에 닿으면 음전하를 띠게 만든 것이다. 물론 글자가 있는 부분에 강한 음전하를 띤 탄소 가루가 드럼에 붙는다. 이제 빈 종이 뒤에서 강한 양전하를 주면 드럼에 있던 탄소 가루가 종이로 옮겨지고 180°C의 고열로 탄소를 종이에서 구워낸다. 드럼의 표면에는 물질이 발라져 있는데 평소에는 양전하를 띠지만 빛을 받으면 음전하를 띤다. 그 물질이 바로 셀레늄이다.

1817년 스웨덴 화학자 베르셀리우스와 간은 황산공장에서 일하던 중에 황산에 텔루륨이 들어 있다는 것을 발견한다. 하지만 발견한 물질은 이미 35년 전에 발견한 텔루륨이 아니었다. 불로 태우면 텔루륨과 유사한 향이 나는 새로운 물질을 발견한 것이다. 텔루륨은 지구의 이름에서 따온 것이다. 두 원소의 관계가 지구와 달의 관계와 유사하다고 해서 그리스어로 달의 여신인 셀레네selene에서 이름을 따왔다.

과거에는 독성 물질로 알려졌으나, 1957년에 포유동물에게 필수적인 미량원소임이 밝혀졌다. 세계보건기구(WHO)와 유엔 식량농업기구(FAO)는 1978년에 셀레늄을 필수 영양소로 인정하였다. 강력한 항산화 작용을 가지고 있는 등, 건강식품으로서 각광받고 있다. 암환자에게는 특히 셀레늄 복용이 필수적이다.

NUTRIENT

Br

bromine

79.904 g/mol

35

브로민 | 비금속

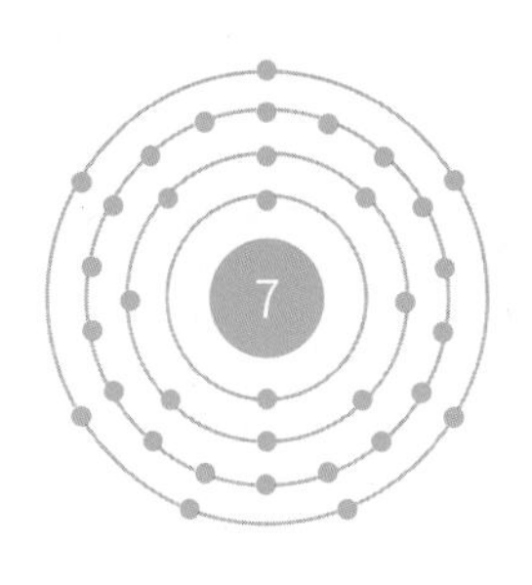

$[Ar]3d^{10}4s^{2}4p^{5}$

누구나 한 번씩은 청소년기를 거친다. 자아 정체성이 확립되는 이 시기를 두고 심리학자 스탠리 홀은 '질풍노도의 시기'라고도 했는데, 어린이도 성인도 아닌 어중간한 위치에서 갈등과 혼란을 경험하기 때문이다. 누군가를 그리워하고 외로움이라는 감정이 깊어지며 이성에 대한 애정이 발달한다. 이들의 호기심은 연상의 이성이나 선생님, 연예인 혹은 운동선수와 뮤지션으로 향하기도 한다. 벽에서 그들이 가진 애착의 증거를 볼 수 있다. 이들이 사모하거나 존경하고 우상화하는 인물의 대형 사진을 걸어놓게 된다. 그 우상의 브로마이드Bromide를 얻기 위해 새벽부터 줄을 서는 것이 그들에게 행복이다. 이 대형 사진을 왜 브로마이드라고 할까. 필름 사진을 현상할 때 사용하는 감광제가 있다. 브로민(Br)과 은(Ag) 화합물이다. 빛 에너지로 브로민 이온으로부터 방출된 전자가 양이온인 은 이온(Ag^{+})에 결합하고 은 원자가 늘어나며 검은색을 띤다. 브로마이드는 브로민화은(AgBr)으로 현상한 사진에서 유래했다.

ODOR

주기율표에서 수은(Hg)과 함께 실온에서 액체로 존재하는 두 원소 중 하나이다. 특히 비금속 원소 중에서 실온에서 액체로 존재하는 것은 브로민이 유일하다. 실온에서 적갈색 액체 상태로 존재하며, 쉽게 기화해 독특한 냄새를 풍긴다. 이에 그리스어로 악취를 의미하는 bromos에서 이름이 유래했으며, 한자로도 냄새 취 자를 사용해 취소臭素라고 쓴다.

TYRIAN PURPLE

고대 페니키아인들은 지중해 연안에서 채취한 고둥에서 자주색 염료를 추출했다. 이 염료를 페니키아의 도시 'Tyre'에서 따온 티리언 퍼플Tyrianpurple이라 불렀다. 이 염료 1g을 얻기 위해 1만 2,000마리의 고둥이 필요할 정도로 귀했다. 이 염료의 정체가 바로 '다이브로모인디고'라는 브로민화합물이다. 그 유명한 클레오파트라의 배의 돛도 이것으로 물들였다.

83.798 g/mol

36

크립톤 | 비활성 기체

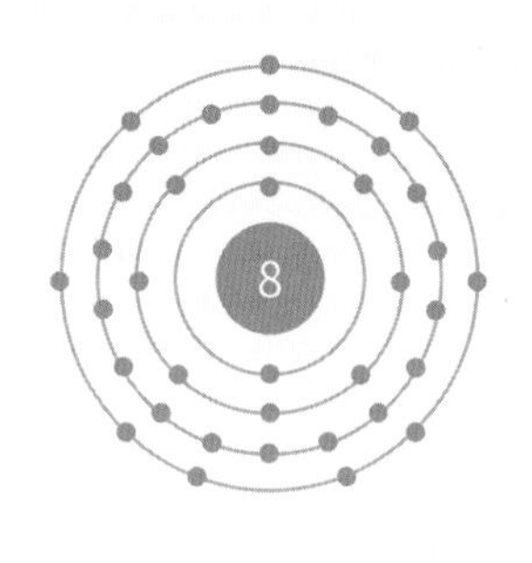

$[Ar]3d^{10}4s^{2}4p^{6}$

슈퍼맨이 처음 등장한 지 80년이 넘었다. 만화로 시작해 영화 시리즈로 나왔고, 최근 〈맨 오브 스틸[Man of Steel]〉이라는 제목의 영화에서 흥미로운 활약을 펼치기도 했다. 슈퍼맨은 크립톤이라는 행성에 살고 있던 '외계인'이다. 이 외계인 종족이 가진 유일한 약점이 바로 이들의 힘을 무력화하는 크립토나이트이다. 크립톤 행성이 폭발할 때 중심핵에서 발생한 연쇄 폭발로, 행성 내부의 광물이 강한 방사능을 가지게 된 것이다. 하지만 슈퍼맨이 가상의 인물인 것처럼 이 물질도 허구의 물질이다. 굳이 연관성을 찾는다면 핵반응이다. 핵실험은 지하 깊은 곳에서 이뤄진다. 핵실험 여부는 지진파로 감지할 수도 있지만 핵분열 과정에서 다량으로 방출되는 어떤 원소가 있기 때문이다. 심지어 그 원자는 다른 원소와 반응을 하지 않아 원소 자체만으로 된 가벼운 기체로 존재한다. 가벼운 원소는 지각을 뚫고 대기로 나온다. 그 원소의 농도를 대기에서 측정하면 핵실험 여부를 알 수 있다. 크립톤이 바로 그 원소이다.

KRYPTON VOICE

다른 비활성 기체들과 마찬가지로 발견 과정이 몹시 힘들었기에, 그리스어로 '숨겨진 것'을 의미하는 kryptos에서 이름을 따왔다. 마시면 목소리가 고음으로 변하는 헬륨과 반대로, 크립톤을 마시면 낮은 진동수의 저음이 된다. 영화에서 낮은 저음을 내는 외계인들의 목소리가 나오곤 하는데 이를 크립톤 보이스라고 칭한다.

NUCLEAR TEST

지금 이 순간에도 지구상 어딘가에서는 핵실험이 벌어지고 있다. 핵실험은 지하 깊은 곳에서 비밀리에 이루어지지만, 핵실험을 수행하면 크립톤과 제논이 대량으로 생성된다. 대기 중 크립톤의 양이 급격하게 증가하는 것으로 핵실험이 일어난다는 사실과 그 장소를 알 수 있다.

Rb

rubidium

85.4678 g/mol

37

루비듐 | 알칼리 금속

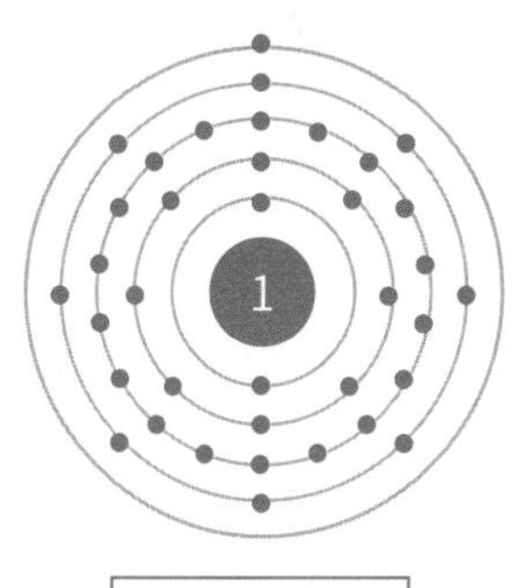

$[Kr]5s^1$

질병을 정확하게 진단하기 위해 병원에서 실행하는 정밀 검사 중에 대표적인 것이 CT와 MRI이다. 자기장을 이용하는 MRI Magnetic Resonance Imaging는 X선을 활용한 CT보다 신체 조직을 정밀하게 영상화한다. MRI는 우리 몸의 70%를 차지하는 물 분자의 수소 원자를 이용한다. 수소 양성자는 양전하를 가지고 회전하며 미세한 자기장을 가진다. 인체는 부위와 조직에 따라 물의 분포가 다른데, 종양과 같은 병변은 정상 조직과 물의 함량이 크게 다르다. MRI는 핵자기 공명 Nuclear Magnetic Resonance이라는 원리를 이용하는 장치이다. MRI에 장착된 고감도 자기 센서가 수소 원자가 만드는 미세한 자기장 차이를 검출하는 것이다. 물론 혈액도 검출한다. 혈류가 빠른 동맥류와 달리 혈관이 막혔거나 가는 혈관에서 혈류가 느린 경우는 별도의 조영제를 혈액에 주입해 병변을 찾아낸다. 인간의 몸은 포타슘과 화학적 성질이 유사한 루비듐-87을 혈구에 잘 흡수한다. 이 때문에 혈액 순환 추적에 루비듐을 활용한다.

RUBY

이름에서 알 수 있듯이, 루비듐의 이름은 그 특징적인 색상에서 유래했다. 홍운모를 분광법으로 분석하다가 발견된 원소인데, 진한 붉은색 스펙트럼을 내기 때문에 진한 적색을 의미하는 라틴어 rubidus에서 이름을 따왔다. 이름의 유래는 같지만, 귀금속인 루비의 구성 원소는 아니다.

ATOMIC CLOCK

원자시계는 원자나 분자의 고유 진동수가 변하지 않는다는 점을 이용하여 만드는 특수한 시계이다. 중력이나 지구 자전, 온도 등 외부 환경 요소에 영향을 받지 않아 정확도가 매우 높다. 루비듐 시계는 세슘 시계에 비해 저렴하고 소형화가 가능하다는 장점이 있다. 그에 비해 정확도는 약간 떨어진다.

87.62 g/mol

38

스트론튬 | 알칼리 토금속

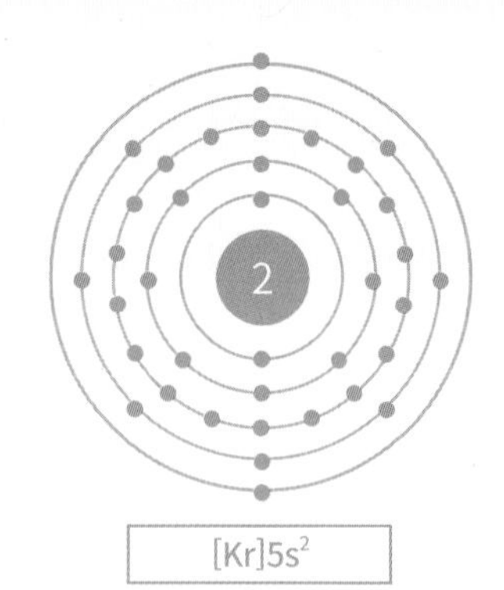

뼈는 칼슘과 인이 주성분이라고 알려져 있지만, 사실 중량 기준으로 20%가 콜라겐이다. 빼곡하게 들어찬 콜라겐 틀에 칼슘과 인산이 채워져 있다. 인체는 단단한 경골에 칼슘과 인을 보관하고 수시로 꺼내 생명활동에 사용한다. 칼슘의 99%를 뼈에 보관하는 셈이다. 나머지 1%의 칼슘이 혈액 및 연조직에 이온 형태로 존재하며 근육과 세포활동에 관여한다. 주기율표의 같은 족에 있는 원소는 화학적 성질이 비슷하다. 이것은 인체가 칼슘과 같은 족에 있는 다른 원소를 칼슘으로 착각할 수 있다는 말도 된다. 만약 인체가 긴 반감기를 가진 어떤 방사성 원소를 칼슘 대신 뼈에 보관한다면 끔찍할 것이다. 배출되지 않고 뼈에서 축적되어 계속 피폭을 일으킬 수 있기 때문이다. 스트론튬-90은 핵폭발이나 원자핵 반응기에서 생성되는 인공 방사성 원소이다. 체내에서 칼슘과 유사한 성질을 가지고 뼈 등에 축적된다. 2011년 후쿠시마 원자력발전소 사고 때 대량 유출되었는데, 반감기가 무려 29.1년이다.

스트론튬을 접해본 대부분의 사람은 은백색의 금속 상태가 아니라, 불꽃색을 통해서 경험해보았을 것이다. 불꽃반응은 물질에 따라 다양한 색을 내는데, 스트론튬화합물인 염화스트론튬($SrCl_2$)나 질산스트론튬($SrNO_3$) 등이 선홍색 불꽃을 낸다. 그래서 스트론튬이라는 말을 들었을 때 붉은 색을 떠올리는 사람이 많다.

NUCLEAR EXPLOSION

스트론튬 중에 가장 널리 알려진 스트론튬-90은 핵폭발 또는 원자핵반응기에서 생성되는 인공 방사능물질이다. 지구상에 존재하는 대부분은 핵실험이나 1986년의 체르노빌 폭발 사고, 2011년의 후쿠시마 원자력 발전소 사고에서 방출되어 토양과 해양 생물체에 쌓였다.

yttrium

88.90585 g/mol

39

이트륨 | 전이금속

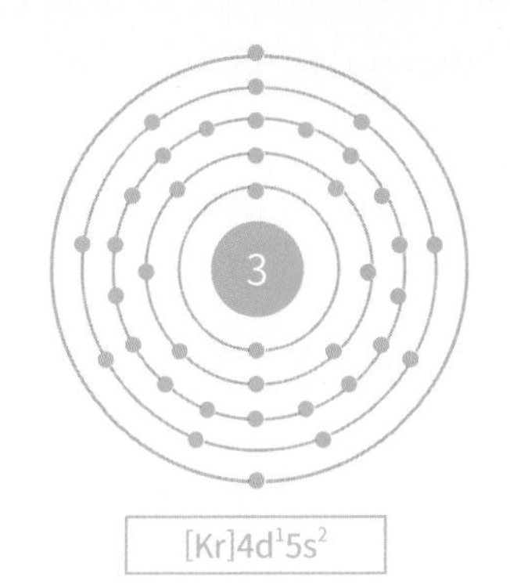

[Kr]$4d^1 5s^2$

1787년 스톡홀름의 이테르비Ytterby라는 작은 마을에서 새로운 광물이 발견되었다. 그리고 1794년 핀란드의 화학자 가돌린Johan Gadolin이 이를 연구하면서 미지의 원소를 발견했다. 처음에는 가돌린의 이름을 따서 가돌리나이트라고 불렀으나, 마을의 이름을 딴 이테르바이트로 바뀌었다. 바로 이 광석에서 이트륨을 포함한 여덟 가지의 희토류 원소가 발견되었다.

휴대전화 뒷면에 있는 플래시를 자세히 보면 조그만 노란색 부품이 보이는데, 이것은 인광물질이다. 투명한 노란색 인광물질과 그 아래에 있는 청색 LED의 빛이 합쳐져 우리 눈에는 백색으로 보이는 원리이다. 1994년 드디어 각고의 노력 끝에 나카무라 슈지를 포함한 세 명의 일본인 과학자가 질화갈륨을 이용해 청색 LED를 만들었고,이 업적으로 지난 2014년 노벨물리학상을 받았다.이렇게 백색을 내기위해 LED칩 위에 올린 인광무기물이 '세륨-이트륨 알루미늄 가넷(YAG:Ce)'이라는 물질이다.

레이저 기술이 발달하면서, 고체 레이저의 주성분으로 각광받고 있는 것이 이트륨이다. 이트륨(Y), 알루미늄(Al), 가넷Garnett의 머리글자를 딴 YAG 결정($Y_3Al_5O_{12}$)에 다양한 희유원소를 첨가하면 강력한 고체 레이저가 만들어진다. 출력이 강하고 효율이 좋아 각종 산업이나 레이저 치료 등 다방면에 쓰인다.

PHOSPHOR

청색 LED와 노란색 인광물질이 합쳐서 우리 눈이 보기 좋은 백색광을 만든다. 요즘 많은 IT기기 디스플레이에 청색 LED가 쓰인다. LED는 개발도상국의 불안정한 전력 공급 상황에서도 작동하고, 적은 전력으로도 자외선 살균이 가능하여서 오염된 물로 인한 질병으로부터 빈곤 국가의 사람들을 해방시킬 수 있다.

Zr

zirconium

91.224 g/mol

40

지르코늄 | 전이금속

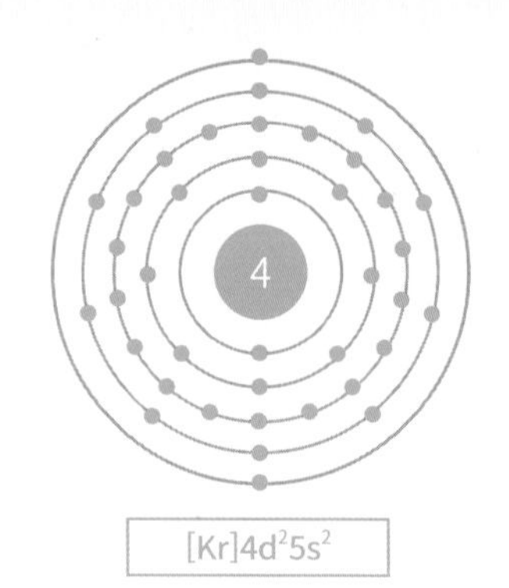

[Kr]$4d^2 5s^2$

2011년 3월 일본 후쿠시마에서 원자력 발전소가 폭발했다. 이 사건으로 원자력에 대한 여러 가지 시선이 생겼고 그 존폐를 두고 갈등을 빚어오고 있다. 당시 사건의 원인은 지진과 쓰나미로 인한 정전이었다. 원전은 지진을 감지해 자동 셧다운 됐지만 비상발전체계 침수로 인해 원자로 냉각에 실패했던 것이다. 결국 멜트 다운으로 다수의 원자로가 녹아내린 최초의 사건이 됐다. 원자력은 핵분열을 통해 에너지를 얻는 방식이다. 여기에 우라늄-235가 사용되는데, 초기 우라늄에 중성자를 충돌시키면 우라늄-236이 되며 불안정한 원소가 바로 분열한다. 분열하며 높은 에너지와 평균 2.5개의 중성자를 방출한다. 그리고 다른 우라늄과 충돌하며 연쇄 반응을 한다. 중성자가 중요하므로 원자로는 중성자를 흡수하지 않는 물질로 만들어야 한다. 바로 지르코늄이 원자력 안정성과 효율에서 유일하다. 지르코늄은 고온에서 물과 반응해 수소를 발생시킨다. 대량의 수소는 폭발을 일으키기 때문에 원자로의 냉각은 무척 중요하다.

AGE DATING

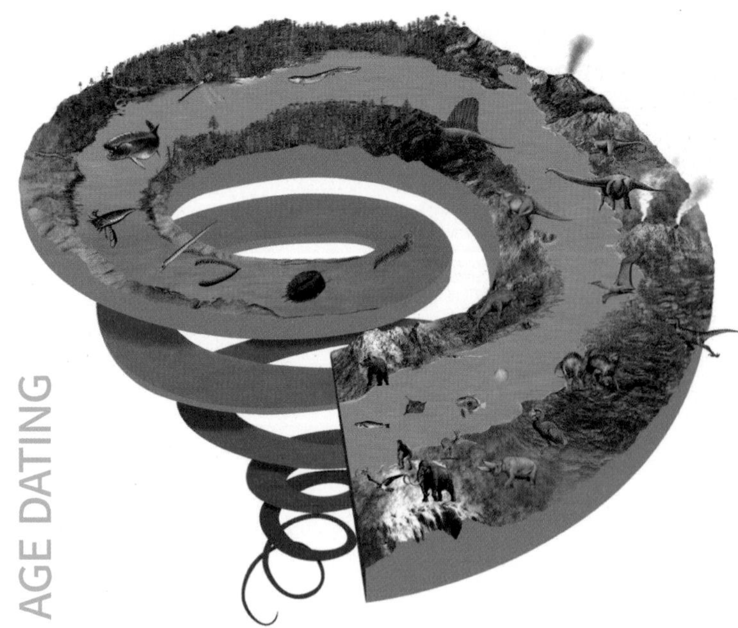

지르코늄 광석인 지르콘은 고대부터 다양도로 이용되었다. 그러나 겉보기에 산화알루미늄과 유사하여, 아무도 이를 새로운 원소라고 생각하지 않았다. 지르콘은 풍화에 무척 강해 잘 손상되지 않고, 특성상 연대측정에 몹시 유리하다. 1956년 클레어 패터슨이 지구의 나이를 45.5억년으로 발표했을 때 사용한 광물이 바로 지르콘이다.

IMITATION

산화지르코늄인 지르코니아는 내열성 세라믹스의 재료로 쓰인다. 입방형인 큐빅 지르코니아는 다이아몬드와 굴절률이 비슷해 모조 다이아몬드로 쓰이기도 한다. 산화물이 아닌 금속으로서는 핵연료 피복재, 핵분열 실험의 방어재 등으로 널리 쓰인다. 내식성, 경도, 전연성 등이 모두 우수하다.

Nb

niobium

92.90638 g/mol

41

나이오븀 | 전이금속

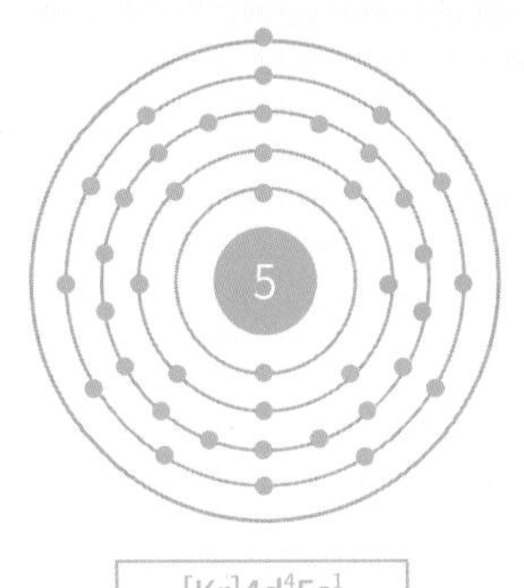

[Kr]$4d^4 5s^1$

중국 상하이의 푸동공항에 도착해 도심으로 갈 수 있는 여러 교통수단 중에 자기부상열차magneticlevitationtrain가 있다. 자기력으로 열차를 선로 위에 띄워 운행한다. 상하이 시내까지 자동차로 40여 분 걸리는 거리를 10여 분 만에 도착한다. 자기부상열차가 움직이기 위해서는 열차를 선로에서 띄우는 힘과 원하는 방향으로 열차를 진행시키는 힘, 두 가지가 필요하다. 열차를 부상시키는 힘은 자성체의 반발력이고 선형모터의 교류 전기 진동수를 조절하면 자기장이 바뀌며 진행한다. 열차의 소음은 60dB 정도로 매우 적다. 진동이 거의 없으며 선로와 마찰이 없어 유지보수도 쉽다. 물리적 결합이 없고 공중에 떠 있으니 위험할 것 같지만 자석이 레일을 감싸는 구조이기 때문에 오히려 탈선의 위험이 적다. 차량 가격은 다른 차량에 비해 비싸지만 전체적으로 노선 건설비는 적게 든다. 우리나라에는 인천공항에서 용유역까지 6.1km 노선에 자기부상열차가 운용된다. 여기에 사용되는 전자석에 나이오븀이 들어간다.

DAUGHTER

나이오븀의 이름은 그리스 신화에 나오는 니오베Niobe에서 따온 것이다. 단독으로는 명명의 경위를 잘 알 수 없는 이름이다. 니오베는 탄탈루스의 딸이다. 그리고 같은 족 73번 원소가 바로 이 탄탈루스의 이름을 딴 탄탈럼(Ta)이다. 두 원소를 분리하는 데 어려움을 겪었고, 여러모로 물리·화학적 성질이 비슷하여 부녀관계에 빗댄 이름이 지어졌다.

SUPERCONDUCTIVITY

주석이나 저마늄, 타이타늄 등과 합금하여 초전도 합금 재료로 널리 쓰인다. 액체 헬륨 등으로 냉각시키면, 전선의 전기저항이 거의 없어 반영구적으로 전류를 흘릴 수 있다. 이렇게 만들어진 강력한 전자석을 초전도 자석이라고 하며, 자기부상열차나 거대 강입자 충돌기(LHC) 등 초전도를 이용한 연구나 시설에 쓰인다.

Mo

molybdenum

95.94 g/mol

42

몰리브데넘 | 전이금속

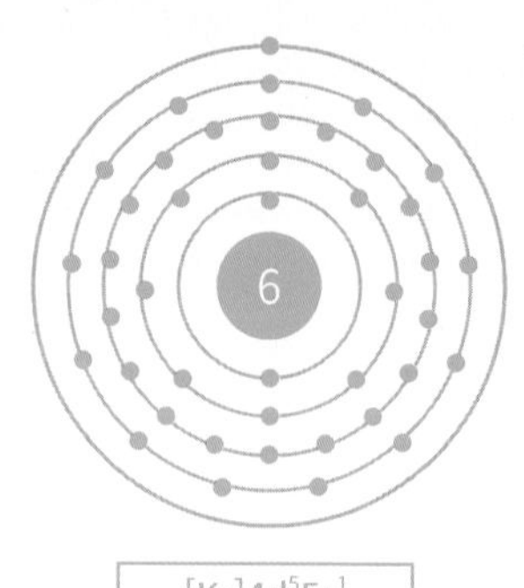

[Kr]4d[5]5s[1]

생명체에게 질소는 꼭 필요한 원소이다. 다행히 질소는 대기에 충분하게 있는데도 질소결핍은 빈번하게 일어난다. 종종 식물에서 잎과 줄기의 발육이 나빠지고 잎사귀 색이 노랗게 변하는 현상을 볼 수 있다. 대기중 질소는 식물이 이용할 수 없는 상태인 질소 기체로 존재한다. 식물이 흡수하기 위해서는 물에 잘 녹는 이온의 형태여야 한다. 질소 기체와 산소 기체가 반응해서 암모늄 이온(HN_4^+)이나 질산 이온(NO_3^-)의 형태로 질소가 전환되어야 하는데, 바로 이 과정이 질소 순환의 첫 번째 과정인 질소 고정이다. 공기 중에서 너무나 안정한 기체 분자를 변형하기 위해 에너지가 필요한데 대기중에 발생하는 번개가 그 역할을 한다. 하지만 번개에 의한 에너지양은 매우 적다. 다행이 콩과식물의 뿌리혹 박테리아나 아조토박토 같은 질소 고정 세균들이 공기 중의 질소를 암모늄 이온 형태로 전환할 수가 있다. 여기에 효소가 촉매역할을 한다. 질소고정효소를 활성화 하는 금속이 몰리브데넘이다.

MOLYBDENITE

납이나 흑연, 휘수연석 등은 모두 겉보기가 비슷하다. 16세기까지 납의 색을 가진 광물을 모두 '몰리브데나이트'라고 불렀다. 그리스어로 납을 뜻하는 molybdos에서 온 것이다. 1778년에 와서야 셸레가 휘수연석이 흑연과 다른 물질임을 발견했다. 그리고 휘수연석에서 추출해낸 것이 바로 금속 몰리브데넘이다.

CHROMOLY

몰리브데넘은 강철 혹은 다른 합금을 만드는 데 주로 쓰인다. 몰리브데넘을 첨가하면 강도나 내열성, 내식성이 크게 늘어난다. 생산되는 몰리브데넘의 90% 가량이 합금에 쓰인다. 몰리브데넘은 몰라도 이 합금의 이름은 들어본 사람이 많다. 바로 크로몰리 강이다. 자전거의 프레임 등에 흔히 쓰인다.

Tc

technetium

98 g/mol

43

테크네튬 | 전이금속

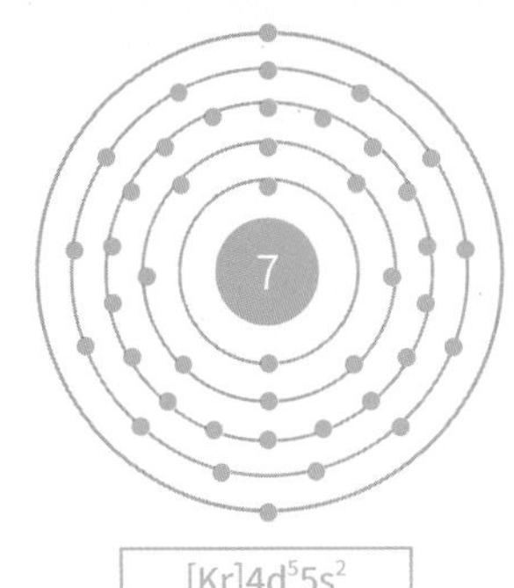

[Kr]$4d^5 5s^2$

병원에서 질병의 정밀 진단을 위해 사용하는 영상 촬영 방법으로 X선과 CT, MRI가 있다. 그런데 내부 장기의 상태나 특정 종양과 같은 질병은 이보다 특별한 방법으로 그 위치를 확인한다. 병변의 신티그램Scintigram이라는 이미지를 얻어 진단하고 연구한다. 신티그램은 인체 내에 특정 방사성 물질을 주입하고 외부에서 감마(γ)선을 쬐어 주입된 물질에서 발생하는 섬광scintillation을 검출해 3차원 이미지를 얻고 특정 장기와 병변 부위를 확인하는 방법이다. 이런 물질을 방사성 추적자라고 한다. 이 추적자는 목적으로 하는 장기와 병변에 쉽게 표지가 되어야 한다. 그리고 방사성 물질이므로 체내로 들어가는 만큼 빠르게 배출되는 게 중요하다. 원하는 목적지에 표지가 되려면 특정 원소와 결합한 화합물이 돼야 하는데, 이 조건을 만족하는 대표적인 원소가 바로 테크네튬이다. 자연계에는 존재하지 않는 최초의 인공 방사성 원소이다. 테크네튬을 활용한 진단이 매년 2,000만 건 이상 이뤄진다.

테크네튬은 자연 상태의 지구상에 극히 희소한 원소이다. 반감기가 현저히 짧아, 지구가 생성될 때 만들어진 테크네튬은 이미 모두 붕괴된 것이다. 그런데 1952년에 한 천문학자가 S형 적색거성을 분석하던 중 테크네튬의 스펙트럼을 관측하였다. 이 별은 '테크네튬 별'이라 불리며, 항성이 중원소를 만들 수도 있다는 가설을 뒷받침한다.

TECHNETIUM STAR

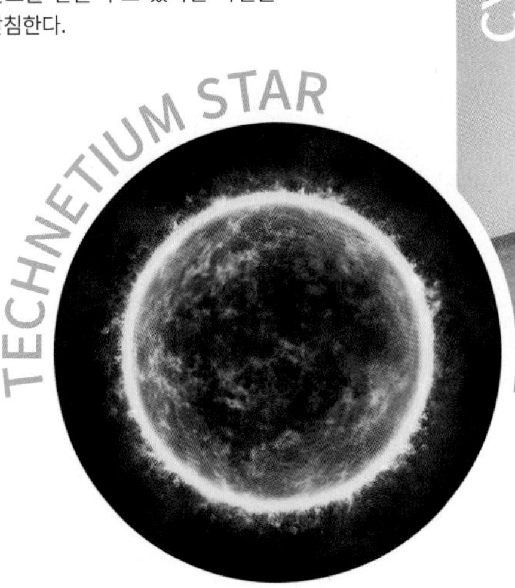

CYCLOTRON

많은 사람이 주기율표에서 망가니즈 아래에 위치하는 원소를 찾기 위해서 도전했다. 1908년 일본의 오가와 마사타카가 도리아나이트라는 광물 안에서 미지의 물질을 발견해 니포늄이라는 이름을 붙였다. 그러나 그는 재현에 실패했고, 이는 75번 레늄(Re)으로 밝혀진다. 테크네튬은 1937년 사이클로트론을 사용한 물리학 실험 도중 인공적으로 만들어졌다.

101.07g/mol

44

루테늄 | 전이금속

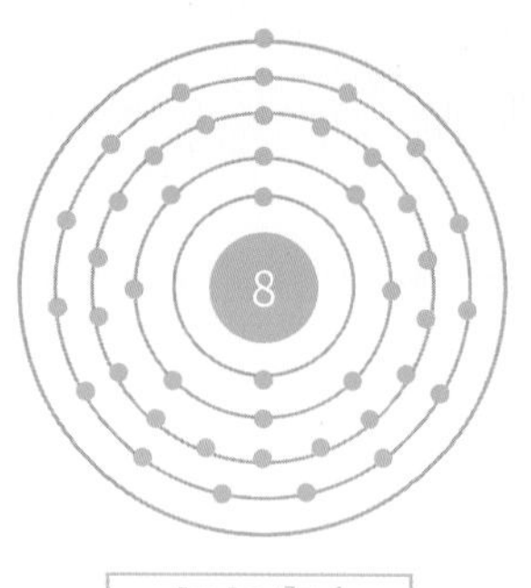

[Kr]$4d^7 5s^1$

컴퓨터에는 데이터를 기록하고 보관하는 저장장치가 있다. 최근에는 반도체 메모리의 성능이 좋아지고 용량이 늘어나면서 SSD[Solid State Drive]를 사용하는 경우가 많지만, 얼마 전까지만 해도 HDD[Hard Disk Drive]를 주로 사용했다. HDD는 플래터[Platter]라는 하드디스크 원반의 자성층[magnetic layer]을 이용해 정보를 저장하는 보조기억장치이다. CPU나 메인메모리인 RAM은 반도체 기술로 속도와 용량이 두 배씩 커지는 반면, 자기 디스크를 기계적으로 회전하며 데이터를 처리하는 HDD는 반도체 처리 속도를 따라갈 수가 없다. 그리고 소형화가 어려웠다. 어느 날 이런 문제가 IBM의 개발자에 의해 해결됐는데, 하드디스크의 자성층 사이에 원자 세 개 정도의 높이로 얇은 막을 만들어 기억용량을 네 배로 증가시킨 것이다. 그들은 이 물질을 요정의 먼지라 해서 '픽시 더스트[Pixie dust]'로 불렀다. 한동안 정말 요정이 다녀간 것처럼 컴퓨터가 빨라졌고 이것을 가능하게 한 물질이 바로 루테늄이다.

1828년 러시아 화학자 오산이 세 개의 원소를 발견했다고 발표했다. 플루라늄, 폴리늄 그리고 루테늄이다. 그러나 이 발견에는 오류가 있음이 증명되었고, 1844년 오산의 동료였던 클라우스가 이 실험에 입각해 루테늄을 발견하는 데 성공한다. 동료인 오산의 업적을 기리기 위해 루테늄이라는 이름을 그대로 두었다. 루테늄의 어원인 루테니아는 클라우스의 조국인 에스토니아가 포함되었던 동유럽 지역을 뜻하는 옛말이다.

RUTHENIA

루테늄 생산량의 절반가량이 PC 등 전자 기기에 들어가는 하드디스크의 자성층에 쓰인다. 하드디스크의 기록 용량을 늘리기 위해서 자기 신호의 밀도를 높이다 보면 데이터의 안정성에 문제가 발생했다. 이런 한계를 극복하기 위해 자성층에 루테늄 막을 만들어 용량을 증대시켰다. 이 마법 같은 물질을 일컬어 요정의 먼지라고 불렀다.

Rh

rhodium

102.9055g/mol

45

로듐 | 전이금속

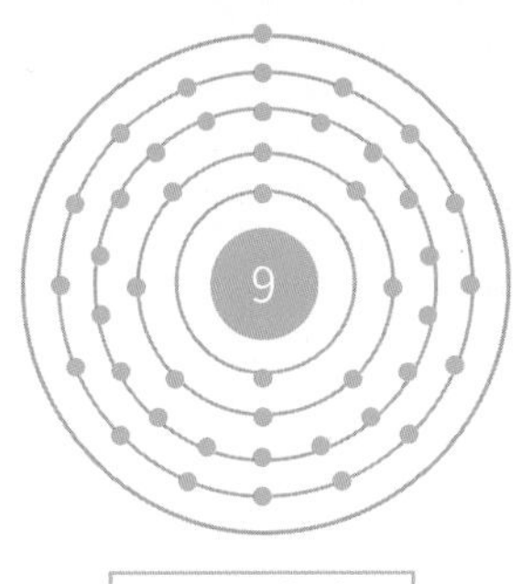

[Kr]$4d^8 5s^1$

자동차에는 배기 장치가 있다. 흡기 장치를 통해 엔진으로 공기가 들어오고 연료가 연소된 후 배기 장치를 통해 공기 중으로 배기가스를 배출한다. 차의 후면에 있는 머플러는 배기 장치의 마지막 단계이다. 연료의 연소 과정에서 질소산화물과 같은 대기 오염 물질이 나온다. 엔진과 머플러 사이에는 공기정화장치인 촉매변환기가 있다. 일산화탄소(CO)와 연료인 탄화수소(HC) 그리고 질소산화물(NOx)을 촉매를 사용해 산화 환원반응에 의해 처리하는 촉매변환기가 있다. 질소산화물에는 질소와 산소 원자 한 개로 된 일산화질소와 산소 원자가 한 개 더 붙은 이산화질소가 있는데, 이런 질소산화물로부터 산소를 빼앗는 환원 반응이 일어나면 무해한 질소(N_2)가 된다. 이 과정에서 나온 산소(O_2)를 일산화탄소와 탄화수소에 결합해 산화반응을 하면 세 가지의 유해가스를 한 번에 무해가스로 변환하는 것이 가능하다. 이런 장치를 삼원촉매장치라고 한다. 로듐을 첨가한 알루미늄 합금이 이 장치에서 중요한 촉매 역할을 한다.

ROSE

1803년 영국의 화학자 윌리엄 울러스틴Wiliam Wollaston이 백금 광석을 왕수에 녹여 백금과 팔라듐을 분리해냈다. 그리고 잔류액에서 물질을 환원해 금속 로듐을 분리해내는 데 성공했다. 이 잔류액이 무척이나 아름다운 장밋빛이었기 때문에, 그리스어로 장미를 의미하는 Rhodon에서 따서 이름을 지었다.

BRILLIANCE

로듐은 내식성이나 내마모성이 뛰어나며 짙은 광채가 아름다운 금속이다. 도금용으로 자주 사용된다. 특히 니켈 등의 백색 금속과 금의 합금인 화이트골드 혹은 은을 도금하면 백금과 유사한 색의 귀금속을 얻을 수 있다. 이에 로듐을 도금한 보석류 액세서리가 많이 만들어진다. 하지만 실제 백금보다 광택이 강해 구별이 가능하다.

Pd

palladium

106.42 g/mol

46

팔라듐 | 전이금속

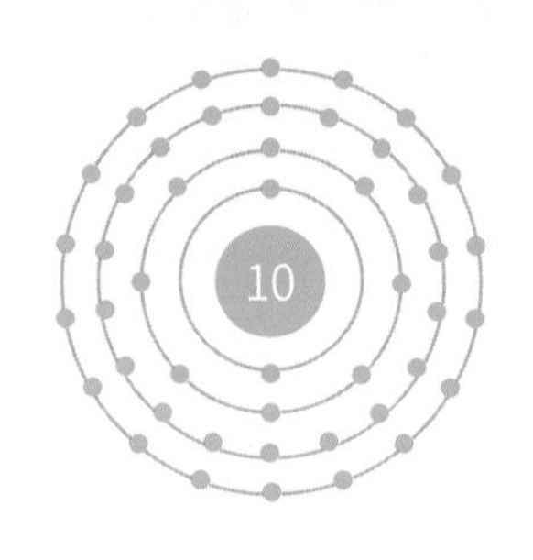

[Kr]4d^{10}

최근 연료전지에 대한 연구와 기대감이 높아지며 수소가 미래의 주요 에너지원으로 부각된다. 수소차는 수소와 산소를 이용해 전기를 만들고, 화석 연료와 달리 이산화탄소가 아닌 물을 배출한다. 수소를 활용하기 위해서는 저장과 운송이 편해야 한다. 수소는 대기 중에 4%만 있어도 폭발한다. 저장과 운송을 위해 수소를 초고압으로 압축하거나 액화하는 기술이 있지만 폭발 위험이 있어 특수한 장치가 필요하다. 그래서 새로운 기술이 활용된다. 수소를 액체에 더하거나 빼내는 과정에서 촉매가 필요하다. 수소를 액체와 반응시켜 저장하는 과정에서 루테늄계 촉매를 사용하고 저장된 수소를 액체로부터 분리하는 탈수소과정에 팔라듐 촉매를 사용한다. 팔라듐 합금은 자신의 부피의 900배 이상에 달하는 수소를 흡수할 수 있다. 현재는 수소로 모든 에너지를 대체하기에는 비용이 천문학적이고 인프라가 부족하다는 단점이 있다. 하지만 앞으로 전개될 수소 경제 사회에서 그 이용이 기대되는 원소이다.

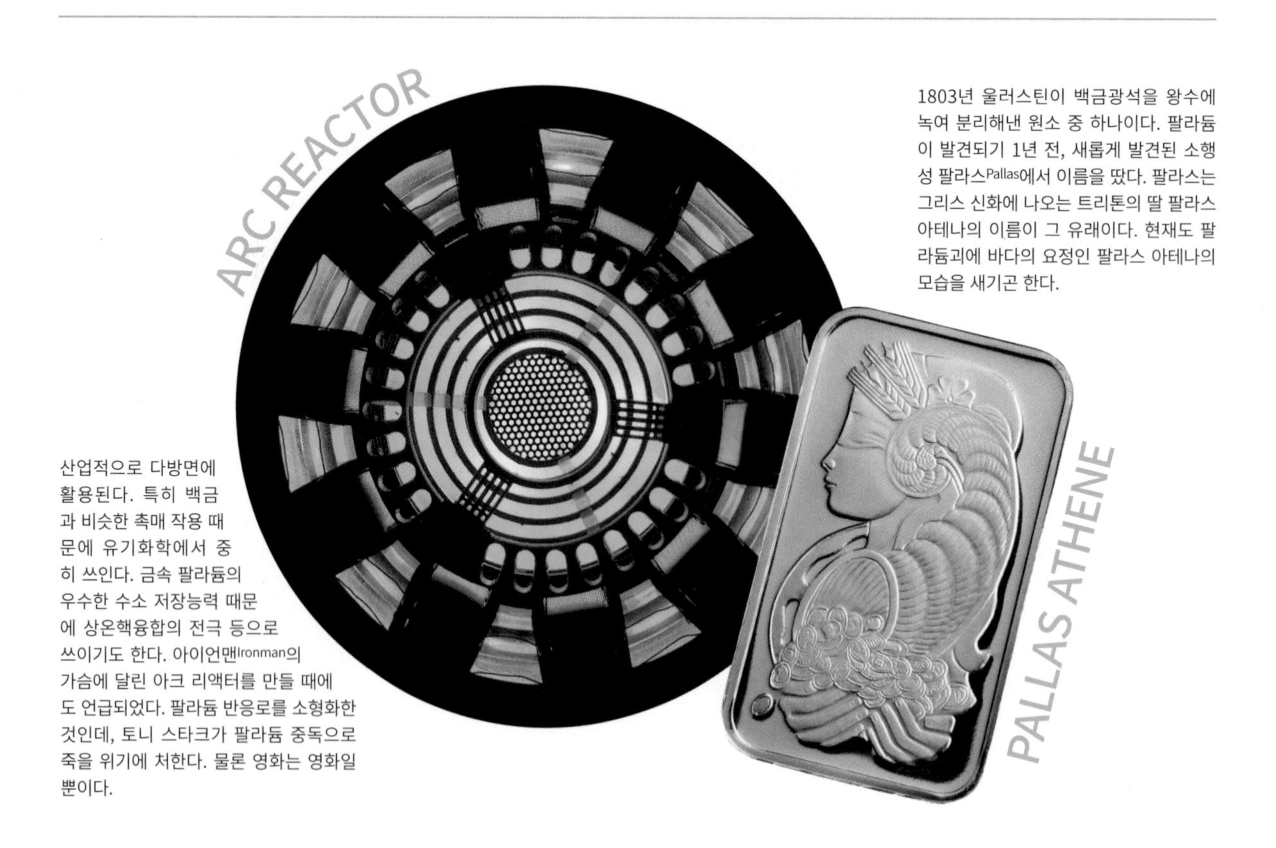

1803년 울러스틴이 백금광석을 왕수에 녹여 분리해낸 원소 중 하나이다. 팔라듐이 발견되기 1년 전, 새롭게 발견된 소행성 팔라스Pallas에서 이름을 땄다. 팔라스는 그리스 신화에 나오는 트리톤의 딸 팔라스 아테나의 이름이 그 유래이다. 현재도 팔라듐괴에 바다의 요정인 팔라스 아테나의 모습을 새기곤 한다.

산업적으로 다방면에 활용된다. 특히 백금과 비슷한 촉매 작용 때문에 유기화학에서 중히 쓰인다. 금속 팔라듐의 우수한 수소 저장능력 때문에 상온핵융합의 전극 등으로 쓰이기도 한다. 아이언맨Ironman의 가슴에 달린 아크 리액터를 만들 때에도 언급되었다. 팔라듐 반응로를 소형화한 것인데, 토니 스타크가 팔라듐 중독으로 죽을 위기에 처한다. 물론 영화는 영화일 뿐이다.

Ag

silver

107.8682 g/mol

47

은 | 전이금속

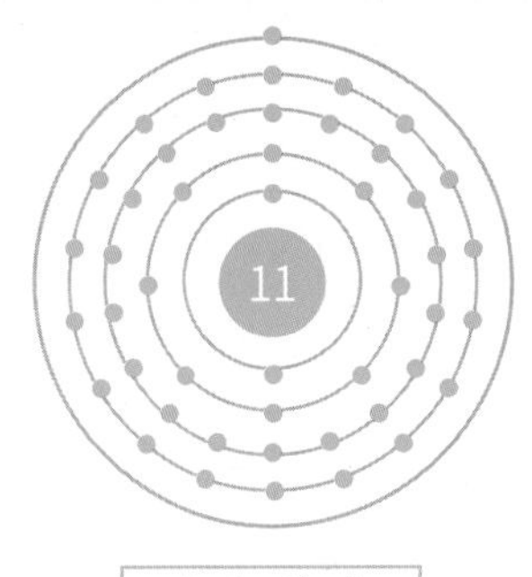

[Kr]$4d^{10}5s^1$

사진을 촬영한 필름을 현상하면 명암과 색상이 실제 피사체와는 반대로 재현된다. 이것을 음화법Negative process이라고 한다. 왜 이런 현상이 나타날까? 필름 베이스에는 유제가 20nm 두께로 코팅돼 있다. 이 유제에는 브로민화은 입자가 들어 있다. 이 입자는 브로민 이온과 은 이온으로 이뤄진 결정구조를 가진다. 이 입자에 빛이 닿으면 브로민 이온으로 부터 전자가 방출된다. 양이온인 은 이온(Ag^+)에 전자가 결합하며 중성이 된 은 원자는 검은색을 띤다. 이런 과정에서 은 원자가 늘어나며 검게 된다. 컬러필름에도 빛의 삼원색인 빨강과 파랑, 녹색에 민감한 유제층이 있다. 현상액은 유제층의 감광제인 할로겐화은에 포함된 은 이온을 은 원자로 바꾼다. 나중에 은은 제거되고 필름에는 컬러 화상만 남는다. 파랑에 반응하는 필름층은 노랑 화상을 만들고 녹색층은 마젠타 화상, 적색층은 시안 화상을 만든다. 인화 과정에서는 컬러와 명암이 뒤집힌다. 그래서 인쇄에는 CMY색상표를 사용한다.

SILVER BULLET

은 이온은 세균에 달라붙어 호흡에 필요한 효소 작용을 멈추게 하는 살균 작용이 있다. 17세기 유럽에 페스트가 퍼져 수천만 명이 사망했을 때, 상대적으로 귀족 계급의 피해가 덜했는데 은식기의 항균효과 때문이라는 설이 있다. 이런 효능 때문이었을까? 중세에는 늑대인간이나 흡혈귀 등 악한 괴물이 은으로 된 무기에 약하다는 인식이 있었다. 지금까지도 영화 등 창작물에서 종종 차용되는 설정이다.

SHINE

은은 고대부터 잘 알려진 금속이다. 한때는 금보다 더 비싼 몸값을 자랑했다. 자연 상태에서 은은 그대로 산출되는 경우가 금에 비해서 적고, 까다로운 정제 과정을 거쳐야 했기 때문이다. 은의 원소 기호 Ag는 라틴어로 '하얗게 빛나다'라는 뜻을 의미하는 Argentum에서 유래했다고 한다.

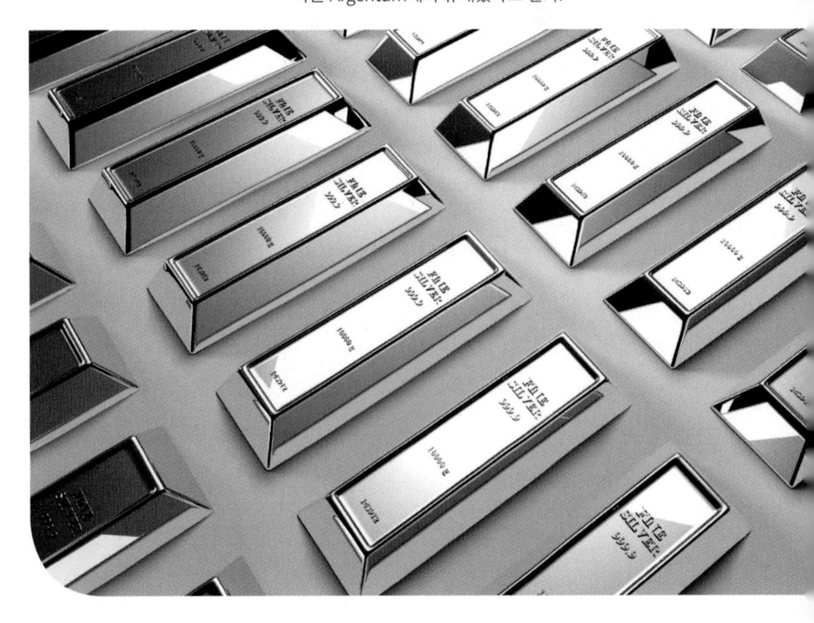

112.411 g/mol

48

카드뮴 | 전이금속

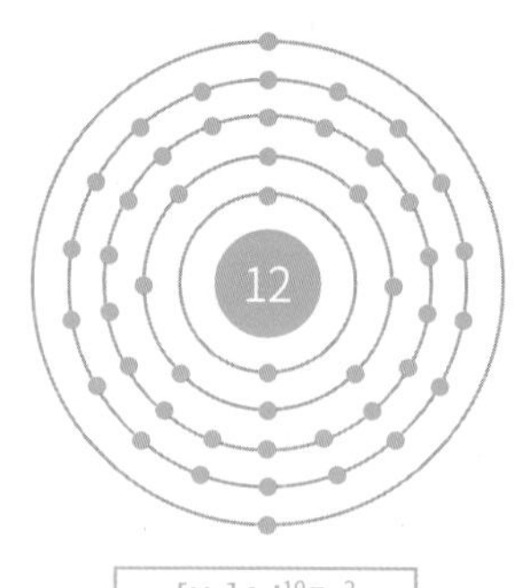

[Kr]$4d^{10}5s^2$

유화는 수채화와 달리 화가들이 그림을 그리다가 고치는 일이 흔하다. 수채화는 염료가 물에 섞이지만, 유화는 덧대어 그림을 그릴 수 있기 때문이다. X선을 사용하면 그림 안쪽의 염료 성분과 종류, 그리고 색상까지 알 수 있다. 1992년 피카소가 남긴 〈웅크린 거지〉라는 작품의 표면 아래에도 다른 그림이 그려져 있다는 것을 발견했다. 그림에 사용할 화판 값을 아끼기 위해서였을까? 전혀 다른 화가가 그린 풍경화가 피카소의 그림 아래 숨어 있었다. 바로 이 그림에 선명하게 남은 카드뮴 성분 때문에 이 사실이 밝혀질 수 있었다.

또한 카드뮴은 아주 작은 단위의 길이를 측정하기 위해서도 사용된다. 바로 옹스트롬(Å)인데, 1미터의 100억 분의 1에 해당하는 단위이다. 파장이나 원자 간의 거리를 측정하기 위해 사용한다. 카드뮴의 적색 스펙트럼 파장은 6,438.4696옹스트롬이다. 이렇게 단위를 정하여, 이후 다른 모든 파장의 길이를 측정하는 기준으로 삼았다.

DYE

유화에 사용된 염료 성분은 시대에 따라 다르다. 17세기 렘브란트의 〈야경〉은 대낮을 그린 것인데, 세월이 지나면서 염료가 어둡게 변색되는 바람에 이런 제목이 붙었다. 염료의 황화납 성분이 공기 중에서 검게 변한 것이다. 19세기 들어서는 카드뮴 염료를 사용하기 시작했다. 카드뮴과 산소족 화합물로 만들어진 염료는 색이 선명하고 다양하며 변색이 되지 않는다.

ITAI-ITAI

일본 도야마현의 진쓰가와 유역에서 약 1910년부터 기묘한 질병이 돌았다. '이타이'는 '아프다'라는 뜻의 일본어이다. 환자들이 계속해서 아픔을 호소할 정도로 고통스러운 병이었다. 등뼈, 손발, 관절 등이 아프고 뼈가 잘 부러지게 된다. 일본 4대 공해병의 하나로 꼽히는 이 병의 원인이 바로 인근 광업 공장에서 배출되어 강으로 유입된 카드뮴 중독이었다.

indium

114.818 g/mol

49

인듐 | 전이후금속

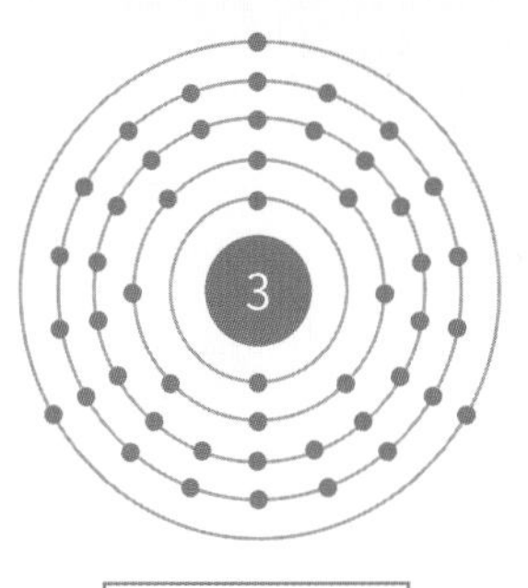

[Kr]$4d^{10}5s^{2}5p^{1}$

IT장치는 크게 몇 가지로 구성된다. 입력과 출력 장치와 연산과 저장장치이다. 컴퓨터의 키보드와 모니터 그리고 본체와 하드디스크가 그것이다. 요즘 모바일 스마트 기기는 컴퓨터와 다를 바 없다. 마이크로프로세서 기능이 극대화되며 작은 휴대폰도 고성능 연산이 가능해 간단한 일은 충분히 소화한다. 특히 소형화되며 처리능력은 배가되고 저장장치가 집적회로화되며 소형화를 가속한다. 그런데 언제부터인가 입력장치와 출력장치가 일체화됐다. 출력장치의 대표적인 디스플레이가 입력장치의 몫까지 한다. 바로 터치기능이다. 직관적인 인터페이스가 적용됐다. 버튼을 선택하고 문자를 타이핑하는 것은 물론 페이지를 쓸어 넘기거나 두 손가락으로 벌려 화면을 확대한다. 화면은 정보를 보여주는 역할에서 그치지 않는다. 손가락의 접촉을 인식하고 그 운동까지 감지한다. 유리처럼 투명한 화면에 이런 것이 가능하게 한 것이 바로 주석과 인듐 산화물로 만든 ITO[Indium Tin Oxide] 필름이다.

INDIGO

1863년 독일의 라이히[Ferdianrd Reich]는 섬아연석에서 얻은 침전물에 미지의 원소가 있을 것이라 예측했다. 조수인 리히터에게 발광 스펙트럼 측정을 부탁했는데, 리히터는 이 새로운 원소를 자기 혼자 발견한 것처럼 꾸미다가 라이히와 갈등을 빚었다. 라이히가 색맹이었기 때문에 일어난 웃지 못 할 해프닝이다. 인듐의 방출 스펙트럼이 남색[Indigo]이었기 때문에, 여기서 이름이 유래했다.

LCD 텔레비전이나 노트북의 액정 디스플레이(LCD)에 인듐 주석 산화물(ITO)이 주로 사용된다. 일반적으로 금속은 전기를 통과시키지만 빛은 통과시키지 않는다. 하지만 인듐 산화물은 전기만이 아니라 빛 또한 통과시키는 투명성을 지녀, 디스플레이의 투명 전극 재료로 쓰인다. 희유금속인 탓에, 지금은 대체 물질이나 재활용 기술을 연구하고 있다.

DISPLAY

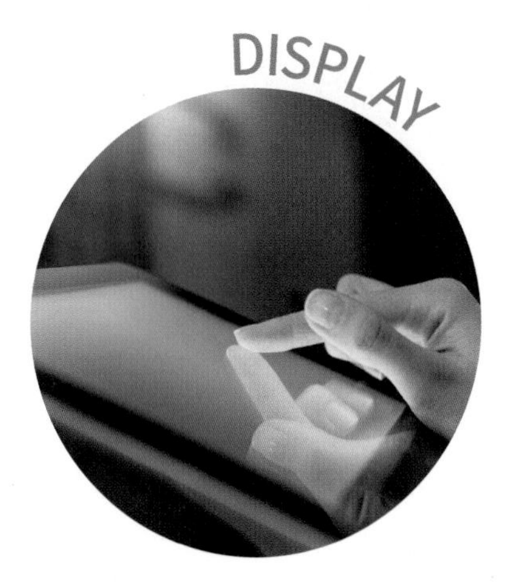

Sn

tin

118.710 g/mol

50

주석 | 전이후금속

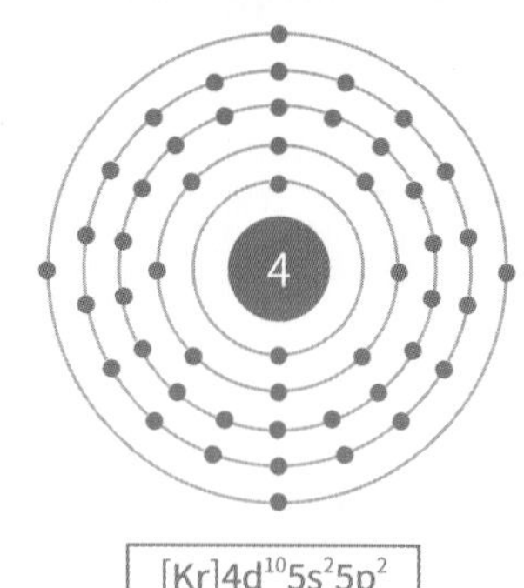

[Kr]$4d^{10}5s^{2}5p^{2}$

19세기 초 나폴레옹은 러시아 원정에 실패했다. 식량 보급도 원활하지 못했고, 지휘의 허점도 있었지만 예측보다 추운 날씨 또한 한몫을 했다. 당시 군복을 보면 프랑스의 패션과 문화가 잘 드러나 있다. 군복 단추 하나까지도 전부 금속장식이었다. 겨울이 되자 러시아의 반격이 시작됐다. -40℃에 달하는 혹한이 시작되자 프랑스 군대가 입고 있는 군복의 금속 단추가 마치 약한 돌처럼 푸석이며 부서져버렸다. 동사자가 속출하고 병사들은 손으로 군복을 붙잡고 있어야 했다. 옷감이 아무리 두터워도 여밀 단추가 없어지면 속수무책이다. 러시아 군대의 공격은 매서웠고, 프랑스 군대는 막대한 병력을 잃고 후퇴해야 했다. 당시 유럽 국가는 금속 장신구에 주석을 사용했다. 다른 금속에 비해 비교적 무른 금속이라 주조와 제조가 쉬웠다. 동소체가 가장 많은 주석은 18℃ 아래에서 회주석으로 바뀌며 부서진다. 나폴레옹이 맹추위는 예상했겠지만, 주석의 이런 변화는 예상할 수 없었다.

TIN TOY

주석은 발견 시기를 따지는 게 무의미할 정도로 오래된 물질이다. 철과 주석의 합금을 우리나라에서는 양철이라고 불렀는데, 서양에서 들어온 철이라는 뜻에서 붙여진 이름이다. 흔히 말하는 틴토이, 양철 장난감이 이 합금으로 만들어졌다. 이처럼 여러 종류의 금속과 합금을 만들거나, 도금 등으로 금속을 보강하는 데 쓰였다.

백색주석은 18°C의 낮은 온도에서 회주석으로 변한다. 결정 구조가 변형되면서 쉽게 바스러진다. 1850년 러시아에서 몰아친 대한파로 교회의 주석제 파이프오르간이 굉음과 함께 무너져 내렸다. 이 현상이 추위와 함께 퍼져나가는 것을 보고 전염병에 빗대어 '주석 페스트'라고 불렀다. 동소체 구조 변화에 대한 지식이 없는 상황에서 보면 그야말로 악마의 장난과도 같은 현상이었을 것이다.

TIN PEST

121.76g/mol

51

안티모니 | 준금속

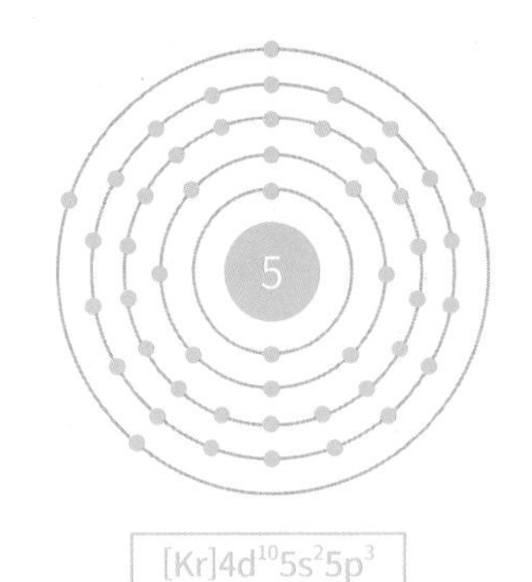

[Kr]$4d^{10}5s^{2}5p^{3}$

현대인에게 변비는 가장 흔한 소화기 질환 중 하나이다. 육류 섭취가 많은 서양뿐 아니라 우리나라에서도 스트레스와 식생활 습관의 변화 등에 의해 점차 증가하고 특히 여성과 노인층에 많다. 현재 약 16.5%의 유병률을 보이고 있다. 변비는 중세시대에도 있었다. 당시에 '영원환everlasting pill'이라는 약이 사용됐다. 장내에 들어가면 격한 설사를 유발해 변비를 치료했는데, 이 정제약은 대변과 함께 그대로 나왔다. 이것을 다시 세척해 사용할 수 있다고 해서 이런 이름이 붙었다. 이후에 독성이 밝혀지며 사용이 금지됐다. 이 약의 원료 물질은 수천 년 전 고대부터 사용한 물질이다. 당시에는 약이 아니라 지금의 마스카라와 같은 화장품으로 사용했다. 고대 이집트에서는 눈썹 화장에 널리 사용됐다고 파피루스에 기록되어 있다. 이 검은색 광물은 황화안티몬(Sb_2S_3)이고, 영원환의 원료는 바로 안티모니이다.

VOMIT

안티모니의 오래된 용법 중 하나는 로마의 기록에서 전해져 내려온다. 고대 로마의 연회에서는 포도주에 안티모니를 섞어 내놓곤 했는데, 이는 다름이 아니라 구토를 일으키는 성질을 이용하여 구토제로 쓰인 것이다. 음식을 배불리 먹은 후 게워내고, 계속해서 먹기 위함이었다. 안티모니 원소와 그 화합물은 대부분 유독하므로 그야말로 목숨을 건 미식이었던 셈이다.

LONELINESS

안티모니의 어원에 관한 다양한 설 중에서 가장 유력한 것은 그리스어로 '반대' 혹은 '싫어하다'라는 의미의 anti와 고독이라는 의미의 monos가 결합했다는 것이다. 안티모니가 자연 상태에서 순수한 원소 상태로 추출되지 않고, 다른 광물에 수반하여 산출되기 때문이다. 만약 이 어원이 맞는다면, 다른 광물 또는 금속과 결합하는 성질이 강한 안티모니에게 딱 들어맞는 이름인 셈이다.

Te

127.60 g/mol

52

텔루륨 | 준금속

tellurium

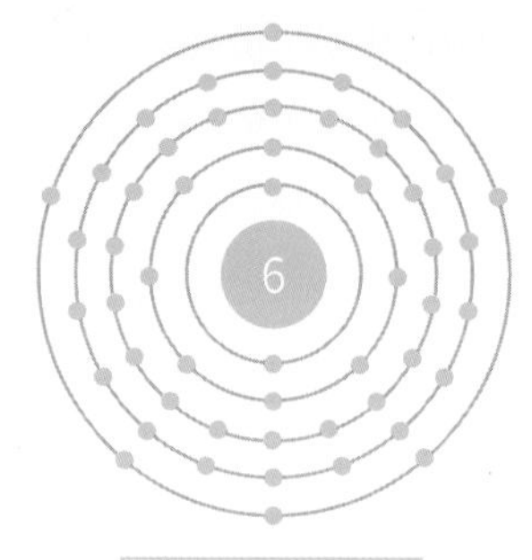

[Kr]$4d^{10}5s^{2}5p^{4}$

주머니에 쏙 들어가는 휴대형 에어컨을 만들 수 있을까? 이 터무니없어 보이는 질문에 대한 대답은 '가능하다'이다. 보통 전기를 사용하면 열이 발생한다고 알고 있다. 전하가 도체를 이동하며 저항에 의해 열이 발생하기 때문이다. 제백 효과Seebeck Effect와 펠티에 효과Peltier Effect라는 현상이 있다. 서로 다른 종류의 열전효과Thermoelectric Effect이다. 서로 다른 금속이 서로 만나는 지점을 전자들이 지날 때, 운동에너지가 달라지며 열이 발생하거나 열을 빼앗기는 효과를 말한다. 그중 펠티에 효과를 이용한 반도체가 바로 펠티에 소자이다. 텔루륨에 비스무트와 셀레늄을 섞어 만든다. 텔루륨은 지구를 뜻하는 이름이지만 지구에서 가장 희귀한 란타넘족 원소보다도 적다. 그런데 지구에서 루비듐이 텔루륨에 비해 1만 배 이상 많이 존재하는 데 비해, 우주에서는 텔루륨이 루비듐보다 많이 존재한다. 지구 생성 초기의 높은 온도에서 휘발성의 텔루륨 수화물이 생성되었고, 이들이 지구에서 증발한 것으로 추측된다.

TERRA

텔루륨의 이름은 '지구'를 뜻하는 라틴어 Tellus에서 유래했다. 어째서 지구였을까? 연금술이 발달한 중세에 새롭게 발견된 일곱 개의 원소에 각 천체의 이름을 대입한 것이다. 금과 은은 태양과 달, 수성은 수은, 금성은 구리와 짝을 맺었다. 텔루륨이 발견된 1782년 당시 지구에 해당하는 원소가 아직 없었기 때문에 이 자리를 차지했다.

PELTIER EFFECT

펠티에 효과는 프랑스 물리학자 장 펠티에Jean Peltier에 의해 소개됐다. 서로 다른 두 금속을 접합하고 직류전기를 흘리면, 한쪽 접합부에서는 열이 발생하고 다른 쪽은 차가워지는 현상이 발생했다. 이 효과를 이용한 제품이 펠티에 소자로, CPU 냉각이나 미니 냉장고에 사용한다.

I

iodine

126.90447g/mol

53

아이오딘 | 비금속

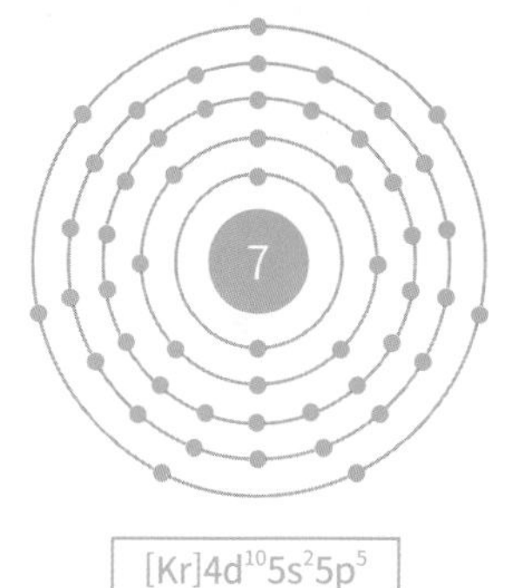

[Kr]$4d^{10}5s^{2}5p^{5}$

누구나 한 번쯤 넘어지거나 부딪혀 피부에 상처가 난 경험은 있기 마련이다. 치료 전후에 환부를 소독하기 위해 짙은 갈색의 액체를 사용한다. 흔히 빨간약이라는 애칭으로 부른다. 분명 갈색인데 왜 빨간약일까? 사실 과거에는 붉은색이 맞았다. 소독약의 1세대는 머큐로크롬과 요오드팅크이다. 머큐로크롬은 수은을 함유하고 있어 선명한 붉은색을 띠었다. 그러나 바로 이 수은 때문에 자취를 감춰야 했다. 머큐로크롬과 함께 빨간약의 양대산맥이었던 요오드팅크는 요오드화칼륨과 알코올 혼합물이다. 요오드팅크가 붉은색을 띠는 이유가 바로 아이오딘이다. 독일식 명칭인 요오드로 더 잘 알려진 원소이다. 1811년 프랑스 화학자 쿠르투아Bernard Courtois는 화약에 필요한 질산칼륨을 얻기 위해 해초에서 소듐과 포타슘화합물을 추출하다가 아이오딘을 발견했다. 해초를 태우고 남은 재에 황산을 넣자 자주색 증기가 만들어졌다. 이후 프랑스 화학자 게이뤼삭이 '자주색'을 뜻하는 그리스어 iodes에서 따와 이름을 지었다.

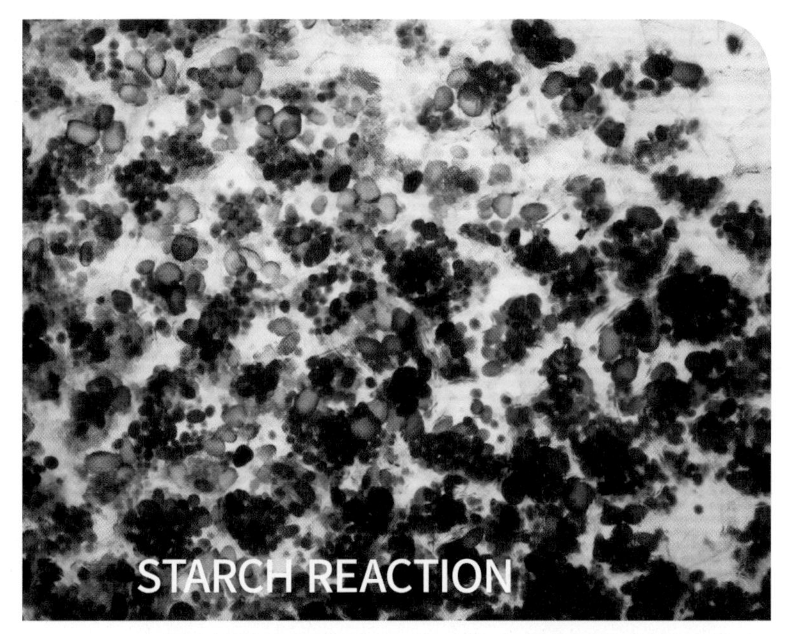

아이오딘의 화학반응 중 제일 유명한 것이 아이오딘-녹말 반응이다. 이 반응을 통하여 물질에 함유된 녹말의 존재를 알 수 있다. 녹말을 구성하는 아밀로오스나 아밀로팩틴은 스프링 모양의 3차원 구조를 가진다. 아이오딘과 만나면 아이오딘이 스프링 내부로 들어가 결합하며 가시광선 대부분을 흡수하기 때문에 짙은 보랏빛이 나타난다.

1990년대에 들어 포비돈-요오드 용액이 나오며 빨간약의 2세대 자리를 차지했다. 아이오딘의 산화작용으로 미생물의 세포벽을 빠르게 통과하여, 그람양성·그람음성·진균·곰팡이·바이러스·박테리아 등의 미생물을 박멸하는 아주 광범위한 살균력을 가진다.

131.293g/mol

54

제논 | 비활성 기체

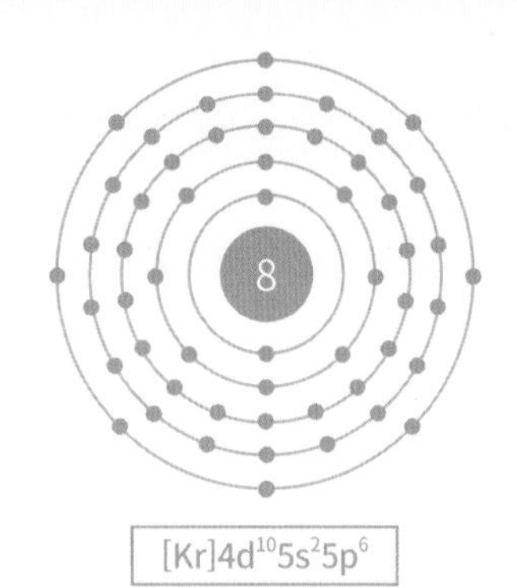

IMAX[Image Maximum]는 인간이 볼 수 있는 한계까지 보여준다는 의미이다. 일반 영화관의 경우 54°의 스크린 각도를 가지지만, IMAX 영화관은 약 70°의 각도를 가진다. 사람의 시야각은 약 60°이다. IMAX 영화관 스크린은 사람의 시야각을 넘어서는 광각 화면으로 관객의 몰입도를 극대화한다. 필름의 크기도 70mm로 일반 필름보다 크지만, 선명도로 따지면 일반 필름의 10배가량이나 되는 고화질을 자랑한다. 필름에 조명을 비추어 넓고 휘어진 스크린에 비추기 위해서는 강력한 빛이 필요하다. 여기에는 태양 빛 스펙트럼과 유사한 조명이 좋다. 조명에는 여러 종류가 있지만 그중에서 제논을 이용한 조명이 IMAX영사기에 사용된다.

제논을 발견한 사람은 영국의 램지와 그의 제자 트래버스이다. 특히 발견 과정이 몹시 힘겨웠기에 '낯선', '외계의'라는 뜻의 그리스어 xenos에서 따 명명하였다. 지구 대기의 0.000011%밖에 존재하지 않는 희유기체로, 가격은 헬륨의 1,000배에 달한다.

IMAX

IMAX 조명의 밝기는 15kW에 달한다. 주장하는 바에 따르면 달에서 불을 밝힐 경우 지구에서 관측이 가능할 정도로 밝다고 한다. 물론 달에서 영화를 틀면 지구에서 바로 보인다는 얘기는 아니다. 어디까지나 영사기 안에 있는 오목거울로 한 초점에 최대한 빛을 모았을 때의 얘기이다. 우주 공간을 넘어 영화를 상영할 단계까지는 아직 갈 길이 멀다.

132.905 g/mol

55

세슘 | 알칼리 금속

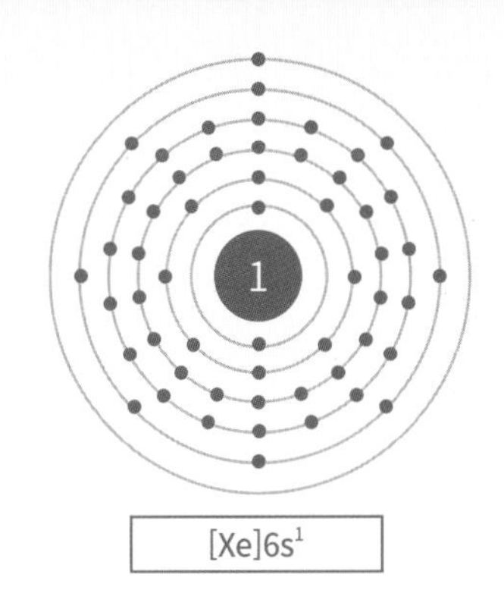

[Xe]6s[1]

1초라는 시간은 어떻게 정해졌을까? 기원전 1500년 경 이집트에 세워진 오벨리스크도 해시계 역할을 했고, 15세기 조선에도 해시계가 있었다. 17세기 갈릴레오에 의해 진자시계가 발명되고 20세기에 수정진동자를 이용한 정밀한 쿼츠시계가 등장했다. 이렇게 많은 시계가 있었고, 시간은 역사의 흐름에 따라 점차 정교해졌다. 그러나 어떤 것도 똑같은 시간을 알려주지는 않았다. 세상을 관통하는 시간은 단 하나인데 말이다. 이것은 시계마다 오차가 발생하기 때문이다. 인류는 정확한 시간을 알기 위해서 오차가 적은 진동자가 필요했고, 원자시계를 만들었다. 원자에서 방출된 빛이 91억 9,263만 1,770번 진동하는 데 걸리는 시간을 1초로 정했고 원자시계는 3억 년에 1초의 오차를 가진다. 이 시계에 사용되는 원자는 세슘-133이다.

세슘은 은백색의 무른 금속이다. 1족인 알칼리 금속 중 반응성이 가장 크다. 약 30종의 동위원소 중 세슘-137은 자연에 존재하지 않고 핵 반응로나 핵연료 분열에서 생성된다.

세슘은 분광법으로 발견된 첫 번째 원소이다. 독일의 화학자인 분젠Robert Bunsen과 키르히호프Gustav Kirchhoff는 빛을 프리즘으로 분광시켜 스펙트럼을 얻는 장치를 개발했다. 1860년에 샘물의 불꽃 스펙트럼에서 두 개의 푸른색 스펙트럼을 발견했는데, 라틴어로 푸른색을 뜻하는 caesius에서 따와 명명했다.

CESIUM LEAK

약 30종의 동위원소가 있지만, 주로 언급되는 것은 세슘-137이다. 자연 상태에 존재하지 않고 핵 반응로나 핵분열을 통해 생성된다. 방사능 성질을 이용해 암 치료와 산업에 사용하기도 한다. 일본 후쿠시마 원자력 발전사고로 유출되어 공포의 대상이 된 방사능 물질중 하나이다.

Ba

132.327g/mol

56

barium

바륨 | 알칼리 토금속

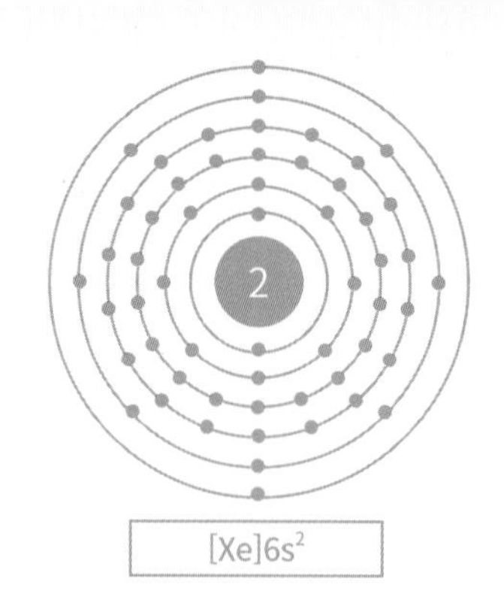

[Xe]6s²

X선 검사는 질병 진단을 위해 흔히 사용되는 검사 방법이지만, 위는 단순 X선 촬영으로는 확인할 수 없는 부위이다. 따라서 정밀한 위 검사에 특수한 물질이 사용된다. 이 물질은 인체에 무해해 검사 전에 먹는 조영제로 사용된다. 일명 '바륨 식사'로 일컫는 물질은 황산바륨이다. 황산바륨은 X선을 인체 조직보다 많이 흡수해 사진에 찍히지 않아 위의 조그만 병변도 찾을 수 있다. X선은 방사선이다. 진단을 위해 방사선 피폭을 피할 수 없다. 특히 정밀 영상검사인 CT는 방사선 노출량이 훨씬 많다. 방사선영향과학위원회(UNSCEAR)의 조사 결과에 따르면, 전체 영상의학 검사 중 CT가 차지하는 비율은 2.8%에 불과하지만 환자가 받는 방사선량의 비중은 56%로 절대적이다. 최근 환자복의 검사 부위에 부착해 방사선량을 25~40% 감소시켜주는 동시에 영상의 품질에는 영향을 주지 않는 새로운 개념의 차폐기구가 등장했다. 조영제인 황산바륨에서 착안된 제품이다.

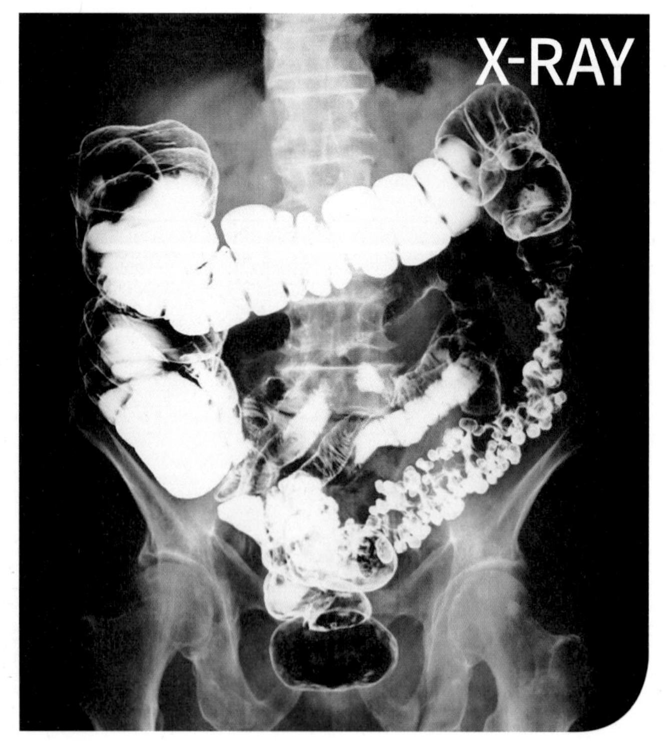

가장 대표적인 황산바륨의 용도는 X선 조영제이다. 독성이 없고 물에 녹지 않는 황산바륨은 촬영 전에 섭취하면 식도에서 대장까지의 소화기관을 X선으로 선명하게 볼 수 있다. 전자가 많아 X선을 흡수하기 때문이다. 질산바륨은 불꽃놀이의 녹색을 내는 데 사용하고, 금속 바륨은 진공관에 남은 기체를 제거하는 게터getter로 쓰인다.

DESSERT ROSE

바륨의 이름은 '무겁다'라는 의미의 그리스어 barys에서 유래했다. 바라이트는 그 이름처럼 무겁고 투명하며, 빛을 비춘 후 어둠 속으로 가져가면 빛을 발했다. 그래서 한자로는 중정석重晶石이라고 쓴다. 건조한 사막 환경에서는 평평한 판 형태의 결정을 형성하여 마치 장미와 같은 모양이 만들어지기도 한다. 이를 데저트 로즈 혹은 바라이트 로즈라고 부른다.

La

lanthanum

138.906 g/mol

57

란타넘 | 란타넘족

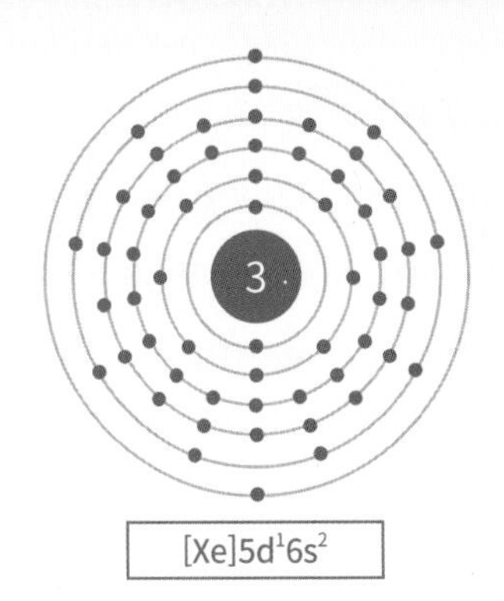

란타넘은 그 이름을 그리스어로 '숨어 있는'이라는 뜻의 lanthano에서 따왔을 정도로 추출해내기 힘든 원소이다. 혼합물에서 란타넘만을 분리하기 매우 어렵고 비용도 많이 들어, 분리해내지 않고 금속 혼합물 상태의 미시메탈을 그대로 사용하기도 한다. 합금하여 라이터 등에 쓰이기도 하고 연마제나 철강에도 사용한다.

최근 에너지 분야의 화두는 '화석연료로부터의 해방'이다. 화석연료는 두말 할 것 없이 온실가스와 직결되기 때문이다. 이를 위해 원자력이나 태양광이나 풍력 등 대체 에너지 연구가 꾸준히 진행되고 있다. 그리고 생산한 에너지를 저장하는 기술은 대체 에너지 개발 못지않게 중요하다. 결국 에너지 저장장치인 이차 전지로 귀결된다. 가장 널리 사용되는 이차 전지는 리튬 이온 전지이지만, 요즘 각광받고 있는 하이브리드 자동차용의 전기 저장장치에는 니켈 수소nickel-metal hydride, NIMH 전지를 많이 쓴다. 안정성이 높고 높은 출력을 낼 수 있기 때문이다. 여기에도 란타넘이 사용된다.

HYBRID CAR

니켈 수소 전지의 양극에 수산화니켈을 사용하고, 음극에 수소저장합금이라는 특수한 합금을 사용하는데, 수소저장합금의 재료가 되는 것이 란타넘과 같은 희토류 금속이다. 보통 하이브리드 자동차 한 대 당 란타넘 10~15kg이 들어 있다.

OPTICAL LENS

20세기 중반까지는 란타넘을 대량으로 생산해낼 방법이 없어 거의 사용되지 않았다. 하지만 이후 분리 방법이 개선되며 여러 방면에서 중요하게 쓰인다. 란타넘은 희토류 금속 중에서 두 번째로 생산량이 많다. 유리에 포함시키면 알칼리에 대한 저항력을 높이고 색수차를 줄일 수 있어, 카메라·현미경·망원경 등의 광학 렌즈와 광섬유 등 특수 용도의 유리에 많이 사용한다.

140.116 g/mol

58

세륨 | 란타넘족

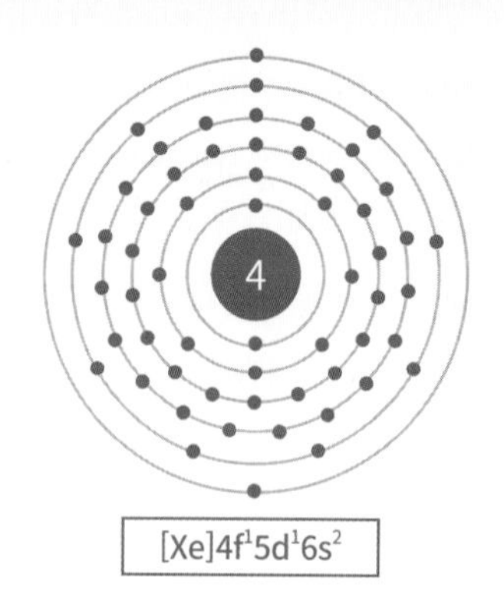

란타늄족 원소 중 지구에 가장 많이 존재한다. 산화세륨은 자외선 흡수 효과가 있다. 선글라스나 자동차 유리에 첨가한다. 유리에 첨가하면 불순물을 산화시켜 투명도가 높아진다. 브라운관 텔레비전의 파란색 형광체로 사용한다. 라이터에 사용되는 부싯돌은 철과 마그네슘 그리고 세륨으로 구성되어 있는데, 세륨이 50%를 차지한다. 페로세륨의 거친 표면을 강철로 긁으면 불꽃이 나는데, 이러한 성질 때문에 페로세륨은 라이터돌에 사용된다. 이렇게 사용되는 페로세륨을 부싯돌flint이라 부르는데, 페로세륨 부싯돌은 인류가 사용해온 전통적인 부싯돌과는 불이 붙는 원리에서 차이가 있다. 전통적 부싯돌은 석영 광물을 철로 긁으면 금속 부스러기가 날리며 공기 접촉면이 커져 쉽게 산화하는 것을 이용한 것이다. 이때는 마찰열이 발화점까지 도달하지는 않는다. 하지만 페로세륨 부싯돌은 저온에서도 발화하는 성질을 이용한 것으로, 마찰 시에 페로세륨의 발화점인 150~180°C에 도달하여 불이 붙는다.

ULTRAVIOLET RAYS

세륨은 란타넘족 원소 중에서 지각에 가장 풍부한 원소이다. 과거에는 가스등 멘틀에 많이 쓰였지만 지금은 전등의 보급으로 수요가 줄었다. 세륨은 파장 길이가 400nm 이하인 자외선을 흡수하는 성질이 있다. 자외선 살균 장치나 선글라스, 자외선 차단제, 자동차 유리 등의 재료로 사용하고, 방사선이나 X선, 전자 빔 등에 노출되는 유리에도 첨가된다.

CERES

1803년 베르셀리우스가 발견하여, 그보다 2년 전에 발견되었던 왜행성 세레스의 이름을 따서 명명하였다. 세륨이 함유되었던 광물인 '세리아'에는 프로메튬(Pm)을 제외한 모든 란타넘족 원소들의 산화물이 포함되어 있었다. 이를 전부 분리하고 발견하는 데 수십 년의 세월이 필요했다.

Pr

praseodymium

140.90765 g/mol

59

프라세오디뮴 | 란타넘족

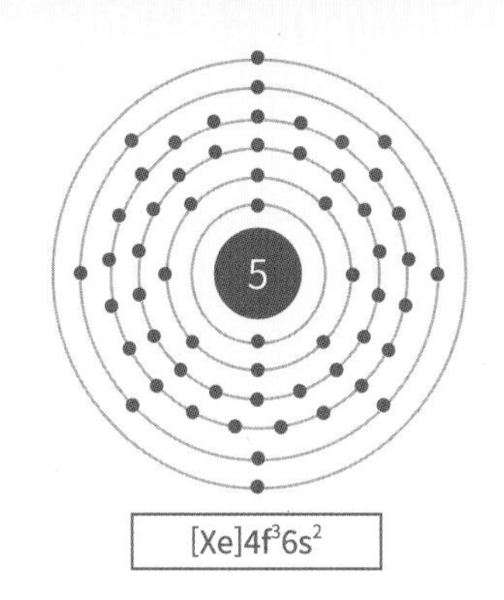

하얀색 금속이지만 산화하면 노란색이나 녹색을 띠는 성질로 도자기나 법랑을 착색하는 유약에 사용한다. 네오디뮴과 화합물이 철이나 마그네슘 합금으로 만들어져 석유산업이나 자동차 촉매 변환기에 사용된다. 네오디뮴과 화합물을 디디뮴이라 부른다. 쌍둥이를 의미하는 그리스어 didymos에서 왔다. 자외선 차단용 노란색의 광학용 안전 고글은 디뮴을 첨가한 제품이다. 이 유리는 강한 빛과 자외선으로부터 용접이나 유리 세공을 하는 사람의 눈을 보호하는 보안경에 사용된다. 차단제는 광촉매 효과가 뛰어난 이산화타이타늄(TiO_2)도 있지만 자외선에만 효과가 나타난다. 프라세오디뮴은 자외선뿐만 아니라 가시광선 중 푸른빛 영역까지 흡수한다. 대부분의 사람에게는 아주 생소한 원소이지만, 의외로 이 원소를 사용한 제품은 일상생활에서 쉽게 찾아볼 수 있다. 컬러 TV 브라운관, 형광등, 절전 전구, 안경 유리 등에도 프라세오디뮴이 흔히 들어간다.

프라세오디뮴은 유리, 도자기, 법랑 등의 제품에 밝은 노란색 또는 녹색을 내기 위한 착색제로 쓰인다. 컬러텔레비전 브라운관, 형광등, 절전 전구, 안경 유리 등에 흔히 들어간다. 큐빅 지르코니아에 프라세오디뮴을 첨가하면 페리도트peridot와 비슷한 아름다운 초록빛 모조 보석이 만들어진다.

하나의 원소라고 생각되었던 디디뮴(Di)에서 사마륨(Sm)을 분리해내면서 혼합물임이 밝혀졌다. 여기 남은 두 원소를 분리하면서 '쌍둥이'라는 의미의 디뮴이라는 이름이 붙었다. 두 개의 디뮴 중 하나인 프라세오디뮴은 '초록색 쌍둥이'를 의미한다. 공기 중에서 산화하여 녹색을 띤다는 점에서 붙여진 이름이다.

Nd

neodymium

144.24 g/mol

60

네오디뮴 | 란타넘족

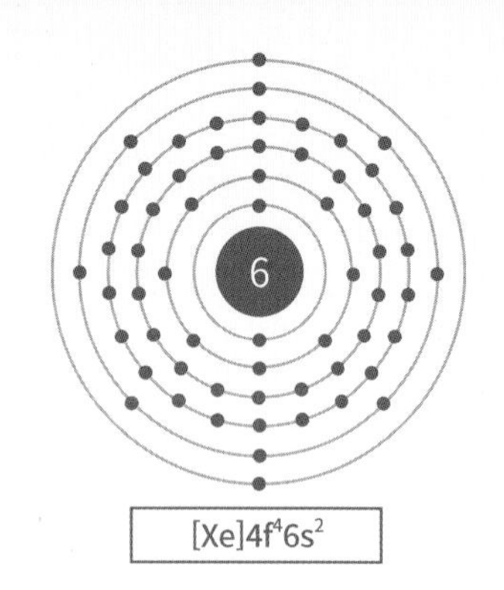

철에 네오디뮴을 넣으면 철의 자열을 안정화하며 네오디뮴의 자기까지 같은 방향으로 고정되어 강한 영구자석이 된다. 여기에 약간의 붕소가 들어간다. 네오디뮴-철-붕소Neodymium-Iron-Boron, NIB 자석은 현재까지 개발된 영구자석 중에서 가장 강한 것으로, 전형적인 화학적 조성은 $Nd_2Fe_{14}B$이다. 작은 네오디뮴 자석도 매우 강해서 가전제품에 사용되는 자석은 대부분 네오디뮴 자석이다. 작은 자석이라고 얕보면 안 된다. 네오디뮴 자석끼리 붙으면 사람의 손힘으로는 어지간해서 떼어내기 힘들 정도이다. 자석은 첨단전자제품에 필수적으로 들어가는 부품이다. 스피커, 이어폰, 컴퓨터 하드디스크, 모터에 이르기까지 가전에서 자동차등 자성이 필요한 부품에 사용하지 않는 곳이 없다. 일반인들이 '네오디움'이라고 알고 있는 경우가 많지만 이는 명백한 오기이다.

네오디뮴과 철, 붕소를 합금한 NIB 자석은 자석 크기 대비 인력 측면에서 현존하는 자석 중에서 가장 강력하다. 온도계수가 낮아 열에 따라 자성이 약해지는 것이 단점으로 꼽힌다. 호주와 미국에서 네오디뮴 자석이 들어 있는 장난감을 삼킨 아이들의 내장기관이 찢어져 사망한 사건이 발생한 적이 있다.

MAGNETISM

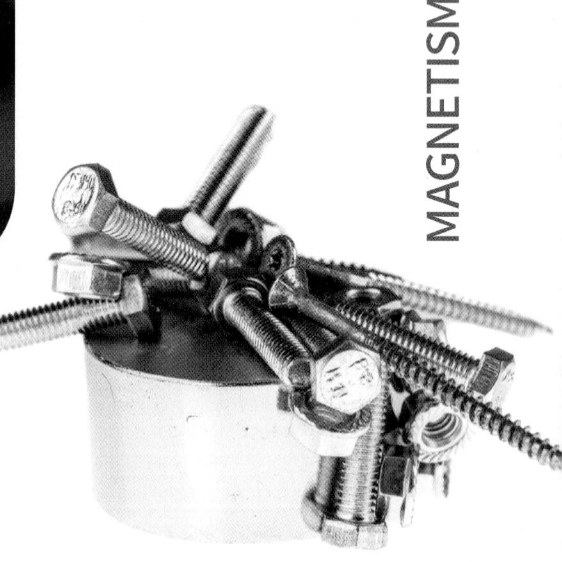

MINIATURIZATION

NIB 자석은 크기에 비해 강한 힘을 가질 수 있어, 제품의 소형화에 유리하다. 마이크와 같은 오디오 시스템을 비롯하여 많은 전자기기를 소형화하는 데 기여했다. 전기자동차 등에 쓰이는 모터를 만들면 회전력torque, 토크이 크면서도 같은 출력의 모터보다 작은 크기로 만들 수 있어 소형화·경량화할 수 있다.

Pm

promethium

145 g/mol

61

프로메튬 | 란타넘족

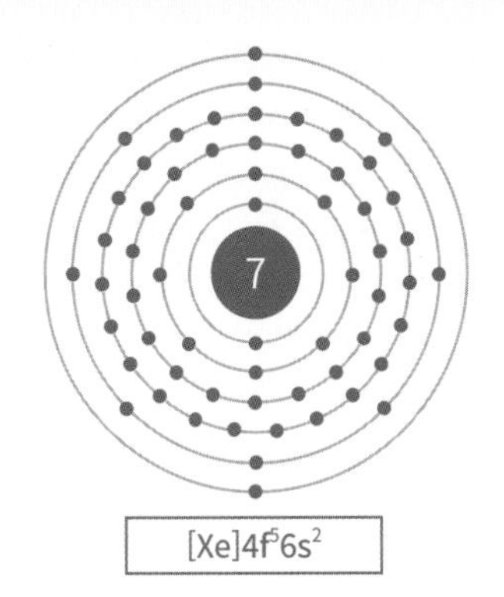

사실 희토류 원소들은 존재량만 따지면 그렇게 희귀하지 않다. 다만 란타넘족 원소들이 워낙에 분리하기 어려워 희귀하다고 표현하는 것이다. 그런데 유일한 예외가 있다. 바로 프로메튬이다. 프로메튬은 원소 자체가 불안정해 순식간에 붕괴한다. 과거 과학자들은 이 원소를 발견할 기회가 거의 없었다. 프로메튬은 자연 상태에서 안정한 동위원소가 없어 오래전에 붕괴되었기 때문이다. 지구상에 기껏해야 1kg 이하로 존재할 것으로 추정된다. 그것도 다른 방사성 동위원소의 붕괴과정에서 미량이 만들어지기 때문이다. 우주 탐사선의 원자핵 전지 같은 특수한 용도에 사용한다. 우주는 에너지원이나 태양광이 약한 장소이다. 같은 무게나 부피의 일반적인 화학 전지에 비해 월등하게 큰 전력을 얻을 수 있는 장점이 있으나, 일반적인 용도로 사용하기에는 너무 값이 비싸다. 자원이 풍부하지 않으면 아무리 효율이 좋아도 비싸기 때문에 사용처도 적다. 그나마 폴로늄과 플루토늄으로 대체되며 이용 방안이 마땅히 없다.

COLLAPSE

프로메튬은 방사성이 매우 강하고, 서른여덟 개의 동위원소 모두가 몹시 불안정하다. 자연 방사능을 통해 계속해서 생성되고 있기는 하지만, 매우 빠르게 붕괴되고 만다. 동시에 지구상에 존재하는 프로메튬의 양은 아무리 많아야 채 1kg에 미치지 못할 것으로 추정된다.

PROMETHEUS

프로메튬의 이름은 그리스 신화에서 인간에게 불을 전해준 신인 프로메테우스에서 따온 것이다. 처음 존재가 확실히 확인된 것이 1945년인데, 이때 발견된 장소가 핵분열 생성물 속이었기 때문이다. 불과 전기에 이은 '제3의 불'인 원자력 핵분열의 산물인 것이다. 발견 당시는 제2차 세계대전이 한창이었기 때문에 발표된 것은 1947년이다.

Sm

150.36g/mol

62

samarium

사마륨 | 란타넘족

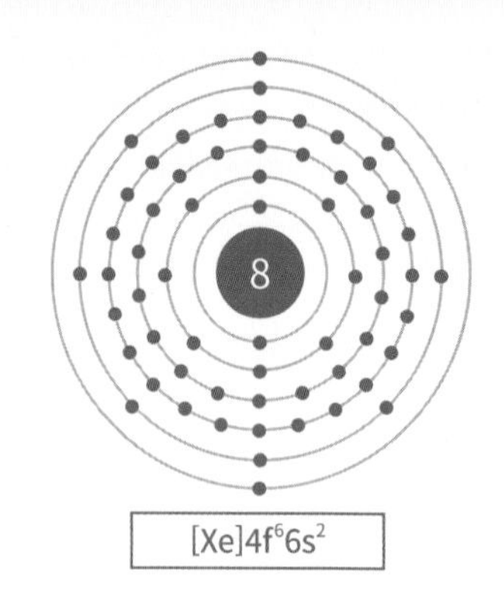

$[Xe]4f^6 6s^2$

사마륨은 사마스카이트samarskite 광석에서 발견됐다. 사마스카이트는 1847년 러시아의 광산 공병단 참모장이었던 사마스키Samarsky에 의해 러시아 우랄산맥 남부에서 처음 발견된 광물이다. 이때까지 원소의 이름을 지을 때는 대개 원소가 발견된 광물이나 지역, 신화나 천체 혹은 원소의 성질을 따서 지었다. 사마륨도 광물의 이름을 딴 원소이지만, 어원을 생각해보면 사람의 이름을 딴 셈이다. 더군다나 원소의 발견자 이름도 아닌 광물의 발견자 이름을 땄다. 장군이 가진 권력 때문이었을까? 어쨌든 사마륨은 사람 이름을 따서 명명된 최초의 원소가 되었다. 그 후에 순수한 사마륨을 발견해낸 것은 프랑스의 화학자 부아보드랑PaulEmile Lecoq de Boisbaudran이다. 디디뮴이 단일 원소가 아니라는 의심이, 그가 사마륨을 분리해냄으로써 사실로 증명된 것이다. 사실 부아보드랑이 분리한 사마륨도 불순물이 상당량 섞여 있었다. 1950년대가 되어 이온 교환법으로 희토류 원소를 순수한 상태로 분리해낼 수 있게 되었다.

1,080년의 반감기를 갖는 사마륨 동위원소는 연대측정에도 사용된다. 사마륨은 중성자를 잘 흡수한다. 원자력 발전은 원자로에서 핵이 중성자를 흡수하고 분열하며 에너지를 방출한다. 동시에 중성자도 방출하고 이 중성자가 다른 핵과 연쇄반응하는 것이다. 원자로에서 핵분열 연쇄반응 시에 과도하게 일어나는 것을 막기 위해 사마륨이 들어간 중성자 제어봉을 사용한다.

PERMANENT MAGNET

사마륨의 주된 이용처는 자석이다. 코발트와 합금하여 사마륨-코발트 자석의 형태로 이용한다. NIB 자석에 비하면 자성은 약하지만, NIB 자석에 비해 잘 산화되지 않고 700°C 이상의 고온에서도 자성을 잃지 않는다. 고가이거나 가혹한 환경에서 사용하는 장비에는 보다 안정적인 사마륨-코발트 자석이 선호된다.

151.964 g/mol

63

유로퓸 | 란타넘족

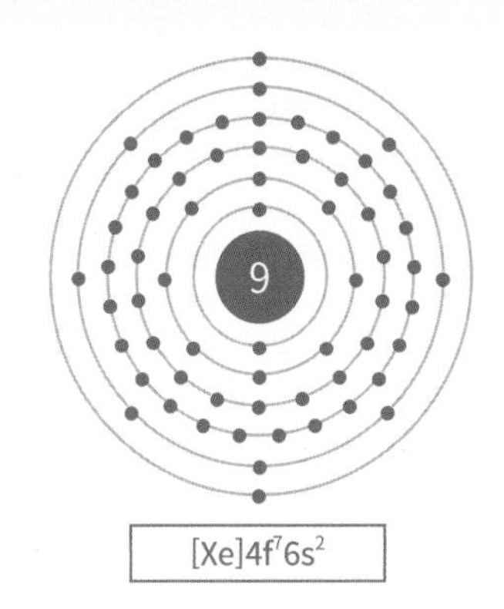

$[Xe]4f^7 6s^2$

118개 원소 중 지구상의 대륙 이름을 따서 명명한 원소가 두 개 있다. 아메리슘과 유로퓸이다. 유로퓸은 말 그대로 유럽에서 이름을 따왔다. 희토류 원소 중 하나이고 납과 비슷한 굳기를 가졌다. 유로퓸의 가장 큰 특징은 강한 형광을 띤다는 것이다. 과거 브라운관 텔레비전의 컬러필터의 빨간색 형광체로 사용했다. 유로퓸을 사용하며 컬러텔레비전이 밝아졌다. 유로퓸에 다른 원소를 첨가하면 더 다양한 색을 낸다. LED의 백색은 칩에서 나오는 청색에 노란색 형광체를 통해 만들어진다. 형광등에 사용하는 형광체에도 유로퓸이 들어간다. 지금의 LCD에는 후광체Backlight Unit, BLU로 LED를 사용하지만 과거의 LCD에는 유로퓸이 들어간 형광조명을 사용했다. 지각에 많지 않아 비싸기도 하지만 최근 퀀텀닷이라는 디스플레이 기술이 유로퓸 자리를 차지하고 있다. 자외선에 닿으면 빛나서 지폐의 위조를 방지하기 위해 유럽연합(EU)의 화폐인 유로화에 착색제로 사용하기도 한다.

EUROPE

1901년 프랑스 화학자 드마르세Eugene-Anatole De Marcay가 처음 분리해냈다. 1803년에 세라이트 광석에서 세슘이 분리된 이후, 그 안에 들어 있던 희토류 원소 모두가 분리되는 데 약 100년이 걸린 셈이다. 드마르세는 이 새로운 원소를 유럽Europe 대륙의 이름을 따서 명명하였다.

EURO

희토류 원소의 대부분이 공통적으로 형광이라는 특성을 지닌다. 이 중에서 붉은색 빛을 발하는 것이 유로퓸이다. 이 점을 이용해 EU에서 사용하는 유로화 지폐에는 보안 장치로서 유로퓸 화합물이 첨가된 형광 잉크를 사용했다. 자외선 아래에서 붉은색 빛을 발한다.

157.25 g/mol

64

가돌리늄 | 란타넘족

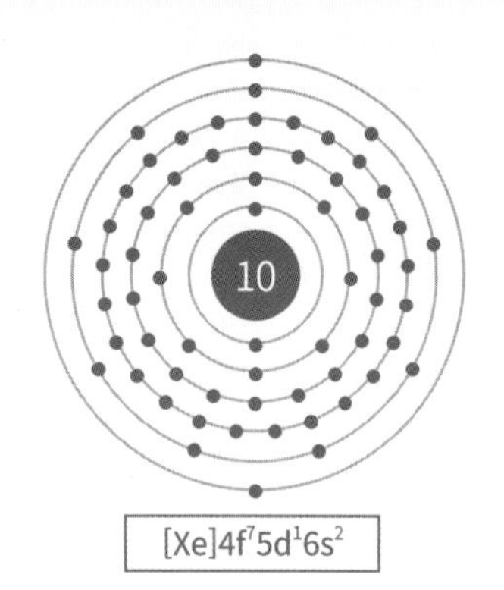

[Xe]$4f^7 5d^1 6s^2$

희토류인 란타넘 계열 원소는 대부분 비슷하다. 그래서 분리가 어려웠고, 쌍둥이라는 이름이 붙은 원소들도 있다. 그래도 자세히 보면 각 원소마다 차이가 있을 것이다. 아무리 비슷하게 생긴 형제들이어도 독특한 개성이 있게 마련이다. 형제자매가 많은 집에서 가운데 위치한 사람은 성격이 좋은 편이다. 위아래로 치이며 살았던 탓일지도 모르겠다. 란타넘족 가운데에는 가돌리늄이 있다. 전자배치를 보면 f오비탈에 절반의 전자를 채웠다. 물론 이런 이유만은 아니지만 가돌리늄은 희토류 원소들이 가진 대부분의 특징을 전부 가졌다. 그러다 보니 여러 방면에 사용된다. 상온에서 높은 자성을 지닌다. 자석은 첨단 제품에 사용된다. 네오디뮴자석의 단점은 부식에 약하다는 것인데 가돌리늄이 첨가되어 부식을 방지한다. 열중성자 흡수력이 뛰어나 원자로의 중성자를 흡수하는 재료의 핵심 원소이다. X선 촬영 조영제로 바륨을 사용한 것처럼 자기공명 영상(MRI) 등 영상의 농도를 강조하는 조영제로 사용한다.

MAGNETIC REFRIGERATION

자기장을 걸어주면 열을 발산하고, 자기장에서 벗어나면 온도가 내려가는 '자기열량효과Magnetocaloric Effect'를 이용한 냉각 기술이 자기냉각 기술이다. 가돌리늄 합금은 20°C의 실온에서 자성을 잃어 자기냉각 합금으로 이용할 수 있다. 기존의 냉각 방식과 완전히 다른 친환경적인 차세대 냉각 시스템으로 연구되고 있다.

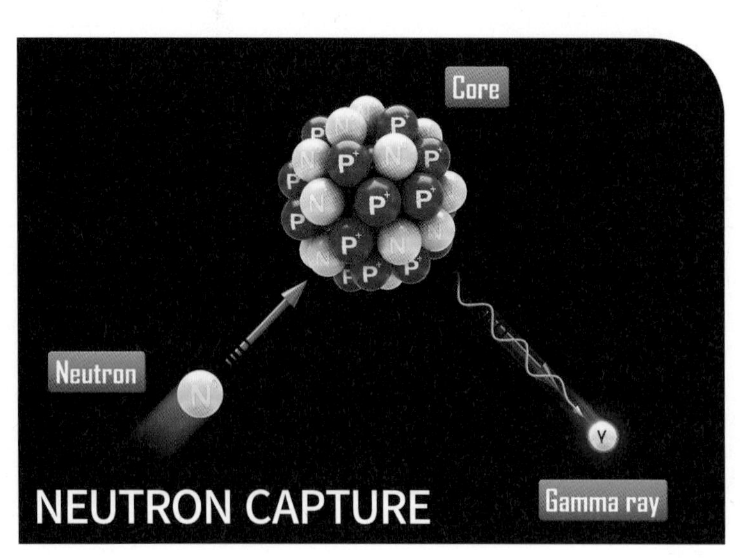

정상 세포의 손상을 최소화하고 선택적으로 암세포만을 박멸하는 차세대 암 치료기술로 연구되고 있는 '중성자 포획치료Neutron Capture Therapy'라는 기술이 있다. 경북대 NCT 기초연구실에서 진행 중인 프로젝트에 따르면, 기존에 NCT에 사용하던 붕소(B) 화합물보다 훨씬 중성자를 잘 흡수하는 가돌리늄이 항암 치료의 새로운 길을 열어줄 가능성이 있다.

Tb

terbium

158.92534 g/mol

65

터븀 | 란타넘족

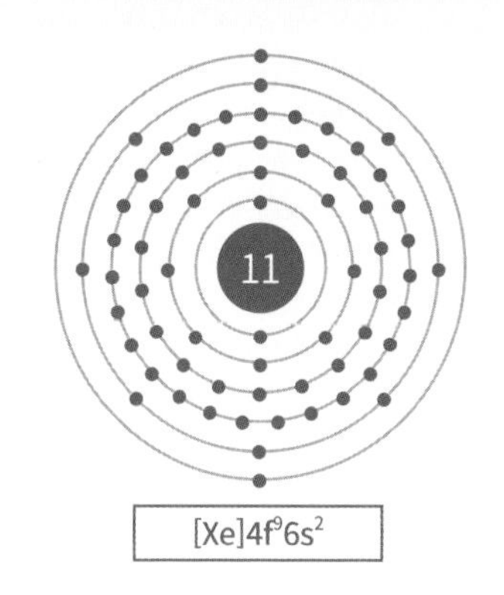

지금은 반도체 메모리에 밀려 점점 자리를 잃고 있지만 아직도 근근히 사용되는 정보 저장장치로 CD[Compact Disk]가 있다. CD는 디스크 표면에 레이저로 정보를 기록하여, 거기서 발생한 미세한 물리적 변형을 다시 레이저로 읽어냄으로써 작동하는 것이다. 초기에는 디스크 표면에 정보를 기록하면 수정할 수가 없었다. 이후 디스크 표면의 정보를 덮어 여러 번 반복하며 쓸 수 있는 광디스크가 개발됐다. 레이저의 에너지로 디스크 표면 물질을 변형시킬 수 있는 것이다. 디스크를 '굽는다[burn]'라고 표현했는데, 이는 마치 레이저의 에너지로 물질을 구워내는 것 같다는 의미에서 사용된 표현이다. 이렇게 변형이 가능했던 것은 자성막에 터븀이 첨가되었기 때문이다. 자성막뿐만 아니라 합금에도 이러한 기능을 응용할 수 있다. 터븀이 함유된 철을 자기변형 합금이라 한다. 자기변형은 자기화 방향으로 늘어나거나 줄어드는 현상이다. 과거에는 프린터의 글자를 찍는 헤드 부분에 이 현상을 많이 이용하기도 했다.

INKJET PRINTER

터븀과 디스프로슘 그리고 철을 합금하면 터페놀-디[Terfenol-D]가 된다. 자기장에 따라 늘어나거나 줄어드는 성질인 '자기변형 효과[magnetostriction]'가 합금 중에서 제일 크다. 이 성질을 이용해 잉크젯 프린터의 글자를 찍는 인쇄 헤드 부분에 사용한다. 또한 이 성질은 부착되는 물체를 진동시켜 소리를 만들어내는 데도 응용할 수 있다.

MAGNETIC MEMBRANE

터븀·코발트·철 합금의 형태로 광자기 디스크의 자성막에 이용하기도 한다. 이것은 열을 가하면 자성을 잃고, 다시 온도가 내려가면 자성을 찾는 터븀의 성질을 이용하는 것이다. 레이저로 가열하면 자성을 잃으면서 기록이 지워지고, 다시 식히면서 새로운 정보를 기록한다.

Dy

dysprosium

162.500 g/mol

66

디스프로슘 | 란타넘족

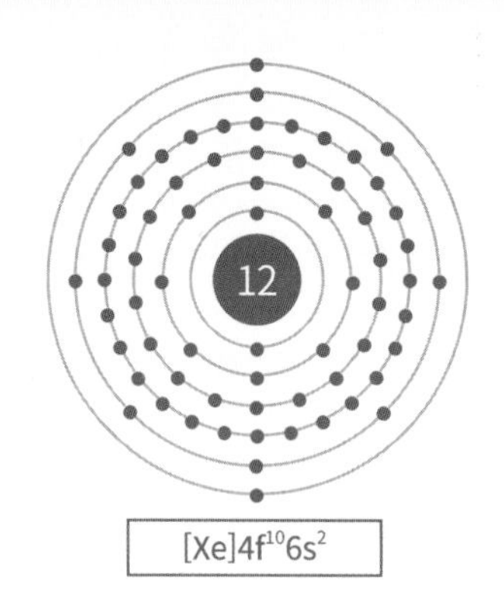

$[Xe]4f^{10}6s^{2}$

디스프로슘은 빛 에너지를 모아 발광하기 때문에 건물의 비상 안내 등과 같은 야광도료로 사용한다. 납과 합금은 방사선 차폐제로도 사용한다. 하이브리드 자동차나 풍력발전기의 전기모터나 터빈이 고온에 견디기 위해 네오디뮴 자석에 첨가된다. 디스프로슘을 첨가하면 내열성을 강화해 고온에서도 자성을 유지하기 때문이다. 현재 화석 연료에 의한 발전이 가진 문제점이 부각되면서 대체 에너지로서 풍력 발전 등이 떠오르고 있다. 앞으로 내연기관을 대체하는 전기 자동차 등의 수요가 확대되며 점점 활용도가 커질 것으로 전망되는데, 이러한 수요에 공급이 따라가지 못할 것으로 예상된다. 왜냐면 매장량도 적고 생산이 까다로워 무한정 공급하기 쉽지 않기 때문이다. 디스프로슘의 이름은 '얻기 힘든'이라는 뜻의 그리스어 dysprositos에서 왔는데, 이 이름이 그대로 맞아떨어지게 된 셈이다.

생산량의 거의 대부분이 중국에서 생산되고 있다. 디스프로슘만이 아니라 다른 란타넘족 희토류 원소들이 중국에서 생산되는 경우가 많다. 첨단 산업에서 란타넘족 원소들의 독특한 성질을 이용하는 경우가 많기 때문에, 희토류 원소의 수출 여부를 무역 분쟁의 도구로 삼는 경우가 종종 발생한다.

PHOSPHORESCENT

축광은 빛을 저장하는 성질을 말한다. 1993년 일본의 한 야광도료회사에서 방사성 물질을 전혀 사용하지 않은 축광도료를 발표했다. 단 10분 햇빛을 쬐는 것으로 10시간 동안 빛을 발한다고 광고했던 이 도료에 축광재로 디스프로슘을 사용했다. 비상구 표식 등의 유도 표식에는 정전 시에도 발광할 수 있도록 이런 도료를 사용한다.

Ho

holmium

164.9303 g/mol

67

홀뮴 | 란타넘족

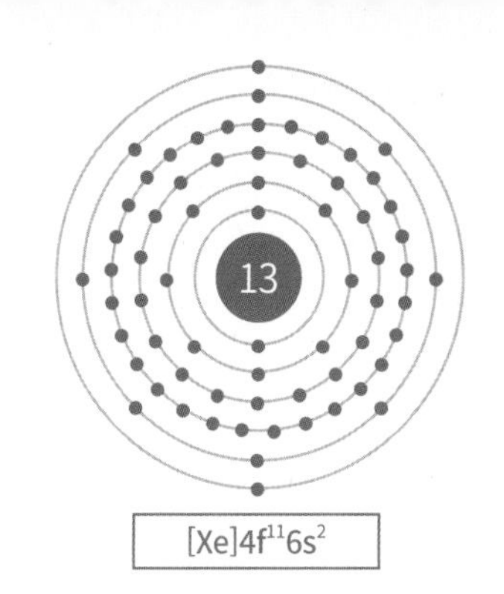

홀뮴은 희귀한 원소라 그렇게 많이 사용되지는 않는다. 그나마 찾아볼 수 있는 대표적 이용 사례는 레이저이다. 그 외에 초강력 자석이나 분광기 파장 보정용 물질에 사용한다. 열중성자를 잘 흡수해 원자로 제어봉에 사용되고 보석을 노랗게 보이게 하는 유리착색제에 사용한다. 보통 YAG레이저라 불리는 레이저의 이득물질은 이트륨-알루미늄-가넷Yttrium-Aluminium-Garnet으로 만들어지는데 이때 홀뮴이온이 첨가된다. 파장이 2.08μm인 적외선 레이저는 눈에 안전하다. 열 방출이 적고 침투깊이가 낮아 정상 조직손상이 적어 방광암 치료, 결석의 파괴나 전립선 절제 등 의료분야에서 사용하고 있다. 홀뮴 레이저는 절개하는 동시에 지혈이 가능하다는 특징을 가지고 있어서 레이저 메스로 사용하기에는 최적이다. 대기 관측용 라이더LIDAR에도 사용한다.

1878년 스위스의 화학자 소레Jacques-Louis Soret와 드라퐁테인Marc Delafontaine이 어븀의 산화물인 어비아erbia의 분광스펙트럼에서 처음 발견했다. 이듬해 스웨덴 화학자 클레베가 어비아에서 두 가지 금속산화물을 분리하는 데 성공했다. 이 중 갈색 산화물의 이름을 스톡홀름의 라틴어인 홀미아Holmia에서 따와 명명했다.

MEMORY

2017년 기초과학연구원(IBS)에서 홀뮴 원자 한 개로 1비트bit의 정보를 안정적으로 읽고 쓰는 데 성공했다는 발표가 있었다. 기존의 저장 방식으로는 같은 용량에 10만 개 이상의 원자가 필요하다. 이 기술이 상용화된다면 인류가 지금까지 만든 모든 영화를 USB 하나 크기의 메모리에 담을 수 있다고는 하지만, 상용화까지 갈 길이 멀다.

167.259 g/mol

68

어븀 | 란타넘족

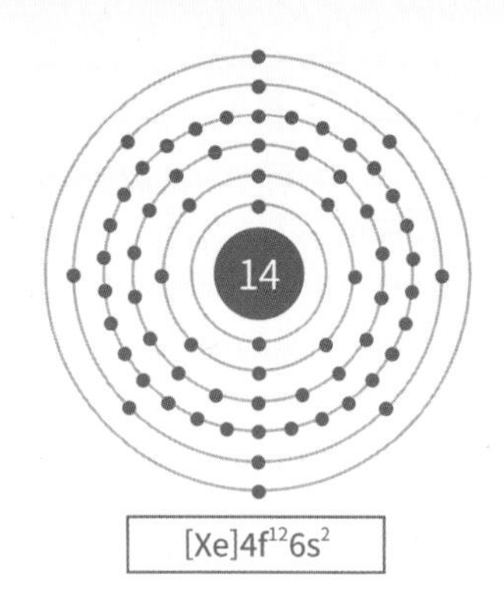

에르븀이라고도 한다. 어븀은 장거리 광통신에서 빛에너지를 잃지 않고 전달할 수 있는 이유로 광섬유로 이용한다. 홀뮴과 마찬가지로 어븀도 레이저로 사용한다. 어븀 산화물은 모조 보석으로 사용되는 큐빅이나 지르코늄에 소량 첨가되어 분홍빛을 낸다. 또 광케이블의 신호가 약해지는 것을 방지하기 위해 첨가되어 도파로형 광증폭기waveguide amplifier에 쓰인다. 어븀이 첨가된 광섬유는 중적외선 영역의 광섬유 레이저fiber laser를 만드는 데 사용된다. 소량의 어븀을 바나듐에 첨가해 가공성이 좋고 연한 합금을 만든다. 바나듐강은 공구나 제트엔진 제작에 쓰인다. 카를 무산데르가 이 원소를 발견했던 초기에는 터븀이라 불렀다. 발견 당시에 어븀과 터븀 두 원소들이 아직 분리되지 못하고 혼합물로 존재했기 때문이다.

광통신에 사용되는 광섬유 속을 빛이 나아가다 보면 점차 신호 강도가 약해진다. 그래서 장거리 통신에 불리함이 있으나, 광섬유에 어븀을 첨가제로 사용함으로써 극복할 수 있다. 어븀 원자에 레이저를 비추면 들뜬 상태가 되어 광신호를 증폭하여 다시 방출한다. 이로써 기존 광섬유의 100배에 달하는 거리까지 광통신이 기능할 수 있다.

Er-YAG

어븀은 YAG레이저의 첨가제로도 사용된다. Er-YAG레이저는 섬세하고 정밀한 치료를 요하는 다양한 치료 영역에서 폭넓게 사용된다. 통증과 흔적이 적어 피부과 치료 등에서도 선호되는 시술 방법이다.

Tm

thulium

168.93421 g/mol

69

툴륨 | 란타넘족

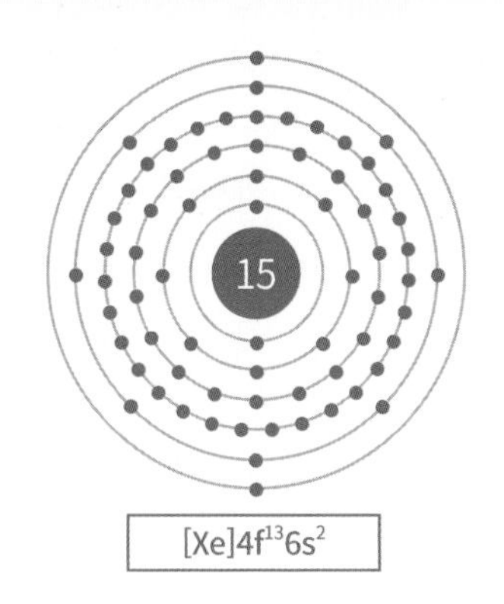

[Xe]$4f^{13}6s^2$

툴륨은 란타넘족 원소 중에서 지구에서 가장 적게 존재하지만 금보다는 100배 많다. 주요 용도는 고체 레이저 소스이다. 안과에서 절제술을 한다면 대부분 툴륨레이저이다. 고출력 중적외선을 방출하는 툴륨레이저는 물에 잘 흡수되는 특성이 있어서 눈에도 안전하다. 주로 낮은 깊이의 작은 면적의 조직을 제거하는 수술이나 시술에 사용한다. 그리고 질량이 169보다 큰 인공 방사성 동위원소는 베타 붕괴를 하며 X선에 해당하는 감마선을 방출해 휴대용 X선 장치인 방사선량 측정기에 사용한다. 방사선을 받고 가열되면 형광 빛을 방출하기 때문에 그 형광의 양을 측정하면 방사선 양을 알 수 있다. 순수한 툴륨을 처음 얻어낸 것은 미국의 제임스Charles James인데, 그는 이를 위해 툴륨이 든 광석을 브로민과 반응시켜 재결정화하는 작업을 1만 5,000번이나 반복했다.

THULE

1879년 스웨덴 화학자 클레베Per Teodor Cleve가 어븀 산화물인 어비아에서 툴륨 산화물 상태로 발견했다. 이 새로운 원소의 이름은 유럽의 고문서나 지도에 등장하는 툴레Thule에서 따왔다. 고대에 북쪽에 있다고 믿었던 신비의 섬을 지칭하는 말이다. 지금에 와서는 아예 스칸디나비아의 옛 이름으로 쓰이기도 한다. 툴레를 찾아 나선 모험가들이 대개 스칸디나비아에 도착했기 때문이다.

LIDAR

라이다는 레이저를 쏘고 반사되어 돌아오는 시간을 통해 반사체의 위치 좌표를 측정하는 레이더 시스템이다. 툴륨을 사용한 라이다 시스템은 자율주행 자동차, 로봇 등에 쓰이지만 툴륨이 워낙에 희귀한 만큼 가격이 비싸 대체재를 모색하고 있다.

Yb

ytterbium

173.045g/mol

70

이터븀 | 란타넘족

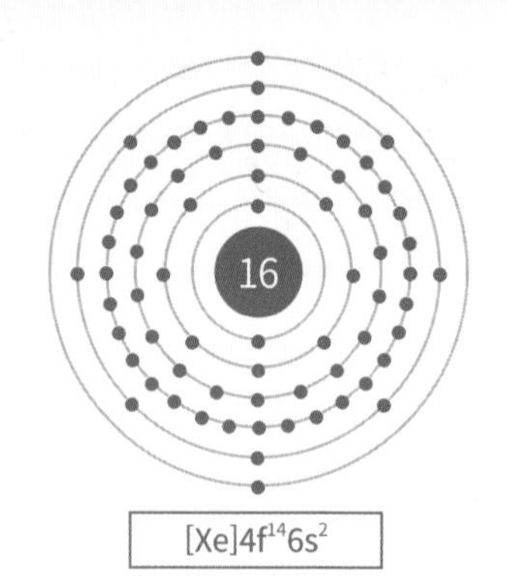

1878년에 스위스 화학자 마리냐크JeanCharlesGalissarddeMarignac는 어븀 산화물인 어비아의 불순물에 새로운 원소가 있다는 것을 발견했다. 또 다른 금속산화물을 이테르비아라고 불렀고, 산화물을 이루는 금속 원소는 이터븀이라고 명명했다. 이테르비아와 이터븀 모두, 가돌리나이트가 생산되는 마을인 스위스 이테르비Ytterby의 이름을 딴 것이다. 어비아만 아니라 터븀 산화물인 터비아와 이트륨 산화물인 이트리아도 여기에서 나왔다. 결국 한 마을 이름에서 세 가지 원소의 이름을 따온 셈이다. 레이저나 태양전지 혹은 콘덴서에 사용한다. 유리를 착색하는 색소로도 사용하지만 어븀과 함께 지폐나 위조 방지용 잉크로 사용하는데, 이터븀은 적외선 아래에서 어븀을 민감하게 만들어 붉은색이나 초록색으로 빛나게 한다. 주로 X선의 공급원으로 사용되며 산업적으로 스테인리스 스틸의 강도와 다른 기계적 성질을 향상시키는 데도 사용된다.

TIME REFERENCE

이터븀 광시계는 가장 높은 안정성을 가지는 원자시계이다. 오차가 2×10^{-18} 밖에 나지 않는다. 이터븀은 고유진동수가 세슘보다 5만 6,000배 이상 크다. 세슘 원자시계보다 훨씬 정밀도가 높아, 미래에는 새로운 시간의 기준이 될 가능성도 있다. 광격자 시계라고도 하는데, 정확한 측정을 위해서 이터븀 원자를 가두려고 레이저로 그물(격자)을 만들기 때문이다.

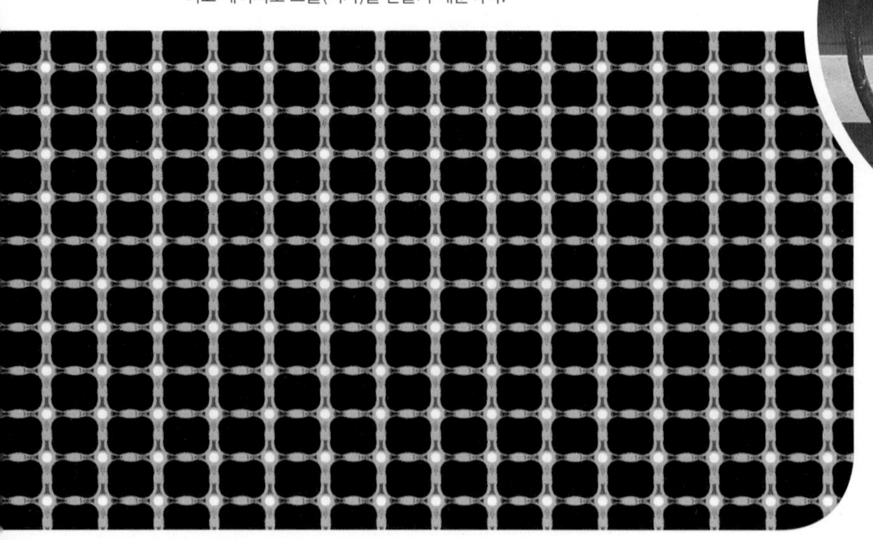

AIRTIGHT

이터븀은 은백색의 무른 금속이며, 공기 중에 있을 때 서서히 산화한다. 보존을 위해서는 밀폐용기에 격리해 보관해야 한다. 추출한 상태의 이터븀은 눈과 피부를 자극할 수 있으며, 불이 붙거나 폭발할 위험이 있으므로 취급에 주의하여야 하는 원소이다.

Lu

lutetium

174.967g/mol

71

루테튬 | 란타넘족

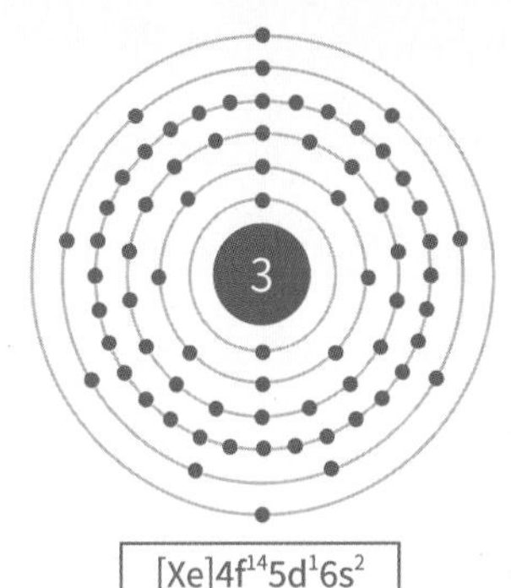

[Xe]$4f^{14}5d^{1}6s^{2}$

루테튬은 란타넘족 중 마지막 원소로, 툴륨과 함께 지구에서 양이 가장 적은 희토류 원소이다. 루테튬이 존재하는 대표적인 광석은 다른 희토류 원소와 마찬가지로 모자나이트이다. 그런데 모자나이트 1t에서 얻을 수 있는 루테튬의 양은 고작 30g이다. 광석에서 분리하기 가장 어렵고 가격이 비싸서 산업용으로는 많이 사용하지 않는다. 하지만 화학공업에서는 촉매로 사용되는데, 특히 정유공장에서 원유인 탄화수소를 깨뜨리는 크래킹 공정에서 사용된다. 보통 나프타Naphtha 유분을 깨뜨리고 재조합하는 리포밍 공정을 통해 다양한 석유화학물질을 얻는다. 의료에서 양전자단층촬영(PET)은 환자의 몸에 주입한 방사성 물질이 양전자를 방출하고 전자와 쌍소멸하며 나오는 감마선을 루테튬 화합물이 포함된 신틸레이터scintillator라는 형광센서로 감지한다.

TRIANGULAR

루테튬은 같은 해에 세 명의 과학자에 의해서 각각 발견되었다. 프랑스 화학자 위르뱅George Urbain, 오스트리아 광물학자 벨스바흐Carl Auer von Welsbach, 미국 화학자 제임스Charles James 세 명이 그 주인공이다. 하지만 발견의 우선권은 위르뱅에게 돌아갔고, 프랑스의 옛 이름인 루테시아Lutecia에서 딴 이름이 붙게 되었다.

WEALTH

루테튬은 란타넘족 원소 중에서 가장 희귀한 원소이다. 가격도 어마어마하게 비싸다. 같은 무게의 금에 비해서 여섯 배 이상 비싼 몸값을 자랑한다. 그래서 순수한 루테튬은 연구 외의 용도로는 잘 사용하지 않는다.

Hf

hafnium

178.49 g/mol

72

하프늄 | 전이금속

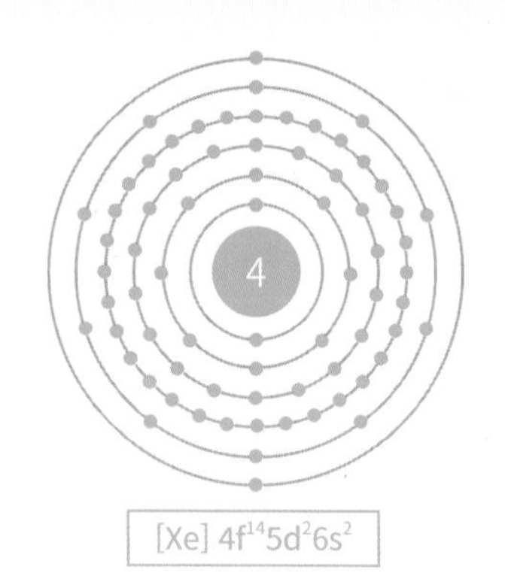

[Xe] $4f^{14}5d^{2}6s^{2}$

하프늄은 은백색의 무거운 금속으로 연성이 좋다. 원자로에서 핵연료를 이용해 핵분열을 할 때에 중성자가 방출된다. 이때 원자로에서 제어봉을 제거하면 핵분열 연쇄반응이 진행하고, 제어봉을 원자로 중심에 넣으면 중성자를 흡수해 연쇄반응이 느려진다. 이렇게 원자로의 핵분열 연쇄반응을 제어하는 것이 몹시 중요한데, 이때 사용하는 제어봉을 중성자 흡수율이 높은 하프늄으로 만든다. 티타늄·지르코늄과 물리·화학적 성질이 비슷하다. 멘델레예프가 이 원소의 존재를 예언했지만, 실제 발견은 1923년에야 이루어졌다. 안정한 원소 중에 가장 마지막으로 발견된 레늄보다 2년 앞서 발견된 것이다. 그런데 사실 레늄은 1908년에 일본의 오가와 마사타카가 '니포늄'이라는 이름으로 발표한 적이 있었다. 니포늄과 레늄이 같은 물질이라는 것이 밝혀진 것은 2003년의 일인데, 오가와의 발견을 인정한다면 안정한 원소 중 최후에 발견된 것은 하프늄이 된다.

TRANSISTOR

하프늄 산화물(HfO_3)은 마이크로프로세서 칩의 혁신적인 변화를 이끌었다. 기존에는 트랜지스터의 두 전극을 분리하는 '게이트'를 실리콘으로 만들었지만 트랜지스터 크기를 줄이면 접촉점에서 전기가 새는 문제Leakage가 있었다. 여기에 하프늄 산화물을 첨가함으로써 이를 방지하고 트랜지스터의 집적도를 배가시킨 것이다.

닐스 보어Niels Bohr는 1913년에 양전하를 띤 원자핵 주위의 특정 궤도를 따라 전자가 돌고 있다는 원자 모델을 제시하였다. 모즐리가 이 예측이 옳았음을 증명했고, 그 덕에 43, 61, 72, 75번 원소가 아직 발견되지 않았음이 밝혀졌다. 이후 보어의 조수 헤베시와 코스테르가 하프늄을 발견한 것이다. 이에 닐스 보어의 고향이자, 원소를 발견한 곳인 코펜하겐의 라틴어 이름 Hafnia에서 따 원소 이름을 지었다.

Ta

tantalum

180.9479 g/mol

73

탄탈럼 | 전이금속

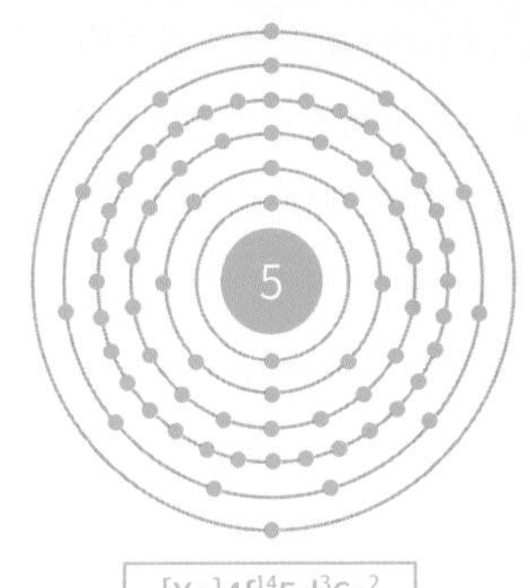

[Xe]$4f^{14}5d^{3}6s^{2}$

탄탈럼은 광택이 있는 은회색 금속이다. 순수한 탄탈럼은 무르고 연성이 좋아 가공하기 쉽지만 합금은 단단하다. 녹는점은 모든 원소 중에서 다섯 번째로 높다. 20세기 초에는 백열등 필라멘트 재료로 사용됐으나 녹는점이 더 높은 텅스텐에 자리를 내주었다. 나이오븀 원자와 이온의 크기가 거의 같고 화학적 성질이 비슷하다. 탄탈럼은 금속 표면에 산화 피막을 형성하려는 경향이 있다. 이렇게 생성된 탄탈럼 산화물(Ta_2O_5)막 덕분에 내부식성이 아주 크다. 산에 거의 녹지 않는다. 알루미늄, 티타늄, 지르코늄의 반응성이 낮은 이유도 이런 산화물 보호 피막 때문이다. 이러한 성질을 이용하여 탄탈럼 축전기 제조에 이용하기도 한다. 탄탈럼 산화물이 좋은 절연체가 되기 때문이다. 얇은 절연체를 얻은 축전기는 작은 부피에 비해 큰 용량을 저장할 수 있어, 각종 전기 제품에 잘 쓰인다.

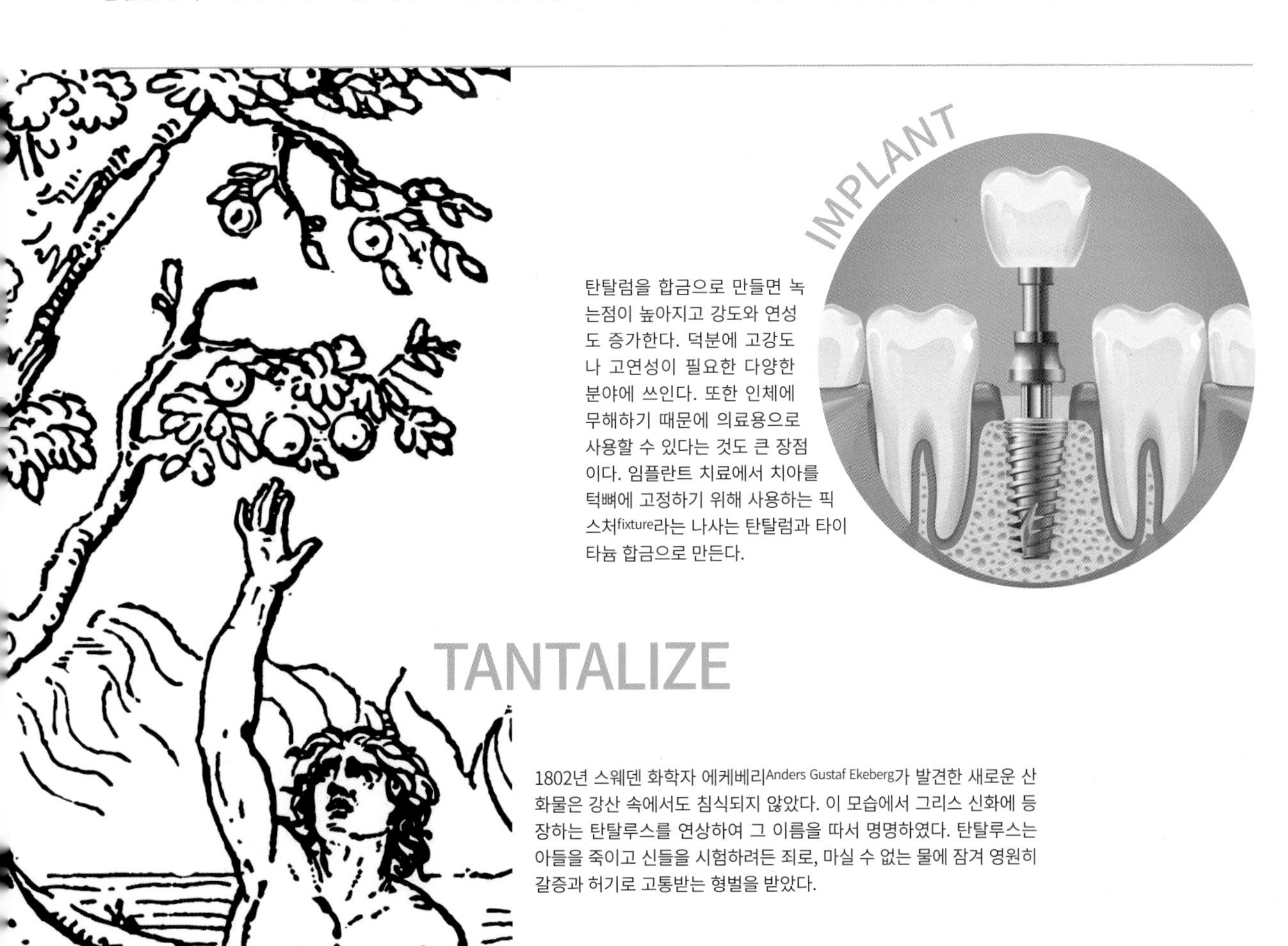

IMPLANT

탄탈럼을 합금으로 만들면 녹는점이 높아지고 강도와 연성도 증가한다. 덕분에 고강도나 고연성이 필요한 다양한 분야에 쓰인다. 또한 인체에 무해하기 때문에 의료용으로 사용할 수 있다는 것도 큰 장점이다. 임플란트 치료에서 치아를 턱뼈에 고정하기 위해 사용하는 픽스처fixture라는 나사는 탄탈럼과 타이타늄 합금으로 만든다.

TANTALIZE

1802년 스웨덴 화학자 에케베리Anders Gustaf Ekeberg가 발견한 새로운 산화물은 강산 속에서도 침식되지 않았다. 이 모습에서 그리스 신화에 등장하는 탄탈루스를 연상하여 그 이름을 따서 명명하였다. 탄탈루스는 아들을 죽이고 신들을 시험하려든 죄로, 마실 수 없는 물에 잠겨 영원히 갈증과 허기로 고통받는 형벌을 받았다.

W

tungsten

183.84g/mol

74

텅스텐 | 전이금속

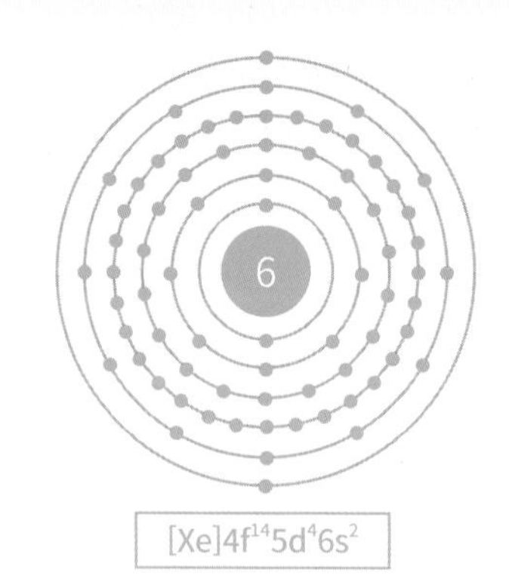

[Xe]$4f^{14}5d^{4}6s^{2}$

대한민국은 2019년 기준으로 무역의존도가 68.8%나 되는 수출 의존적 국가이다. 지금은 정보통신 기술과 반도체가 수출을 주도한다. 과거에는 어떤 종목이 수출에서 효자 노릇을 했을까. 흔히 떠올리는 것은 섬유, 조선, 제철 등이다. 그런데 그 외에 한국전쟁 후 초토화된 땅에서도 수출을 주도한 품목이 있었다. 강원도 영월에 세계 최대의 텅스텐 매장 광맥(상동 회중석 광산)이 있었기 때문이다. 1970년대까지 우리나라 수출액의 70%가 텅스텐이었고 세계 텅스텐 총 생산량의 15%에 달했다. 점차 채산이 맞지 않게 되면서 문을 닫았으나, 최근에 다시 가동을 준비하고 있다. 텅스텐은 첨단산업의 전략 물자로 구분되고 수요 대비 공급이 매년 1만 t 이상 부족해 가격이 상승했다. 중국이 세계 텅스텐의 85%를 독점 공급하고 있기 때문에 상동 회중석 광산의 재가동은 큰 의미가 있다.

FILAMENT

백열전구의 발명자는 분명 에디슨이다. 하지만 그는 탄소 필라멘트를 사용했다. 인류가 최근까지 사용한 백열전구는 텅스텐 필라멘트이고, 에디슨이 전구를 발명한 지 30년이 지나 미국의 윌리엄 쿨리지에 의해 발명됐다. 텅스텐은 녹는점이 3,422°C로, 금속 원소 중에 가장 높고 전체 원소 중에서도 탄소에 이어 두 번째로 높은 원소이다.

텅스텐의 원소 기호 W는 텅스텐의 다른 이름인 '볼프람wolfram'에서 유래했다. 주석과 텅스텐 광석은 가끔 같이 발견되는데, 주석의 제련 과정에서 섞여 있던 텅스텐이 침과 같은 거품으로 나온다. 이 거품으로 주석 생산량이 줄어 심한 경우 광산을 폐쇄할 정도였다. 굶주리고 탐욕스러운 늑대가 주석을 훔쳐간다고 해서 '늑대의 침'이라는 의미의 볼프람이라고 부른 것이다.

WOLFRAM

IMITATION

텅스텐의 밀도는 금과 비슷하다. 금값이 고공행진을 하면서 가짜 금괴를 만들어서 유통하는 다양한 수법이 성행했는데, 그중 하나가 바로 텅스텐을 이용한 방법이다. 텅스텐 괴를 금으로 코팅하여 금괴로 위장하면 무게가 비슷해 쉽게 가려낼 수 없다.

HEAVY STONE

텅스텐이라는 말은 스웨덴어로 '무거운tung 돌sten'이라는 의미이다. 본래는 텅스텐 광석인 회중석 자체를 부르는 말이었다. 1781년 스웨덴 화학자 셸레가 자신이 발견한 광석에서 금속 산화물을 분리해냈고, 2년 후 엘야아르 형제가 순수한 텅스텐 원소를 분리하는 데 성공했다.

Re

rhenium

186.207g/mol

75

레늄 | 전이금속

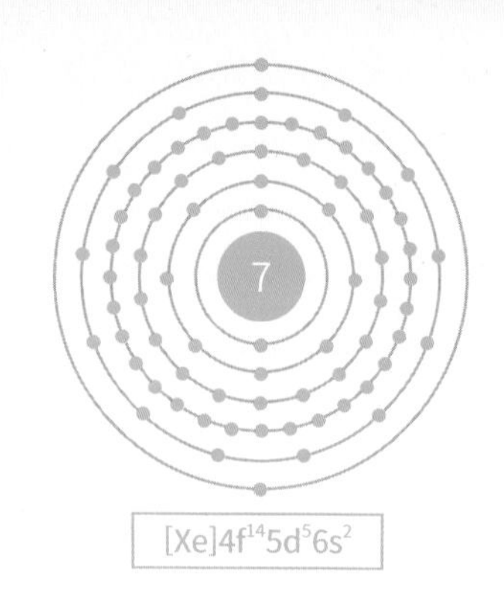

우리나라는 석유자원이 없지만 석유수출국이다. 이게 대체 무슨 말인가. 원유를 수입하여, 즉시 정유시설에서 탄화수소별로 분별 증류한 다음 수출하는 것이다. 정유회사가 한반도 남동쪽 해안인 울산항만 근처에 있는 이유이다. 증류 과정에서 끓는점의 차이를 이용해 유분을 분별하는데, 끓는점이 30℃에서 200℃ 사이에서는 나프타Naphtha가 추출된다. 석유의 30%를 차지하고 있고 C_4에서 C_{12}까지의 유분이다. 이 중 탄소가 여덟 개인 탄화수소 분자를 옥탄이라고 한다. 고급 가솔린을 분류하기 위한 기준이 바로 '옥탄'이다. 일반적으로 옥탄의 비율이 95%가 넘는 휘발유를 고급으로 분류한다. 석유 정제과정에서 옥탄의 비율을 높이기 위해 특별한 촉매를 사용한다. 백금과 레늄을 촉매로 사용하면 나프타의 분쇄 과정을 촉진하는 이상적인 옥탄화촉매 반응이 나타난다. 레늄은 아주 희귀한 원소이다. 당연히 고가임에도 정유산업에서 꼭 필요하기 때문에 활용할 수밖에 없는 원소이다.

RHINE RIVER

멘델레예프의 마지막 빈칸인 레늄은 지각에 풍부하지 않아 자연에서 가장 마지막으로 발견됐다. 1925년에 독일의 화학자 발터 노다크Walter Noddack와 그의 부인 이다 다케Ida Tacke가 백금광석에서 원소를 분리했고 오토 베르크Otto Berg가 스펙트럼으로 확인했다. 원소이름은 그들의 고국의 라인Rhine강의 라틴어 이름 Rhenus에서 따왔다.

HIGH TEMPERATURE RESISTANT

순수한 레늄은 녹는점이 3,182°C로 탄소와 텅스텐 다음으로 높다. 물론 여기서 탄소는 다이아몬드 결정을 말한다. 끓는점은 5,592°C로 모든 원소 중에서 가장 높다. 레늄은 고온을 견뎌야 하는 합금에 주로 사용된다. 항공기 제트엔진이나 가스터빈 부품과 같은 항공우주산업이 주된 사용처이다. F-15 전투기 엔진에 사용하는 합금에는 레늄이 약 3% 들어 있다.

190.23 g/mol

76

오스뮴 | 전이금속

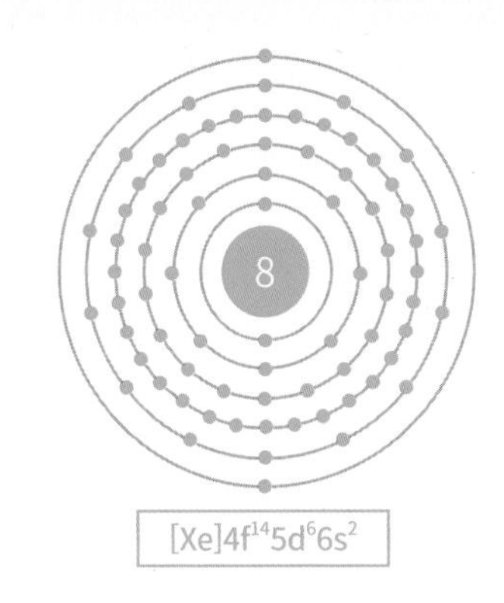

1879년 에디슨과 스완이 만든 백열전구의 탄소 필라멘트는 산화하며 전구에 그을음을 만들었고 충격에 약했다. 이런 단점을 보완하기 위해 1897년에 오스뮴을 사용한 필라멘트가 독일에서 개발되어 오스램프Oslamp라는 이름으로 출시됐다. 하지만 잘 부서진다는 단점이 있었다. 1910년에 미국의 윌리엄 쿨리지가 텅스텐 필라멘트를 개발했고 최근까지 사용하고 있다. 오스뮴 필라멘트의 개발자는 비록 실패했다고 해도, 시도 자체에는 자긍심을 가지고 있었다. 이후 오스뮴의 Os와 텅스텐의 다른 이름인 볼프람에서 Ram을 따와 오스람Osram이라는 조명 회사를 설립했다. 전구 역사의 시작에서 끝을 담겠다는 의지였고, 결국 에디슨의 GE와 함께 조명 산업의 양대산맥으로 자리 잡았다. 최근 오스람은 100여 년간 이어진 조명 산업을 넘어, 반도체 회사로 거듭났다. 하지만 그들의 조명의 역사는 끝나지 않았다. 이제 반도체 LED가 조명의 대세이니 말이다.

오스뮴은 단단하지만 잘 부서진다. 하지만 합금이 되면 얘기가 달라진다. 강도는 말할 것도 없고, 잘 마모되지도 않기 때문이다. 대표적인 사례가 만년필이다. 만년필의 펜촉인 '닙nib' 끝의 종이와 직접 맞닿는 둥근 금속인 '팁'에 마모성이 적은 백금족 합금원소를 사용한다. 지금은 루테늄이 사용되지만 초기에는 오스뮴이나 이리듐이 사용됐다.

대부분 백금족 원소들이 백금 광석을 분석하는 과정에서 나왔고 1803년에 영국 화학자 스미슨 테넌트Smithson Tennant는 이 과정에서 오스뮴과 이리듐을 동시에 발견했다. 오스뮴 화합물인 사산화오스뮴은 상온에서 휘발해 강한 냄새를 풍기고 그 자체로 독성이 있다. 그래서 오스뮴은 '냄새'를 뜻하는 그리스어 osme에서 따왔다.

Ir

iridium

192.217g/mol

77

이리듐 | 전이금속

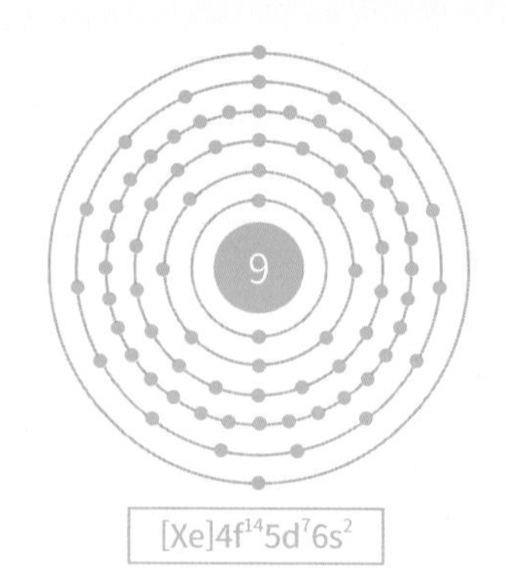

[Xe]$4f^{14}5d^{7}6s^{2}$

단위의 통일은 과학에서 중요한 요소이다. 1889년 제1차 국제 도량형 총회가 열렸고 길이의 단위인 m와 질량의 단위인 kg의 기준을 만들었다. 이후에 다른 다섯 가지가 추가되며 일곱 개 표준 단위(SI)가 지금까지 사용된다. 처음에는 물을 기준으로 kg 단위를 정했다가 이후 백금 금속분동을 만들어 기준을 삼았다. 하지만 백금마저도 안정성이 의심됐고 새로운 재료로 이리듐이 떠올랐다. 이리듐은 화학적 내부식성이 컸고 산과 알칼리에도 강했다. 분동은 백금과 이리듐이 9:1로 섞였고 높이와 지름이 39mm이고 21.5g/㎤의 밀도로 만들어진 원통형 합금으로 최근까지 사용됐다. 그런데 2018년에 제26차 국제 도량형 총회에서 일곱 개의 국제단위 중에 네 가지가 재정의 됐고 여기에 질량도 포함됐다. 금속 분동처럼 인공물이 아닌 불변의 물리상수인 '플랑크 상수Planck's constant'를 재료로 질량을 요리할 수 있는 조리법을 만들게 된 결과이다. 새로운 재정의는 2019년 실시됐다.

METEORITE COLLISION

이리듐은 매우 희귀하지만 운석에 지각의 5,000배 이상 포함돼 있는 것으로 보아 우주에는 많은 양이 존재할 것으로 추측된다. 공룡의 멸종에는 많은 학설이 존재한다. 대표적인 것은 약 6,500만 년 전 소행성이 지구와 충돌해 대멸종이 일어났다는 운석충돌 가설이다. 당시 형성된 지각의 퇴적층에서 이리듐이 높은 농도로 발견된다는 사실이 이를 뒷받침한다.

이리듐은 지각에서 매우 적은 양으로 존재하는 희소금속이고 백금족 6원소 중 하나이다. 대부분의 백금족 원소들은 화학자들이 백금 광석을 분석하는 과정에서 발견했다. 1803년에 영국 화학자 스미슨 테넌트Smithson Tennant가 이리듐을 발견했다. 이리듐은 다양한 색깔의 화합물을 만들기 때문에 무지개와 관련 있는 그리스 여신 이리스의 이름을 따서 지었다.

Pt

platinum

195.084g/mol

78

백금 | 전이금속

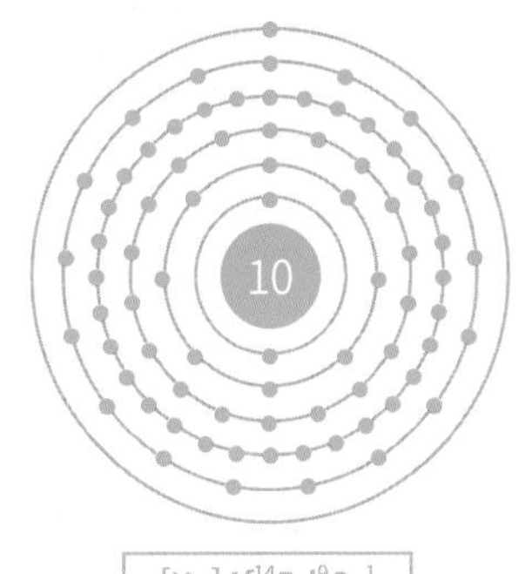

[Xe]$4f^{14}5d^{9}6s^{1}$

친환경 화두는 전기자동차를 등장시켰고 최근 수소경제의 심장으로 불리는 '연료전지Fuel cell'까지 등장하게 했다. 연료전지에서는 수소와 산소가 사용된다. 산소는 공기 중에서 공급받고 수소는 별도로 충전을 한다. 수소와 산소가 전자를 교환하며 물로 바뀔 때 생기는 전기를 이용한다. 화학반응은 원자 몇 개로 반응하는 것이 아니다. 수소는 분자(H_2) 상태이고 산소도 마찬가지로 분자(O_2) 상태이다. 전극에서 무수한 수소 분자가 반응을 위해 이온상태로 전해질에 녹아들어야 한다. 반응은 그냥 일어나는 것이 아니라 활성에너지를 넘는 힘이 필요하다. 보통은 외부에서 높은 온도나 압력이 필요한데 자동차 내부에 이런 에너지를 얻을 방법이 별로 없다. 결국 촉매를 사용해 반응에너지 장벽을 쉽게 넘을 수 있게 도와야 한다. 이때 주로 사용되는 것이 백금이다. 백금은 가격이 kg당 1억 원을 호가하는 데다 사용할수록 성능이 떨어지는 단점을 지니고 있다. 그래서 백금을 대체할 촉매 재료를 연구하고 있다.

PLATINUM METALS

1740년대에 안토니오 데 울로아Antonio de Ulloa가 이 금속을 기록상 처음 언급했고, 이후 울러스턴과 스미슨 테넌트가 백금을 질산과 염산의 혼합물인 왕수에 녹인 뒤 팔라듐과 로듐을 발견했다. 테넌트는 이 반응이 끝난 후 남은 찌꺼기에서 이리듐과 오스뮴을 더 발견했다. 40년 후 러시아 화학자 칼 클라우스가 루테늄을 발견하며 백금족 여섯 개가 모두 완성된다.

ANTICANCER

백금은 간단한 화합물로 항암효과를 낸다. 1800년대 중반부터 연구됐고 1978년부터 미국FDA의 승인 이후 지금까지도 사용한다. 백금의 일부 화합물은 DNA 분자 길이 방향의 특정 부분에 결합해 DNA 복제를 방해해 종양의 성장을 억제하는 항암제로 사용한다. 최초의 전이원소 항암제인 셈이다. 시스플라틴 또는 가장 잘 알려진 항암제로 백금이 포함돼 있다.

196.966569 g/mol

79

금 | 전이금속

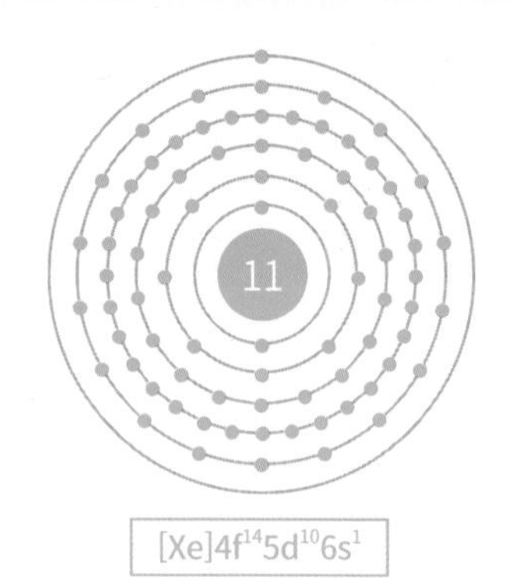

$[Xe]4f^{14}5d^{10}6s^{1}$

금속 중에 금이 유일하게 노란색인 이유는 뭘까. 모든 금속은 이온 형태로 잘 배열되어 쌓인 이온 덩어리로 존재한다. 이온 덩어리 전체에 자유전자가 광범위하게 퍼져 있다. 빛을 받은 자유 전자는 충돌한 전자기파와 같은 진동수로 진동하려고 한다. 결과적으로 자유전자는 가시광선의 에너지를 흡수하고 동시에 흡수한 에너지만큼의 전자기파를 다시 방출한다. 받은 가시광선 에너지를 그대로 돌려주면 밝은 광택으로 보인다. 금의 자유전자의 속도는 다른 금속에 비해 비교적 느리다. 그러니까 금의 자유전자가 에너지가 큰 푸른색과 초록색 영역의 전자기파를 흡수하지 못해 빛이 금 원자 안쪽의 전자껍질로 들어가 흡수되고 산란된다. 결과적으로 금은 노란색과 붉은색 영역을 반사하게 되는데, 붉은색 영역은 약한 빛이기 때문에 노란색이 두드러진다. 자유전자의 속도가 금보다 더 느린 구리는 노란색마저 구리 원자 안쪽 껍질에 흡수돼 붉은색이 두드러지게 보인다. 이처럼 금속의 색은 원자가 가진 자유전자 때문이다.

HISTORICAL METAL

금은 역사시대 이후 인류의 역사와 줄곧 함께해오면서 탐욕의 대상이 된 금속이다. 값싼 금속으로 금을 만들기 위한 연금술이 등장하고, 금을 확보하기 위한 침략과 교역이 일어났다. 금은 영어 이름과 기호의 유래가 서로 다르다. 영어 이름은 '노란색'을 뜻하는 앵글로색슨어의 Geolo에서 유래했다. 원소 기호인 Au는 '빛나는 새벽'을 뜻하는 라틴어 Aurum에서 따왔다.

EDIBLE

순수한 금은 독성이 없다. 일부 사람들이 금과 접촉하며 피부 알레르기를 일으키는데, 금이 원인이 아니고 대부분 불순물 때문이다. 간혹 일식이나 디저트에서 금을 식품에 첨가하는 경우를 볼 수 있는데 금을 섭취해도 문제가 없는 이유는 금이 체내에서 이온으로 전환되지 않기 때문이다.

NOBEL PRIZE MEDAL

제2차 세계대전 당시 닐스 보어는 자신과 동료의 노벨상 메달을 보관하고 있었다. 그는 메달을 독일군에게 빼앗기지 않기 위해 왕수에 넣어두고 덴마크를 탈출했다. 독일군들은 집을 뒤졌지만 왕수가 든 병의 정체를 몰랐고, 전쟁이 끝난 후 보어는 왕수에 녹인 금을 환원시켜 금덩이로 되돌렸다. 이후 협회에서 그들에게 다시 메달을 제작해줬다.

ELECTRONIC CIRCUIT

전기와 열을 모두 잘 전하는 금속 중에 가장 전도율이 높은 원소는 은이다. 그리고 구리, 금, 알루미늄 순이다. 반도체 전자회로에 연결하는 선은 금으로 만든다. 전도도가 은이나 구리보다 낮은 금을 사용하는 가장 큰 이유는 금이 부식을 하지 않기 때문이다.

Hg

Mercury

200.592 g/mol

80

수은 | 전이금속

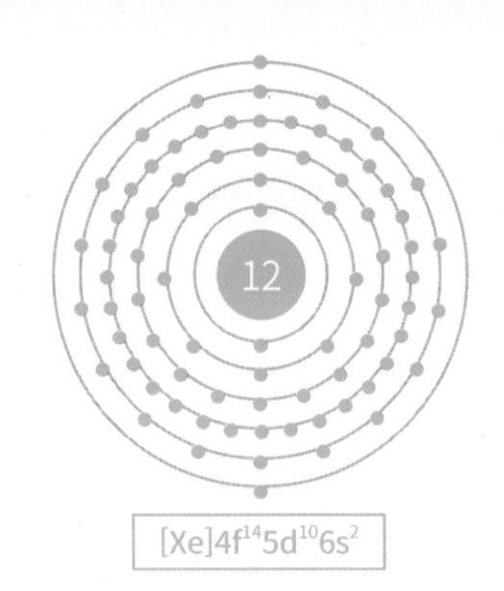

수은은 상온인 15℃에서 25℃ 사이에서 유일하게 액체로 존재하는 금속이다. 주기율표 전이금속 중에 유일하게 액체이다. 대부분의 금속 원자들은 쉽게 바깥쪽 전자를 잃고 이온 상태로 안정한 전자 구조를 얻는다. 수은은 안쪽 껍질까지 전자가 꽉 차 있어 이온 자체로도 무척 안정한 구조여서 금속결합에 외각 전자만 관여하기 때문에 결합력이 약해 실온에서 액체로 존재한다. 수은은 수천 가지가 넘는 용도로 사용된다. 대표적인 예는 온도계, 치아 치료용 아말감, 전지, 형광등과 같은 조명이 있다. 수은이 증기상태로 호흡기를 통해 흡수되면 뇌혈관에 침투하고 중추신경계에 영향을 준다. 특히 메틸수은 형태인 무기 수은이 바다로 흘러 플랑크톤과 같은 생명체에 의해 유기 수은으로 바뀌고 먹이사슬을 따라 어류를 섭취한 인체에 흡수되고 지방과 단백질에 축적된다. 수은은 필수 미량 영양소인 셀레늄과 결합해 효소 합성을 방해하며 생체에 기능 장애를 가져온다.

QUICK SILVER

원소이름은 '빠르게 흐르는 은'이라는 의미에서 태양계 행성 중에서 가장 공전 속도가 빠른 수성Mercury에서 유래했다. 같은 맥락에서 퀵실버QuickSilver로 부르기도 한다. 원소기호는 '액체 은'을 뜻하는 라틴어인 'Hydrargyrum'에서 'Hg'를 따왔다.

CHINESE ALCHEMY

기원전 221년 중국을 통일한 진시황은 영원한 생명을 얻기 위해 연단술을 이용해 불사약을 만들 것을 지시했다. '진사'라는 붉은색의 광석에서 추출한 반짝이는 은빛 액체를 통해, 젊음을 되찾을 수 있다고 여겨 이 액체를 마셨다. 그 정체는 황화수은의 결정이다.

Tl

thallium

204.383 g/mol

81

탈륨 | 전이후금속

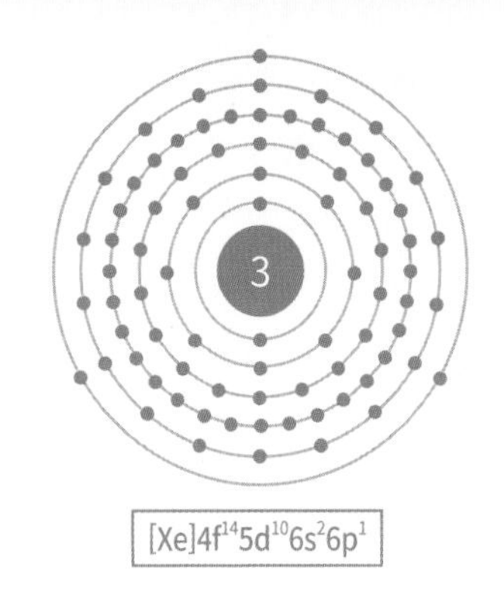

[Xe]$4f^{14}5d^{10}6s^{2}6p^{1}$

영국 출신의 한 여성이 나이 서른 살이던 1920년에 어느 노부인을 처음으로 독살한 이래 1976년 세상을 떠나기까지 56년간 161명을 살해하고 그중 62명을 독살한다. 그녀의 별명은 '범죄의 여왕'이었다. 그녀의 이름은 애거사 크리스티Agatha Christie이다. 물론 실제 일어난 일이 아니라 그녀가 쓴 소설 속의 일이다. 비소나 청산가리, 모르핀은 독극물로 꽤 알려져 있다. 하지만 탈륨이 독이라는 건 잘 모른다. 그녀는 소설 「창백한 말」에서 탈륨의 증상을 상세하게 소개했다. 소설가 이전에 간호사이자 약사로 일한 경험이 소설에 반영된 것이다. 과거에는 맛과 냄새가 없는 황산탈륨(Tl_2SO_4)으로 만들어 쥐와 해충을 잡는 약으로 사용하기도 했다.

탈륨은 자연계에서 탈륨-203이 약 30%, 탈륨-205이 약 70%를 차지한다. 의료에서 사용하는 탈륨은 인공적으로 만든 방사성 원소인 탈륨-201이다. 포타슘과 유사한 성질 때문에 핵의학 영상분야에서 심장질환 진단에 사용하기도 했다.

POISONING

탈륨은 은밀하게 사용되고 증상도 바로 나타나지 않기 때문에 문학작품에서 독살 재료로 자주 쓰인다. 포타슘과 원소의 크기가 비슷해서 인체 필수원소인 포타슘의 경로를 따라가 서서히 뇌, 신장과 중추 신경계를 손상시킨다. 전 이라크 대통령인 사담 후세인도 탈륨으로 정치세력의 반대자를 숙청하기도 했다.

GREEN TWIG

1861년에 영국 물리학자 윌리엄 크룩스William Crookes가 황산을 제조하는 과정에서 원소를 발견했다. 동시에 프랑스 화학자 클로드 오귀스트 라미Claude-Auguste Lamy도 발견했다. 지금은 둘 다 발견자로 인정한다. 두 화학자는 분광 스펙트럼의 녹색선을 확인했는데 크룩스는 이 선을 보고 그리스어에서 '초록색 나뭇가지'을 뜻하는 Thallos에서 따 탈륨이라 불렀다.

Pb

lead

207.2 g/mol

82

납 | 전이후금속

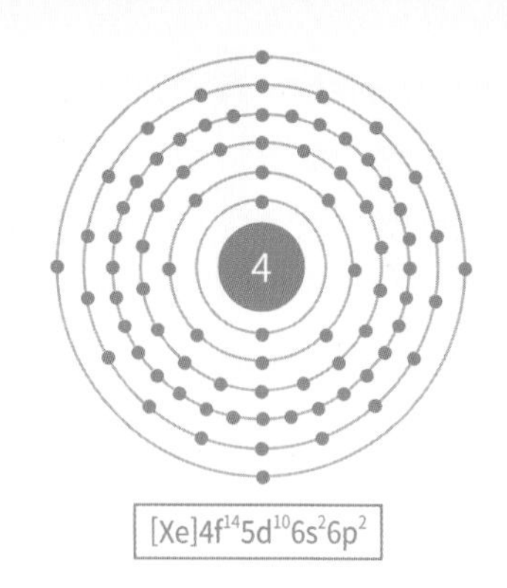

고대부터 인류가 알고 사용해온 일곱 가지 금속 원소가 있다. 바로 금, 은, 구리, 주석, 철, 수은 그리고 납이다. 납은 인류가 최초로 제련해서 사용한 금속이기도 하다. 구리보다 녹는점이 낮아 광석에서 비교적 쉽게 제련할 수 있었다. 게다가 가공이 쉬워 최근까지 여러 용도로 사용했다. 오랜 세월을 인류가 사용했지만, 20세기 중반이 되어서야 그 독성이 알려졌다. 납은 부지불식간에 많은 문제를 일으켰다. 대표적인 것이 로마 제국의 멸망이다. 당시 사람들은 식기, 배수관, 심지어 화장품에까지 납을 사용했다. 주변국과 변방에서 이민족의 압박이 거세지면서 로마가 멸망했지만, 국민은 물론 로마의 사회 지도층 인물들이 납중독으로 위기에 대응할 수 없었던 간접적인 영향 또한 무시할 수 없다.

본래는 밝고 푸르스름한 은백색 금속이지만, 공기 중에서 빠르게 산화해 어두운 회색 피막을 형성한다. 납 이후의 원소는 대부분 방사성 원소로, 반감기를 가진 원소들의 최종 도착지가 바로 납이다.

MILITARY WEAPON

인체에 들어온 납은 여러 효소들의 활동과 단백질 합성을 저해해 인체의 거의 모든 조직과 대사에 영향을 미치며 배출이 잘 되지 않고 지방에 축적되는 독성 중금속이다. 고농도의 납중독은 뇌와 신장을 손상시켜 사망에 이르게 해 대부분 국가에서 일상 제품에 납 사용을 금지하고 있다. 하지만 독성이 필요한 군사 무기인 총알과 폭발물에는 여전히 사용한다.

LEAD POISONING

로마에서는 포도주의 보존과 단맛 증진을 위해 납 용기에 포도즙을 넣고 끓인 액을 포도주에 첨가했는데, 포도주를 즐겨 마신 상류계급 사람들은 많은 양의 납을 섭취했을 것이다. 납중독은 오랜 기간 서서히 납이 인체에 축적되면서 발생하는 경우가 대부분이라, 증상이 나타났을 때는 이미 늦는 경우가 많다. 예방이 무엇보다 중요하다.

Bi

bismuth

208.98 g/mol

83

비스무트 | 전이후금속

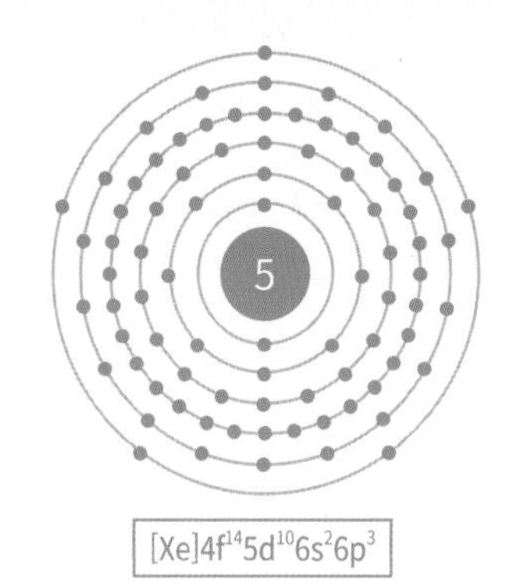

[Xe]$4f^{14}5d^{10}6s^{2}6p^{3}$

최근 지어진 대부분 건물의 천장에는 화재가 발생했을 때 자동으로 살수하는 스프링클러라는 장치가 있다. 이 장치에 열을 감지하는 센서와 같은 특수한 전자 부품이 설치돼 있는 것이 아니다. 노즐의 끝에 특별한 금속이 물을 막고 있는 안전장치가 있다. 그 금속 안전장치는 녹는점이 낮다. 화재로 인해 열이 발생하면 금속이 녹아내리고 막혔던 노즐이 열리며 살수가 되는 원리이다. 최근 화재 사건에 건물의 스프링클러가 작동하지 않아 큰 피해가 있던 사례가 있었다. 마치 스프링클러 자체를 중앙이나 현장에서 감지하고 조절하는 시스템으로 간주하고 기계결함으로 보도했으나 실제 이유는 스프링클러에 연결된 배수관에 물이 공급되지 않아서이다. 보통 노즐을 막고 있는 금속은 합금을 사용하는데, 인듐과 카드뮴, 납 등이 들어있고 비스무트가 45% 들어 있는 합금이다. 이 합금의 녹는점은 47°C이다. 간혹 영화에서 라이터를 이용해 스프링클러를 작동시키는데 허구가 아니라 과학적 근거가 있는 장면이다.

COSMETICS

13세기부터 존재가 알려졌지만 오랫동안 납과 주석, 안티모니와 혼동됐을 정도로 물성이 비슷했다. 이 차이점은 18세기 중반에 프랑스의 조프루아에 의해 밝혀졌다. 프랑스에서는 비스무트가 함유된 화장품이 상류층 여성들에게 인기였다. 납과 유사한 성질을 가졌으나 납과 달리 독성이 없었기 때문이다. 하지만 과량으로 사용하면 경련이 일어나는 부작용은 있었다.

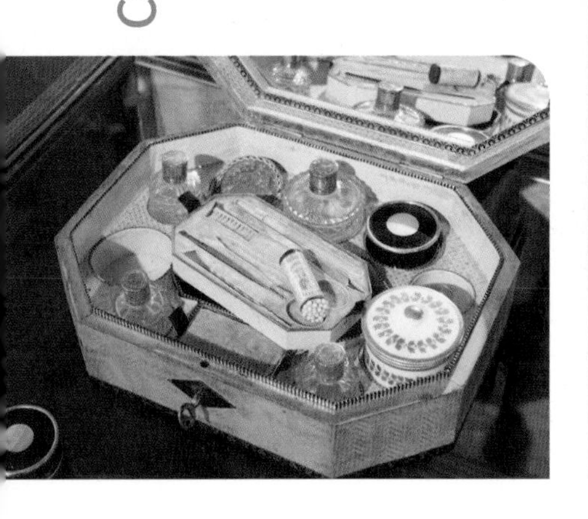

ALCHEMIST

비스무트의 최초 발견자는 이름 모르는 연금술사로만 알려져 있다. 주기율표의 주변 금속들과 구분하기 어려워, 순수한 원소로 파악된 시점도 의견이 갈린다. 어원 또한 '녹는다'라는 의미의 라틴어 'bisemutum', '백색 덩어리weisse masse'란 독일어, 같은 족의 안티모니와 닮았다는 의미의 아랍어 'bi ismid' 등 다양한 설이 있다. 결국 기원은 '알 수 없다'로 정했다.

Po

polonium

209 g/mol

84

폴로늄 | 전이후금속

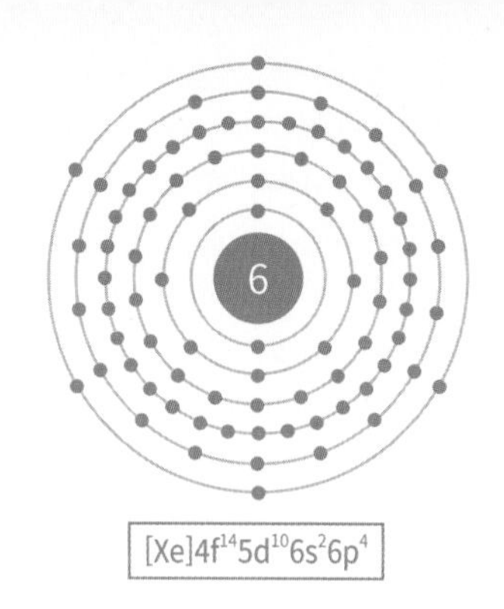

[Xe]$4f^{14}5d^{10}6s^{2}6p^{4}$

이 원소는 2006년 런던에서 망명 러시아비밀경찰(KGB)의 암살에 사용되어 화제가 됐다. 바로 '푸틴의 폴로늄 홍차 사건'이다. 망명한 알렉산드로 리트비넨코가 푸틴을 비방하다가 암살됐다. 부검결과 홍차에 탄 독극물 중독이었다. 이때 사용된 독극물이 폴로늄-210이란 동위원소이다. 원자로가 아니면 만들 수 없는 인공 동위원소이고 당시 폴로늄 1μg(100만 분의 1g)의 가격은 한화로 2억 원에 달하기 때문에 개인이 구입하기 어렵다. 폴로늄은 서른세 가지 동위원소가 존재하며 모두 방사성 동위 원소이다. 이 중 반감기가 가장 긴 동위원소는 폴로늄-210으로 138.38일이다. 암살에 사용된 양은 1조분의 1g인 천문학적 미량이다. 불안정한 원자핵이 알파붕괴를 하고 우라늄의 100억 배의 알파선이 방출하기 때문에 인체 내부로 들어가면 장기와 조직을 손상시킨다. 118개 원소 중 가장 유독한 원소이다. 청산가리의 25만 배나 독성이 강하다면 그 유독성을 짐작할 수 있다.

제2차 세계대전을 종식시킨 일본 나가사키에 사용된 핵폭탄(팻맨이라는 별명을 가진 플루토늄 폭탄)에 쓰인 기폭장치에도 폴로늄이 이용됐다. 이렇게 핵의 에너지원으로 사용된다. 폴로늄이 알파 붕괴를 하면 500°C에 달하는 고열이 발생하고 전기로 바꿀 수 있다. 폴로늄-210 1g이 방사성 붕괴할 경우 140W의 에너지를 방출하는 셈이다. 그래서 인공위성과 우주 탐사선의 원자력 전지의 열원과 전력원으로 사용된다.

1898년, 프랑스 물리학자 마리 퀴리와 남편 피에르 퀴리가 피치블렌드라는 광물에서 발견했다. 천연 우라늄이 인공 우라늄 화합물보다 방사선 양이 많다는 의심으로 시작한 연구 결과였다. 당시 우라늄 광석 1t을 매일 빻아 끓이고 여과했다고 한다. 폴란드 출신 과학자인 그녀는 러시아 지배하에 있던 조국 폴란드를 향한 마음을 고스란히 담아 원소 이름을 지었다.

At

astatine

210 g/mol

85

아스타틴 | 준금속

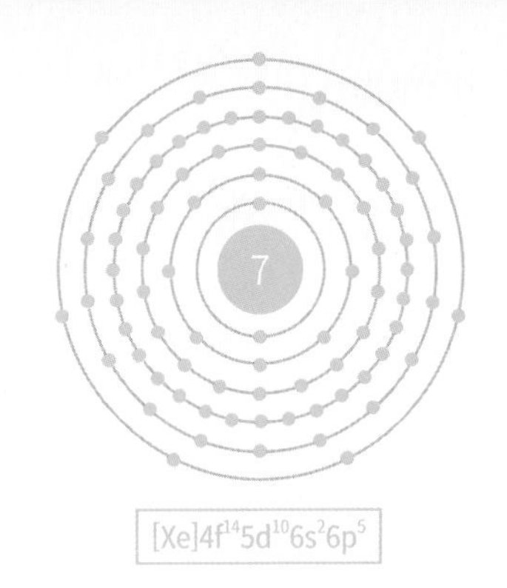

$[Xe]4f^{14}5d^{10}6s^{2}6p^{5}$

아스타틴은 자연에 존재하는 원소 중 가장 희귀한 원소이다. 모든 동위원소가 방사성 붕괴를 하고 반감기가 짧아 지구가 만들어졌을 때 생성된 아스타틴은 대부분 붕괴해 다른 원소로 바뀌었기 때문이다. 지각에 약 25g이 존재할 것이라고 추정할 뿐이다. 물론 인공적으로 만들 수 있다. 아스타틴을 발견한 것은 핵실험을 통해서였지만, 원소의 존재를 알게 되면서 자연에도 존재한다는 것을 확인할 수 있었다. 아스타틴은 우라늄과 토륨의 붕괴 사슬에서 거치는 중간 원소이다. 인공원소는 원자로 안에서 비스무트에 알파선(헬륨)을 충돌시켜 만든다. 하지만 가장 긴 반감기를 가진 아스타틴-210의 반감기도 고작 8시간이다. 생성한다 해도 그 양이 얼마 되지 않아, 실사용은 물론이고 물리적 화학적 성질을 연구할 정도조차 안 된다. 지금까지 인공적으로 만든 양이 1μg도 되지 않는다고 한다. 주기율표의 17족에 속하므로 할로젠 원소의 특성을 가졌을 것이라 추측할 뿐이다.

멘델레예프는 이 원소의 존재를 예측했다. 에카-아이오딘eka-iodine이었다. 결국 자연에서 찾지 못하고 사이클로트론에서 비스무트에 알파 입자인 헬륨 핵을 충돌시켜 만들었다. 사이클로트론은 입자 가속기의 일종이다. 당시 캘리포니아대학 버클리 캠퍼스에 사이클로트론이 설치돼 있었고 연구자는 코손Dale R. Corson, 세그레Emilio Segré, 매켄지Kenneth R. Mackenzie이다. 1940년에 그들은 아스타틴의 여러 동위원소를 만들었다. 그들이 발견한 원소가 대부분 짧은 반감기를 갖기 때문에 그리스어로 '불안정한'을 뜻하는 astatos에서 따와 이름을 지었다.

EXTINCTION

Rn

radon

222 g/mol

86

라돈 | 비활성 기체

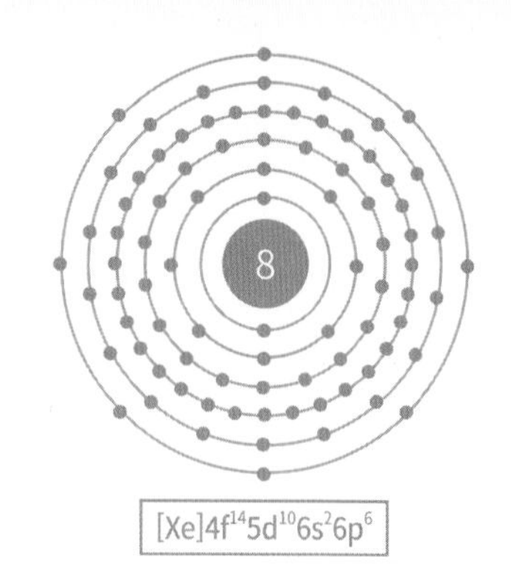

일본 돗토리현에 있는 온천은 방사능천으로 유명하다. 이유는 라돈 때문이다. 일본뿐만 아니라 우리나라의 충청도 일대 온천지대에서도 라돈에 의한 방사능이 검출된다. 온천이 있는 지역에서는 왜 라돈이 검출될까. 온천지역은 지반에 화강암이 있는 지역과 관련이 있다. 우라늄과 토륨이 붕괴할 때 발생하는 열로 인해 고온이 된 암석 옆으로 지나는 지하수가 데워지며 라돈이나 라듐을 녹여 지표로 올라온 것이다. 그래서 간혹 화강암과 같은 암석이나 희토류에 라돈이 검출되는 경우가 있다. 최근 발생한 라돈 침대 사건도 마찬가지이다. 침대 제조사는 음이온을 만들어내기 위해 모나자이트라는 광석을 제품에 사용했다. 암석에 미량 함유된 우라늄과 토륨 등이 붕괴되면서 라돈을 발생시켰고 방사능이 나온 것이다. 라돈이 위험한 것은 방사능을 내는 물질이기도 하지만 18족 원소라는 특징이 한몫을 한다. 유일하게 기체 상태로 존재하는 방사성 물질이다. 흡연에 이어 폐암 발병 원인이기도 해 1급 발암 물질로 지정돼 있다.

EARTH'S CRUST CHANGE

라듐을 발견한 퀴리 부부가 라듐에 접촉된 공기가 방사능을 띤다는 사실을 알았다. 하지만 그 원인은 알 수 없었다. 1900년 독일의 물리학자 프리드리히 에른스트 도른Friedrich Ernest Dorn은 라듐이 붕괴해 라돈이 된다는 사실을 알았다. 라돈은 지각 안에 있는 라듐과 우라늄의 방사성 붕괴로 생성되기 때문에 기체라 해도 대부분 땅에 고여 있다. 그런데 지각에 균열이 생기면 갇혀 있던 라돈 기체가 대기로 방출된다. 결국 공기 중의 라돈 농도를 측정하면 지각의 변동을 알 수 있다.

Fr

francium

223 g/mol

87

프랑슘 | 알칼리 금속

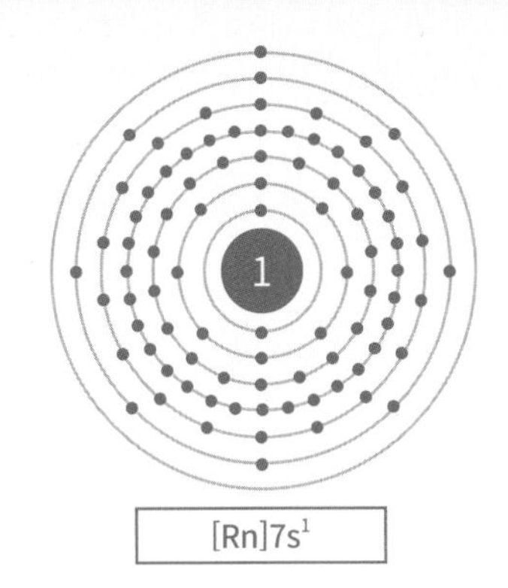

프랑슘은 아스타틴에 이어 지구에서 두 번째로 적다. 게다가 모든 동위원소가 방사성 원소이고 가장 수명이 짧은 천연 원소로 지구 생성 당시는 물론이고 붕괴 사슬의 중간물질로 생성되어도 바로 다른 원소로 붕괴된다. 주로 연구 목적으로 인공 생산하는데 사이클로트론에서 양성자와 토륨을 충돌시켜 만든다. 여러 개의 동위원소가 있지만 모두 방사성이고 반감기는 가장 긴 것이 22분 정도이다. 1시간도 안 돼서 8분의 1 정도로 양이 줄어드니 당연히 물리적 성질 및 화학적 성질을 연구할 시간도 양도 없다. 사용처는 당연히 거의 없다. 그런데 이렇게 불안정한 원소임에도 자연에서 끊임없이 발견되고 사라진다. 프랑슘은 악티늄의 알파 붕괴로 계속 생성되기 때문이다. 일부 학자들이 프랑슘은 금속색을 띠는 액체 금속이라고 주장하지만, 이마저도 예측일 뿐이다.

ELEMENTS HUNTING

여든일곱 번째 원소는 그야말로 원소 사냥의 막바지에 존재했다. 자연에서 가장 마지막으로 발견된 것이다. 수많은 과학자들이 연구했고 너도나도 발견했다고 주장했으나 실패였다. 1839년 프랑스의 마르그리그 페레Marguerite C. Perey가 발견했다. 그녀는 마리 퀴리 박사의 조수였고 당시 나이는 29세에 불과했다. 그녀는 우라늄광석에서 악티늄을 정제하던 중 미지의 물질에서 베타선을 발견해 원소를 찾아냈다. 그녀의 조국 프랑스를 기리기 위해 프랑슘이라 지었다.

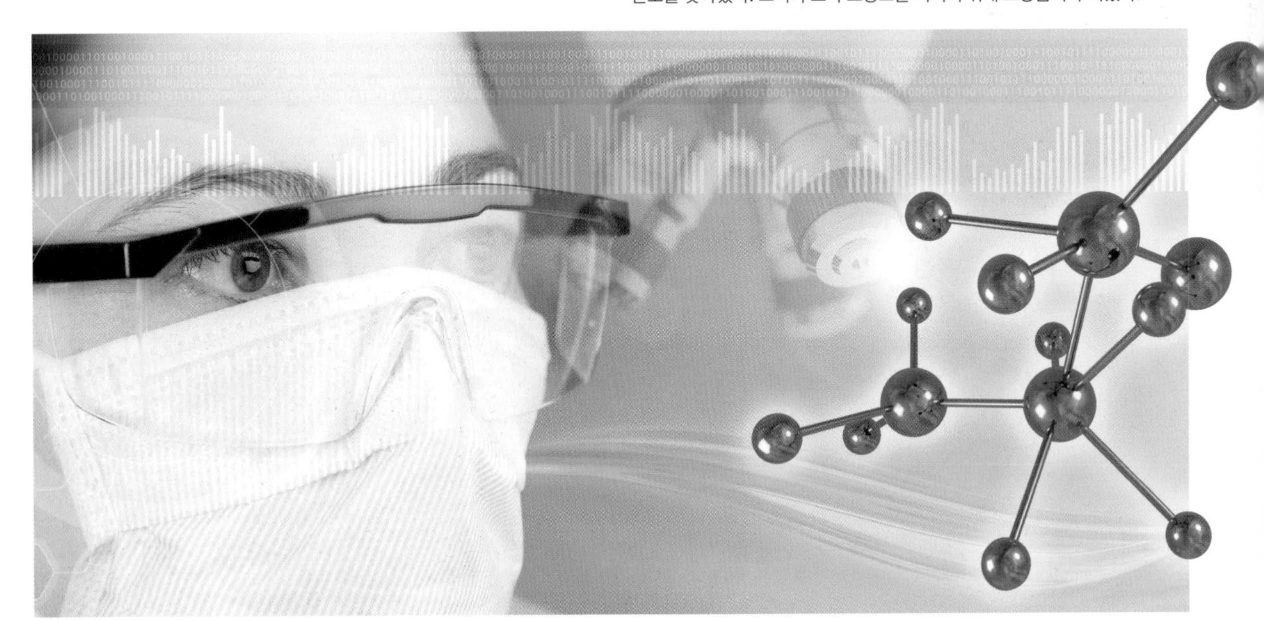

radium

226 g/mol

88

라듐 | 알칼리 토금속

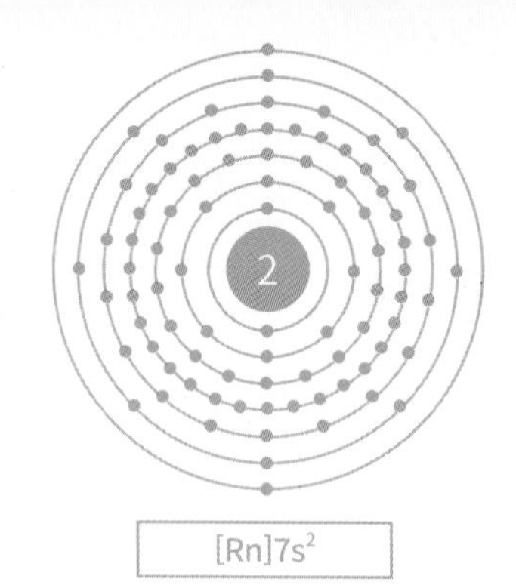

$[Rn]7s^2$

방사선의 위험성은 지금에 와서야 상식이다. 하지만 방사선의 존재를 몰랐던 과거에 방사성 원소를 연구하던 과학자는 그 위험을 인지하지 못했다. 퀴리 부부와 함께 방사성 원소를 연구하던 베크렐은 소량의 라듐을 작은 케이스에 넣고 다녔는데 6시간 만에 피부에 궤양이 생겼다. 마리 퀴리의 사인 또한 방사선 피폭으로 알려져 있다. 과거에 시계에는 시간을 가리키는 숫자와 바늘에 야광 물질이 있었다. 어두운 곳에서도 시간을 확인할 수 있게 하기 위해서였다. 미국의 시계 공장에서 야광 도료로 라듐을 사용했다. 시계 조립은 물론 대부분 공정을 노동자가 손으로 하던 시절이다. 당연히 야광 물질을 칠하는 것도 노동자가 직접 했다. 라듐을 붓에 찍어 시계에 그렸던 직공들은 대부분 여성이었다. 작은 시계에 있는 숫자와 바늘에 붓으로 칠을 하려면 침으로 붓을 뾰족하게 해야 했다. 당연히 입을 통해 라듐이 체내로 흡수됐고 대부분의 노동자들이 피폭됐다. 이들을 라돈 걸즈, 라듐 걸즈라고 부른다.

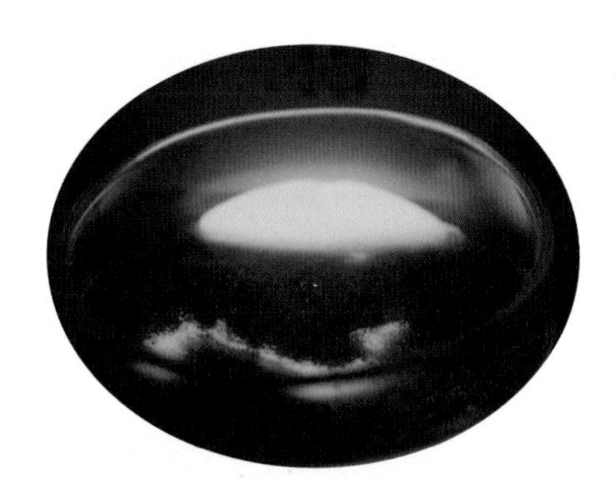

RADIUS

1898년 퀴리 부부는 피치블렌드라는 역청 우라늄 광석에서 폴로늄과 라듐을 발견했다. 폴로늄을 라듐보다 5개월 먼저 발견했다. 처음에 이 원소의 채취량이 적어 물성과 화학적 성질을 분석하기 어려웠다. 그들은 4년이라는 시간 동안 우라늄 광석 1t에서 100mg의 염화라듐($RaCl_2$)을 채취하는 데 성공했다. 라틴어로 '빛을 내다'라는 의미의 Radius에서 따와 이름을 지었다.

MARIA CURIE

염화라듐의 발견으로 퀴리 부부는 노벨 물리학상을 공동 수상했다. 이후 순수한 라듐 분리를 연구하던 중 애석하게도 남편 피에르 퀴리는 사고로 사망한다. 이 역경을 이겨낸 마리 퀴리는 염화라듐을 전기분해하여 순수한 라듐을 분리해냈고, 노벨 화학상을 받는다. 마리 퀴리는 여성 과학자로서는 최초로 노벨상을 수상했으며, 그것도 무려 두 번이나 수상했다. 그리고 여성 최초로 프랑스 대학 교수가 됐다.

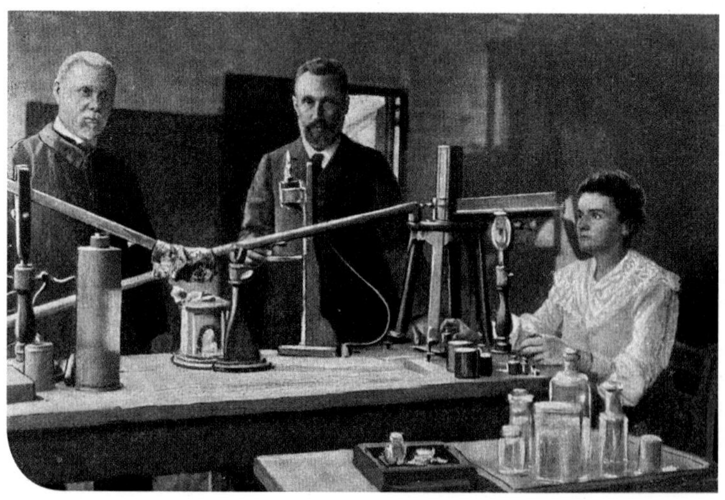

227g/mol

89

악티늄 | 악티늄족

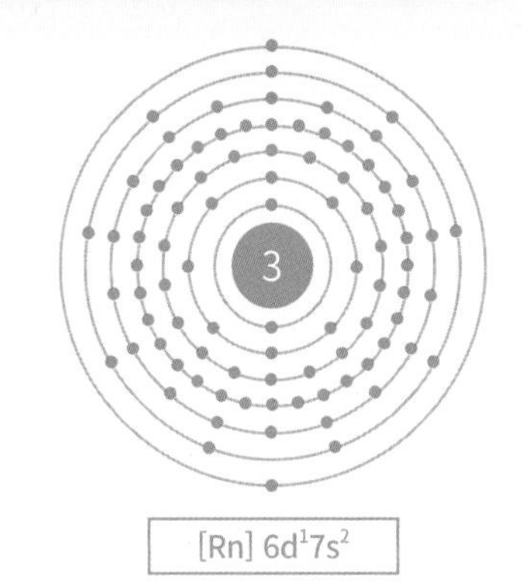

[Rn] $6d^1 7s^2$

57번 원소인 란타넘을 포함해 이후 열다섯 개의 원소를 란타넘 계열이라 했다. 대부분 같은 장소에 섞여 있고 이들 원소들의 물리·화학적 성질이 서로 닮아서 원소 분리가 어려웠다. 원인은 양성자가 커지며 동시에 늘어나는 전자들이 바깥쪽 껍질에 채워지지 않고 원자 내부 안쪽 껍질로 들어가버렸기 때문이다. 악티늄도 마찬가지이다. 악티늄을 포함해 열다섯 개 원소가 서로 닮았다. 게다가 란타넘족보다 전자껍질 하나를 더 파고들어 간다. 이런 이유로 란타넘족보다 분리가 더 어렵다. 란타넘의 프로메튬을 제외하면 란타넘족은 모두 자연에 존재하지만 악티늄 족은 모두 방사성 원소이다. 당연히 모두 반감기를 가지고 붕괴한다. 반감기는 다르지만 그만큼 모두 불안정한 원소인 셈이다. 악티늄 역시 자연 방사성 붕괴 사슬의 중간물질로 잠시 존재한다. 악티늄의 경우 반감기가 22일이고 알파 붕괴해 프랑슘이 되며 19일이 지나면 베타 붕괴를 해 토륨이 된다. 토륨은 라듐을 거쳐 결국 납으로 종착한다.

1899년 퀴리 부부와 동료 과학자인 앙드레루이 드비에른은 우라늄 광석에서 새로운 원소를 찾아낸다. 우라늄 광석 1t에서 겨우 0.15mg의 악티늄을 분리해낼 정도로 어렵게 찾아냈다. 악티늄은 푸른색 빛을 방출했다. 원소 이름은 그리스어로 광선을 뜻하는 actinos에서 따왔다.

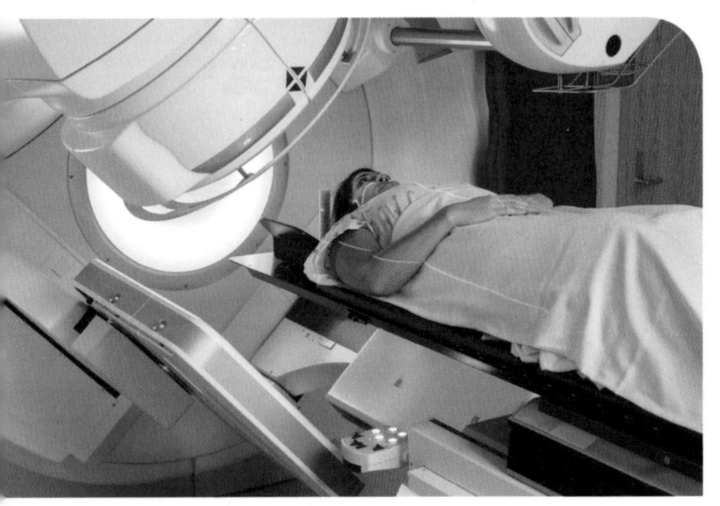

RADIATION THERAPY

방사성 원소를 의료분야의 치료에 사용할 수 있으려면 몸에서 배출도 빠르고 안정하게 방사성 붕괴를 해야 한다. 반감기가 너무 길어 몸에 잔류되면 정상 세포의 유전자를 변형시켜 또 다른 암을 유발할 수 있기 때문이다. 또 너무 짧으면 치료 시기를 맞추기 어렵다. 악티늄은 이런 조건에 적합한 원소이다. 치료에 적당한 기간인 반감기를 가지고 아주 가까운 조직에만 알파 입자를 내놓는 붕괴를 하기 때문이다.

Th

thorium

232.03811 g/mol

90

토륨 | 악티늄족

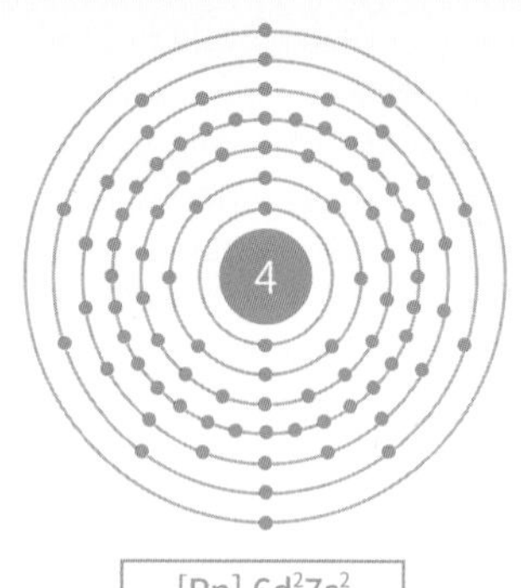

[Rn] $6d^2 7s^2$

1994년 미국 미시간주에 엄청난 양의 방사능이 방출되어 도시 전체가 방사능에 오염된 사고가 발생했다. 폭탄이 아닌 원자로에서 방출된 것이다. 그런데 이 원자로는 한 소년이 만든 개인 원자로였다. 평소 과학에 뛰어난 재능을 보였던 데이비드 찰스 한은 버너와 연기감지기, 오래된 시계의 야광바늘에서 토륨과, 아메리슘 그리고 라듐을 추출해 원자로를 만든 것이다. 가스 버너에는 등유 불에 가열되면 밝은 빛을 내는 그물망인 가스 맨틀이 있는데 당시에는 산화토륨으로 만들었다. 아메리슘은 각 가정의 천장에 있는 연기감지기에서 얻을 수 있다. 천재 소년이 원자로를 작동하자마자 피해는 걷잡을 수 없이 커졌다. 도시전체가 방사능에 오염된 것이다. 이 사건을 계기로 미국은 개인이 원자로를 소유하거나 제작하는 것을 엄격하게 관리하고 있다.

토륨-232에 중성자가 충돌하면 몇 단계를 거치며 우라늄-233으로 변한다. 이 동위원소는 우라늄-235처럼 핵분열이 일어나면서 에너지를 얻을 수 있다. 최근 우라늄-238과 토륨-232를 연료로 실험용 원자로를 가동하는 연구를 한다. 미래의 원자로로 주목받는 이유는 안정성 때문이다. 토륨은 우라늄과 달리 자체적으로 핵분열을 일으키지 않기 때문이다. 마치 전원처럼 원자로를 끄면 핵분열이 멈춘다. 일본 후쿠시마 원전사고처럼 자연재해에 의해 냉각 장치에 이상이 생겨도 안전하기 때문에 차세대 에너지 자원으로 고려된다.

Pa

protactinium

231.03588 g/mol

91

프로트악티늄 | 악티늄족

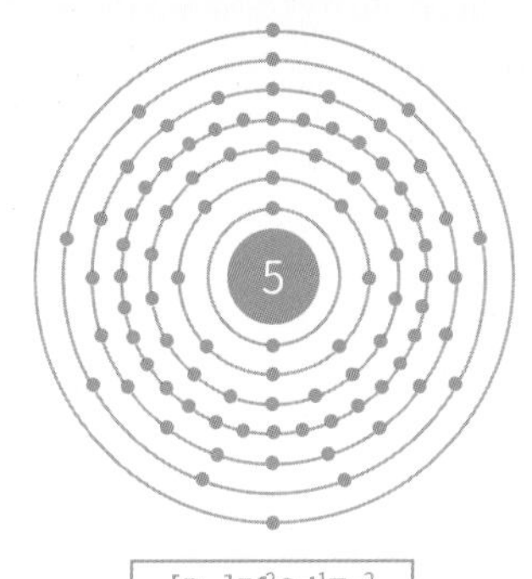

[Rn]$5f^2 6d^1 7s^2$

우라늄의 붕괴 과정에서 소량 만들어진다. 방사성 원소의 최종 목적지는 납이다. 프로트악티늄 이름에는 악티늄이란 원소 이름이 들어 있다. 이유는 프로트악티늄이 붕괴를 하며 악티늄 원소상태를 거치기 때문이다. 그래서 '기원'의 의미를 가진 proto를 붙여 '악티늄의 기원'이란 이름을 사용했다. 주기율표에서 토륨과 우라늄 사이에 있고 두 원소가 자연에 많은 양이 존재하기 때문에 많을 것이라 예상할 수 있지만 실제로 프로트악티늄은 자연에 아주 적게 존재한다. 희귀하고 강한 방사선과 독성으로 산업에는 전혀 사용되지 않는다. 연구용으로 소량을 사용하는 것을 제외하고 별다른 용도가 없고 프로트악티늄-231은 해양퇴적물의 연대측정법에 사용되는 정도이다. 멘델레예프가 1869년에 발표한 주기율표를 2년 후에 수정해 발표하면서 토륨과 우라늄 사이에 빈칸을 만들어 이 원소의 존재를 예측했다.

LISE MEITNER

1871년, 멘델레예프가 이 원소의 존재를 예측했지만 한동안 과학자들은 이 빈칸에 들어갈 원소를 찾지 못했다. 1918년 독일 여성 물리학자 리제 마이트너Lise Meitner와 오토 한Otto Han은 전쟁 중이어서 어렵게 미량의 피치블렌드를 구해 악티늄(Ac)으로 바뀌는 새로운 방사성 원소를 발견했다. 이 두 과학자는 중성자를 이용한 핵분열을 발견하여 핵폭탄 개발과 원자력 이용의 길을 열었다. 이 발견으로 오토 한은 1944년에 노벨 화학상을 탔다. 공동으로 발견하고도 리제 마이트너는 수상에서 제외된다. 이에 대한 논란은 지금도 계속된다.

uranium

238.029 g/mol

92

우라늄 | 악티늄족

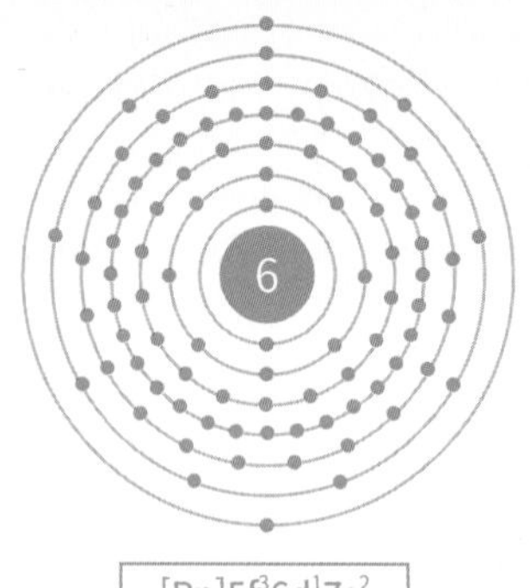

$[Rn]5f^3 6d^1 7s^2$

우라늄은 18세기에 발견되어 수백 년 동안 도자기 유약이나 유리 공예에 사용되었다. 이후 제2차 세계대전 당시 미국은 전쟁에 승리하기 위해 핵물리학자들을 모아 핵을 연구하기 시작했다. 이때부터 우라늄은 에너지원이나 무기에 사용하는 원소로 잘 알려지게 됐다. 핵분열에 사용하는 것은 농축 우라늄이다. 천연 우라늄은 적은 양이라면 개인도 보유할 수 있다. 우라늄이 핵분열하면 연쇄반응으로 질량 손실이 일어나고 막대한 에너지를 발생한다. 바로 아인슈타인의 질량-에너지 등가 법칙인 $E=mc^2$이다.

우라늄의 동위 원소는 우라늄-234(0.0054%), 우라늄-235(0.72%), 우라늄-238(99.274%) 세 가지이다. 우라늄-235는 중성자와 충돌해 크립톤과 바륨으로 분열 후 세 개의 중성자를 방출한다. 이 중성자를 조절하며 다른 우라늄-235와 충돌시켜 느리게 연쇄 반응한다. 천연우라늄인 우라늄-238은 우라늄-235와 달리 중성자를 흡수해 플루토늄-239로 바뀐다. 이 플루토늄-239가 핵분열을 한다.

NUCLEAR BOMB

팻맨이 플루토늄을 이용한 압축 배열 방식의 핵폭탄이었던 것에 비해, 리틀보이는 농축 우라늄을 이용한 대포 배열 방식의 핵폭탄이었다. 일본 히로시마에 투하되어 7만 8,000명의 사망자를 내고 8만 명 이상의 부상자를 내며면서 제2차 세계대전을 종식시켰다. 야구공 크기의 우라늄이 가진 에너지양은, 그 300만 배에 달하는 질량의 석탄에서 나오는 에너지와 맞먹는다.

MANHATTAN PROJECT

제2차 세계대전 당시 많은 유대인 물리학자가 미국으로 망명했다. 연합군은 핵폭탄 개발 사업인 맨해튼 프로젝트를 출범하고 핵폭탄을 제조했다. 최초의 핵폭탄 실험인 '트리니티'를 거쳐 만들어지고 일본에 투하된 핵폭탄이 '리틀보이'와 '팻맨'이다. 이 둘은 각각 루스벨트와 처칠의 별명이기도 했다.

Np

neptunium

237g/mol

93

넵투늄 | 악티늄족

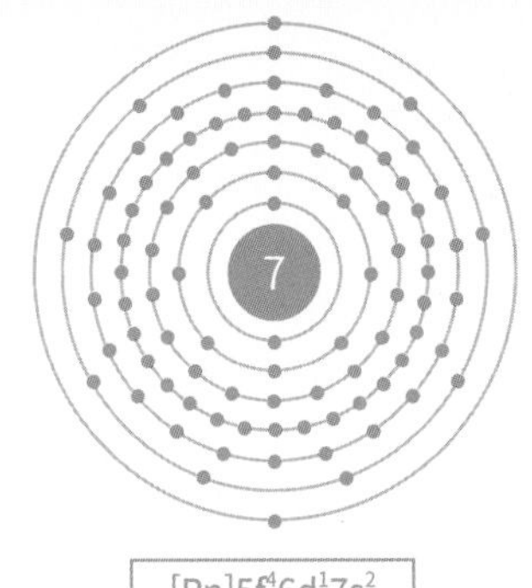

[Rn]$5f^4 6d^1 7s^2$

우라늄보다 큰 원소들을 '초우라늄 원소'라고 한다. 우라늄이 기준인 이유는 우라늄까지의 원소는 자연에 존재하지만 우라늄보다 큰 원소는 존재하지 않는다고 알고 있었기 때문이다. 지구 나이인 45억 년보다 반감기가 짧아 다 사라졌기 때문이다. 물론 93번에서 98번까지의 여덟 가지 원소는 인공적으로 발견된 이후에 천연 우라늄 광석에 미량으로 들어 있는 것이 확인돼 자연에서도 존재하는 원소로 인정되었다. 원소 이름은 발견자나 광물, 혹은 국가 이름도 있으나 행성을 따온 경우가 있다. 우라늄이 태양계 행성 천왕성Uranus에서 따온 것처럼 주기율표의 다음 원소인 넵투늄은 천왕성 다음 행성인 해왕성Neptune에서 따왔다. 멘델레예프가 처음 주기율표를 수정해서 1871년에 공개한 새로운 주기율표에는 우라늄 다음에 다섯 개의 칸이 남겨져 있었다. 초우라늄 원소의 존재를 예측했던 것이다. 이후 멘델레예프의 주기율표가 옳다고 인정되며 많은 과학자들이 빈칸의 원소를 찾기 시작했다.

FELLOWSHIP

1940년 캘리포니아대학 버클리 캠퍼스의 맥밀런과 에이벌슨은 최초의 초우라늄 원소를 발견했다. 사이클로트론에서 우라늄에 중성자를 충돌시켜 만들었다. 우라늄-238과 중성자가 반응하면 불안정한 우라늄-239가 되는데, 바로 베타 붕괴를 해 중성자가 양성자로 변하면서 넵투늄-239가 된다. 그리고 이 넵투늄-239는 다시 베타 붕괴를 하고 플루토늄-239가 된다. 사실 대부분의 연구는 맥밀런이 했다. 에이벌슨은 휴가기간에 버클리에 들러 동료 연구를 단 3일 도왔는데 그때 원소가 발견되어 이름을 올리는 행운을 얻었다.

Pu plutonium

244 g/mol

94

플루토늄 | 악티늄족

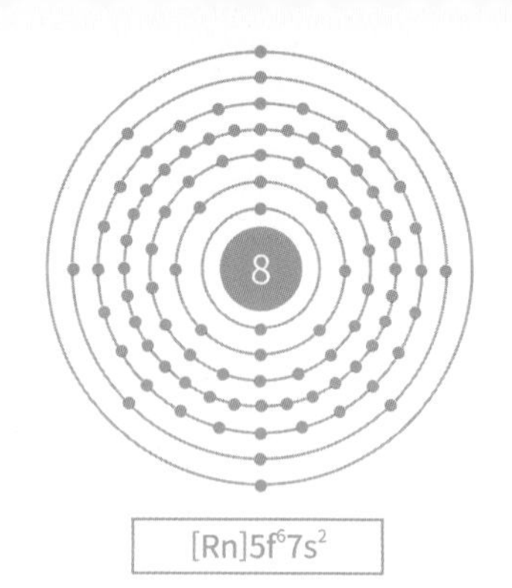

[Rn]$5f^6 7s^2$

꿈의 원자로라는 것이 있다. 방사성 물질인 핵연료를 핵분열시키면 엄청난 에너지를 생산하고 사용한 연료가 다시 더 월등한 연료로 바뀌는 것이다. 이런 꿈의 원자로에 플루토늄-239와 우라늄-238이 사용된다. 플루토늄-239는 핵분열을 하기 때문에 원자로의 연료로 쓰인다. 이때 고속 중성자가 방출된다. 이 중성자가 다시 우라늄-238과 충돌해 넵투늄을 거쳐 다시 플루토늄-239를 만든다. 재료는 그대로 다시 만들어지고 에너지는 얻는 것이다. 냉각제로 물을 사용하면 물이 고속 중성자를 감속시켜 저속인 열 중성자로 바꾼다. 냉각로에 소듐을 사용한다고 해서 소듐냉각고속로SFR; Sodium-cooled Fast Reactor라고 부른다. 이런 특성을 이용할 경우 기존 경수로보다 핵연료 이용률을 최대 120배 이상 증가할 수 있다. 또 반감기가 긴 핵분열 생성 물질인 폐연료의 방사능 처리기간이 줄어들거나 아예 방사능이 없는 물질로 바꿀 수 있다. 플루토늄 등의 고준위 폐기물 문제를 해결할 가능성이 있는 것이다.

PLUTO

넵투늄을 발견한 맥밀런은 휴가를 끝내고 돌아간 에이벌슨을 뒤로하고 시보그Glenn Seaborg에게 연구를 인수인계한다. 시보그는 같은 해 조지프 케네디와 아서 월과 함께 넵투늄을 이용해 플루토늄을 발견한다. 물론 입자 가속기 안에서이다. 원소 이름은 붕괴 사슬에 따라 천왕성, 해왕성 뒤를 잇는 명왕성pluto에서 따왔다. 그래서 92번 우라늄부터부터 원소를 외우기 쉽다. 하지만 단순히 천체의 이름을 딴 것은 아니다. 중의적 표현이기도 하다. 플루토는 그리스 신화에 나오는 지옥의 왕이다. 잘 다루면 인류에 이롭지만 파멸로 이끌 수도 있다는 의미가 내포돼 있다.

Am

americium

243 g/mol

95

아메리슘 | 악티늄족

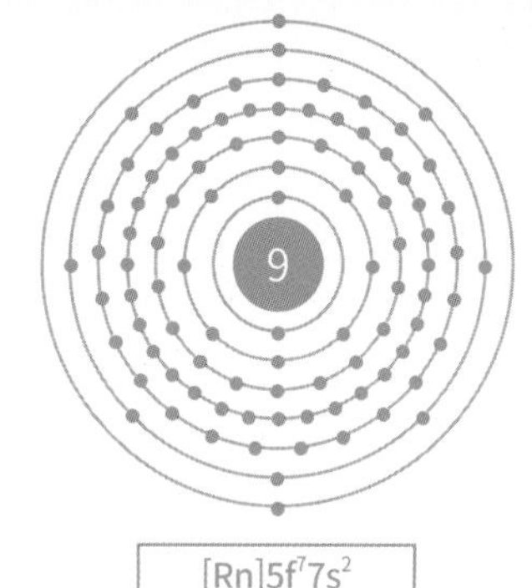

94번 플루토늄 이후 원소는 대부분 인공원소이고 반감기가 짧아 적당한 사용처도 없을뿐더러 물리·화학적 성질 연구도 쉽지 않다. 그중 예외인 원소가 아메리슘으로 일상에 꽤 유용하게 쓰이는 인공원소이다. 화재가 발생했을 때 녹는점이 낮은 비스무트가 스프링클러를 작동하는 역할을 한다면 아메리슘은 연기를 감지하는 데 사용한다. 천재 소년 데이비드 찰스 한이 개인 원자로를 만들어 미국 미시간주를 공포로 휩싸이게 만든 사건에도 아메리슘이 사용됐다. 그는 천장에 있는 연기감지기에서 아메리슘을 추출했다. 아메리슘은 연기감지기 내부의 공기를 방사선인 알파 입자(헬륨핵)로 이온화한다. 이온화된 입자로 인해 양쪽 전극으로 전류가 발생한다. 그런데 감지기 안으로 연기가 들어가면 이온 입자의 흐름을 방해해 전류에 변화가 생긴다. 이 변화를 감지하는 것이 연기 감지기 원리이다. 연기감지기에는 전원을 따로 공급하지 않는다. 아메리슘 미량(1,000만 분의 3g)으로도 충분히 사용할 수 있다.

1945년 미국의 핵물리학자 시보그, 제임스, 모건, 기오르소가 사이클로트론에서 플루토늄에 중성자를 쪼여 합성했다. 당시 합성사실은 군사기밀이었는데, 시보그가 어린이 라디오 프로그램에서 군의 허락을 받지 않고 발표하는 해프닝이 있었다. 원소명은 아메리카 대륙의 이름을 땄는데 주기율표에서 아메리슘의 바로 위에 있는 63번 유로퓸을 의식한 명명이라는 후문이 있다. 대륙 간의 경쟁이었다. 미국의 핵물리학자 시보그는 아메리슘을 포함해 모두 열 개의 인공원소 발견에 관여했다.

curium

Cm 96

247g/mol

퀴륨 | 악티늄족

$[Rn]5f^7 6d^1 7s^2$

화성의 무인탐사선과 같은 장치가 동작하려면 원자력 전지가 이용된다. 지금은 효율이 뛰어난 방사성 원소를 사용하지만 과거에는 퀴륨이 사용됐다. 퀴륨은 강력한 알파 입자(헬륨핵) 발생원이다. 1944년 미국의 핵물리학자 시보그, 제임스, 모건, 기오르소가 사이클로트론에서 플루토늄에 헬륨을 충돌시켜 합성한 세 번째 인공원소이다. 원소명은 마리 퀴리를 기려 퀴륨이라 지었는데, 원소명에 사람 이름이 사용된 경우는 많지 않다. 가돌리늄의 사례는 광물 발견을 기려 인명을 딴 광물 이름을 딴 것으로, 말하자면 간접 인용이다. 사람 이름을 직접 인용한 최초의 사례는 바로 퀴륨이다.

berkelium

Bk 97

247g/mol

버클륨 | 악티늄족

$[Rn]5f^9 7s^2$

1949년 시보그 팀은 아메리슘-241에 알파 입자(헬륨핵)을 쪼여 버클륨-243 생성에 성공했다. 만들기도 어렵고 반감기도 4.5시간에 불과해 사용처가 마땅하지 않다. 아메리슘을 1945년에 합성했는데 왜 4년 뒤에나 만들어졌을까. 실제 버클륨 합성은 간단히 끝났지만 이 실험에 필요한 아메리슘 최소량인 7mg을 얻는데 3년이 걸렸다. 당시는 거의 매년 새로운 인공원소가 만들어지던 시기라 작명이 고민이었다. 악티늄족 원소는 주기율표 바로 위의 란타넘족 원소의 이름을 참고하는 작명 방식을 따랐다. 버클리에서 따온 버클륨의 바로 위는 터븀으로, 이 역시 지명이다.

californium

Cf 98

251g/mol

캘리포늄 | 악티늄족

$[Rn]5f^{10} 7s^2$

캘리포늄은 원소 중에 가장 비싸기 때문에 어떤 분야에서 사용되건 매우 소량만 쓰인다. 1g의 가격은 한화 수백억 원이고 한때는 1조 원에 달했다. 캘리포늄은 초페르뮴 인공원소의 합성에 이용되는 재료로 사용된다. 이유는 가장 효율적인 중성자 발생원이기 때문이다. 1마이크로그램(μg)의 캘리포늄은 1분 동안 1억 3,900만 개의 중성자를 방출한다. 원자로에서 우라늄에 분열을 일으키는 최초의 중성자이고 핵연료 점화에 쓰인다. 원자로에서 이런 비싼 원소를 중성자 선원에 쓴다고 걱정할 건 없다. 실제 원자로에서 수십 피코그램(pg)만 사용해도 충분하기 때문이다.

einsteinium

Es 99

252 g/mol

아인슈타이늄 | 악티늄족

[Rn]$5f^{11}7s^2$

아인슈타이늄은 공식적으로 원자로의 핵분열 시 발견됐다고 알려져 있으나 실제로는 1952년 11월 1일 마셜제도에서 실시된 '아이비 마이크 수소폭탄 실험'의 핵반응 생성물인 죽음의 재에서 분리·발견되었다. 당시 실험했던 섬은 지도에서 완전히 사라졌다. 수소폭탄은 인류 최초의 열핵무기이다. 핵분열을 통해 발생한 에너지를 방사성 수소를 융합하는 원리이다. 이 실험은 기밀이었고 결국 1954년 원자로 핵분열에서 발견된 것으로 공식 발표됐다. 아인슈타인은 1939년에 미국 정부에 핵폭탄의 제조를 제안했고 그 결과 맨해튼 프로젝트가 가동됐으며 지구에 핵폭탄이 탄생했다.

fermium

Fm 100

257 g/mol

페르뮴 | 악티늄족

[Rn]$5f^{12}7s^2$

페르뮴은 수소폭탄 실험의 잔해에서 아인슈타이늄과 함께 발견되었다. 핵분열로 얻은 마지막 원소나 다름없다. 공식적으로 시보그팀인 알버트 기오르소가 가속기에서 아인슈타이늄과 함께 발견한 것으로 알려졌고, 원소이름은 이탈리아의 물리학자 엔리코 페르미Enrico Fermi를 기리는 의미에서 붙여졌다. 그는 미국으로 망명해 핵분열 연쇄반응을 최초로 실현시켰는데, 아인슈타인과 함께 맨해튼 프로젝트를 제안한 인물이다. 이들의 손에 의해 1942년에 원자로가 탄생했고 핵무기가 출현했다. 하지만 아인슈타인과 함께 핵무기 개발에 반대한 인물이기도 하다.

TRANS FERMIUM 초페르뮴 원소

페르뮴보다 큰 원자번호를 가진 원소들은 '초페르뮴 원소'라고 불린다. 20세기 말까지는 이 원소들의 명명권을 둘러싸고, 당시 과학계를 선도하던 미국과 소련이 '초페르뮴 전쟁'을 벌였다. 이 원소들은 두 그룹으로 나뉜다. 101번부터 103번까지의 원소들은 악티늄족이다. 나머지 118번까지 원소들은 주기율표의 7주기에 배치되는데, 이 초페르뮴 원소를 '초중원소superheavy elements'라고도 부른다. 이 초페르뮴 원소들은 2015년 113, 115, 117, 118번 원소를 인정해 주기율표를 모두 채우게 됐다. 이 원소들은 상당히 불안정하고 심지어 반감기가 피코초(10^{-12}초) 단위인 경우도 있다. 따라서 원소의 물리화학적 특성을 알기도 어렵다. 미래에도 이 원소들을 실생활에 활용하기 어렵고 단지 연구 목적으로만 사용될 것이다.

mendelevium

Md 101

258 g/mol

멘델레븀 | 악티늄족

[Rn]$5f^{13}7s^2$

1955년에 시보그 팀의 알버트 기오르소가 캘리포니아대학 버클리 캠퍼스의 가속기에서 아인슈타이늄에 헬륨 이온을 충돌시켜 만들었다. 당시 사용된 아인슈타이늄은 1pg이고 생성된 멘델레븀 원자는 열일곱 개였다. 원소 이름은 주기율표 창시자인 러시아의 화학자 멘델레예프를 기리며 붙여졌다. 동위원소인 Md-250은 일반적인 알파 붕괴나 베타 붕괴 방식과는 다르게 반으로 나뉘는 자발적 핵분열을 일으킨다.

nobelium

No 102

259 g/mol

노벨륨 | 악티늄족

[Rn]$5f^{14}7s^2$

1958년 스웨덴의 노벨연구소가 이 원소를 발견했다고 발표하고 원소 이름을 노벨륨으로 제안했다. 발견 직후 미국과 러시아가 추가 실험했으나 노벨륨을 확인할 수 없어 스웨덴의 발견에 의구심이 들었다. 결국 거짓임이 판명됐지만 이름은 그대로 사용했다. 이후 1958년에 미국 로렌스버클리 국립연구소와 1963년에 러시아 두브나 합동원자핵연구소의 플레로프 팀이 퀴륨에 탄소 이온을 충돌해 만들었다. 이를 계기로 러시아 두브나 합동원자핵연구소는 많은 인공원소를 발견하기 시작한다. 원소 이름은 다이너마이트 발명가이자 자선가인 스웨덴의 화학자 노벨Alfred Nobel에서 따왔다. 노벨륨은 반감기가 1시간 미만인 원소 중 최초로 발견된 원소이다.

lawrencium

Lr 103

262g/mol

로렌슘 | 악티늄족

[Rn]$5f^{14}7s^27p^1$

1965년에 러시아 두브나 합동원자핵연구소의 플레로프 팀과 미국 로렌스버클리국립연구소의 기오르소 연구팀이 캘리포늄 동위원소에 붕소 이온을 충돌시켜 만들었다. 인공원소 합성에 반드시 필요한 입자가속기인 사이클로트론을 발명했던 미국의 물리학자 어니스트 로렌스Ernest Lawrence의 이름에서 따왔다. 인공원소들의 발견에는 로렌스의 공이 크다. 그가 발명한 입자가속기가 아니었다면, 인류가 원소를 찾아내는 게 그만큼 늦어졌을 것이다. 로렌스는 이 공로로 1939년에 노벨 물리학상을 수상한다.

rutherfodium

Rf 104

267g/mol

러더포듐 | 전이금속

[Rn]$5f^{14}6d^{2}7s^{2}$

1964년 러시아 두브나 합동원자핵연구소와 미국 로렌스버클리국립연구소가 캘리포늄에 탄소 이온을 충돌시켜 만들었다. 전이금속에 속하는 최초의 초중원소이다. 1911년 원자모형을 제안하고 원자핵을 발견했던 물리학자 러더퍼드를 기리며 명명되었다. 원소이름에는 국가 간 겨루기의 흔적이 있다. 러시아와 미국의 합동 연구에도 첨예하게 드러난다. 당시 러시아의 제안은 쿠르차토븀이었고 러더포듐은 미국의 제안이었다. 이런 사례는 또 있다. 지금의 더브늄이다. 화학 원소의 이름이나 화학식 명명법에는 이런 국가의 권력이 학계에 미치는 경우를 종종 볼 수 있다.

dubnium

Db 105

268 g/mol

더브늄 | 전이금속

[Rn]$5f^{14}6d^{3}7s^{2}$

아메리슘에 입자를 충돌시켜 만들었다. 105번 원소도 러시아와 미국의 치열한 이름 전쟁이 있었다. 104번 원소를 양보했기 때문일까. IUPAC는 1997년 러시아의 두브나 합동원자핵연구소가 있는 모스코바 근교의 도시 두브나Dubna에서 유래한 더브늄으로 확정했다. 물론 이 연구소에서 최초로 합성되었다. 하지만 러시아는 이 원소가 발견된 1968년 당시 닐스 보어를 기려 닐스보륨이란 이름을 제안했고, 미국은 핵분열 현상을 발견한 오토 한의 이름을 딴 하늄을 주장했다. 둘 다 채택되지 않았고 29년이 지나서야 더브늄으로 정해졌다. 원소를 발견해낸 러시아를 달래는 듯한 결정이다.

seaborgium

Sg 106

269 g/mol

시보귬 | 전이금속

[Rn]$5f^{14}6d^{4}7s^{2}$

1974년 미국 로렌스버클리국립연구소에서 캘리포늄에 산소를 충돌시켜 만들었다. 악티늄족 원소를 발견했던 화학자이자 핵물리학자 시보그에서 따왔다. 원소 이름에 인명을 인용한 경우가 있으나 대부분 사망 후 공적을 기리기 위해서이다. 시보귬은 명명 당시 생존하고 있었던 발견자에서 원소의 이름을 따온 최초의 사례이다. 이 덕에 118번 원소 오가네손도 유리 오가네시안의 이름을 따오는 영광을 얻었다. 모든 시보귬의 동위원소는 방사성 원소로, 가장 안정긴 반감기가 약 2.4분이다. 이 원소의 성질은 아직까지 거의 알려지지 않았다.

Bh 107

bohrium

270 g/mol

보륨 | 전이금속

[Rn]$5f^{14}6d^{5}7s^{2}$

인공원소는 대부분 러시아 두브나 합동원자핵연구소와 미국 로렌스 버클리 국립연구소의 공동연구로 만들어졌으나, 보륨은 최초로 독일 중이온 가속기에서 합성됐다. 납과 크로뮴을 원자핵 반응해서 만들었다. 원소 이름은 양자물리학의 토대를 확립시킨 닐스 보어에서 유래했다. 보륨의 가장 안정적인 동위원소의 반감기는 61초에 불과하지만 화학적 성질을 일부 알아냈다. 주기율표에서 바로 위에 있는 75번 원소 레늄(Re)과 비슷한 성질이라고 알려진 최초의 인공원소이다.

Hs 108

hassium

269g/mol

하슘 | 전이금속

[Rn]$5f^{14}6d^{6}7s^{2}$

독일이 보륨의 발견으로 힘을 얻은 중이온 가속기 연구로 하슘까지 합성했다. 가속기에서 납과 크로뮴의 원자핵 반응으로 만들어졌다. 이름은 원소가 처음 합성된 독일 헤센Hessen 지역의 중세 라틴어 이름 하시아Hassia에서 유래했다. 가장 안정한 하슘의 동위원소 반감기는 9.7초이다. 그럼에도 화학적 성질이 일부 실험에서 확인되었다. 같은 족의 오스뮴(Os)과 비슷한 성질을 가졌으며 사산화물(HsO_4)을 만들었으며 긴 반감기를 가진 핵 이성질체의 존재 가능성으로 향후 실용적 사용에 대한 기대감이 있다.

Mt 109

meitnerium

269g/mol

마이트너륨

[Rn]$5f^{14}6d^{7}7s^{2}$

1982년에 독일 다름슈타트Darmstadt에 있는 중이온 가속기연구소(GSI)의 중이온 가속기에서 발견했다. 비스무트에 철 원자핵을 충돌시켰다. 지구상에서 밀도가 가장 높은 물질로 추정된다. 지금도 한 번 충돌 실험에 원자 몇 개만 만들 수 있을 정도이다. 당연히 9족 원소들과 비슷한 화학적 성질이라 추정할 뿐 물성을 모른다. 원소의 이름은 핵분열의 공동 발견자였던 오스트리아 여성 물리학자 리제 마이트너를 기리며 명명되었다. 그녀는 1938년에 오토 한과 원자핵 분열을 발견했고 네 번이나 노벨상 후보에 올랐지만, 결국 수상한 것은 오토 한 뿐이었다.

darmstadtium

Ds 110

281 g/mol

다름슈타튬

[Rn]$5f^{14}6d^{9}7s^{1}$

1994년에 독일 다름슈타트Darmstadt에 있는 중이온 가속기연구소(GSI)의 중이온 가속기에서 납과 니켈 이온으로 만들었다. 중이온 가속기가 있는 지역인 다름슈타트에서 이름을 따왔다. 이 원소는 백금과 유사한 성질을 지닌 금속으로 여겨지지만, 가장 안정적인 동위원소의 반감기가 10초에 불과하다. 다른 동위원소의 반감기는 보통 0.00017초이다. 물리화학적 성질은 밝혀진 게 없지만 백금족 원소로 추정되기 때문에 산업적 이용 가능성이 있다. 물론 안정된 핵 이성질체를 찾는다는 가정이다.

roentgenium

Rg 111

280g/mol

뢴트게늄

[Rn]$5f^{14}6d^{10}7s^{1}$

1994년에 독일 다름슈타트에 있는 중이온 가속기연구소의 중이온 가속기에서 비스무트에 니켈을 충돌시켜 만들었다. 다름슈타튬을 합성한 지 한 달 만에 새 원소를 합성한 것이다. X선을 발명한 빌헬름 뢴트겐Wilhelm Rontgen을 기리며 명명했다. 2004년에 공식적으로 뢴트게늄이라고 이름이 정해지기 전까지 국제순수응용화학연맹(IUPAC)의 규칙에 따라 잠정적으로 우누누늄Unununium(Uuu)이라 불렀다. 과거 주기율표를 보면 이 이름의 흔적이 남아 있다.

copernicium

Cn 112

285g/mol

코페르니슘 | 전이금속

[Rn]$5f^{14}6d^{10}7s^{2}$

1994년에 독일 다름슈타트에 있는 중이온 가속기연구소의 중이온 가속기에서 납에 아연 이온을 충돌시켜 만들었다. 1981년에 보륨을 발견한 독일은 13년 동안 107번부터 112번까지 여섯 개의 원소를 연이어 합성해 발견했다. 독일의 운이 여기까지인지 113원소 이후로는 다시 발견하지 못했다. 이름은 지동설을 주장했던 코페르니쿠스Nicolaus Copernicus에서 유래했다. 코페르니슘은 금속으로 추정되지만 표준 상태에서 금속 기체일 것으로 예측된다.

Nh 113 nihonium

286 g/mol

니호늄

[Rn]$5f^{14}6d^{10}7s^{2}7p^{1}$

최초로 아시아에서 발견되었으며, 현재까지도 아시아에서 발견된 유일한 원소이다. 2003년에 러시아와 미국의 합동 연구팀이 핵융합 반응으로 생성된 115번 원소 모스코븀의 알파 붕괴 후 만들었고 2004년에 일본 이화학연구소(RIKEN) 연구팀이 아연과 비스무트의 원자핵을 충돌해 융합 합성으로 발견하였다고 보고했다. 국제순수·응용화학연맹(IUPAC)이 2015년까지 어느 쪽의 주장도 공식적으로 인정되지 않아, 잠정적으로 우눈트륨[ununtrium](Uut)이라고 주기율표에 기재되었다. 2015년 12월에 공식적으로 일본 RIKEN을 최초 발견자로 인정했다.

러시아 두브나 합동원자핵연구소와 미국 로렌스 리버모어 국립연구소의 공동연구로 플루토늄-244에 칼슘-48을 충돌시켜 원자를 찾아냈다. 금과 반응하며, 화합물을 형성할 수 있는 가장 큰 원소이다. 러시아의 물리학자 플레로프[Georgy Flyorov]를 기리며 명명되었다. 플레로프는 두브나 합동원자핵연구소에서 큰 역할을 한 인물이다. 코페르니슘이 금속 기체로 추정되는 것처럼 플로레븀도 기체 상태로 존재하는 금속으로 추정된다. 2011년 원소 발견이 공식적으로 인정되기 전까지 우눈쿼듐[ununquadium](Uuq)이라 불렸다.

모스코븀은 비스무트 바로 아래에 있어서 멘델레예프가 발견하지 못하고 존재를 예측해 붙인 명명규칙에 따라 에카-비스무트[eka-bismuth]라 불리기도 했다. 이 연구를 주도한 사람들은 유리 오가네시안[Yuri Organessian]이 이끈 공동연구팀이다. 합성하고 약 0.1초가 지나 알파 붕괴를 하고 113번인 니호늄(Nh) 동위원소가 된다. 방사성이 강한 원소이며 현재까지 네 가지 동위원소들이 검출되었다. 가장 긴 반감기를 가진 Mc-89의 경우 0.22초이다. 2015년까지 잠정적 이름인 우눈펜튬[ununpentium](Uup)으로 불렀다.

livermorium

Lv 116

293 g/mol

리버모륨

[Rn]$5f^{14}6d^{10}7s^{2}7p^{4}$

2000년에 러시아 두브나 합동원자핵연구소와 미국 로렌스 리버모어 국립연구소의 공동연구로 발견했다. 원소 이름은 로렌스 리버모어 국립연구소가 있는 지역의 이름에서 유래했다. 방사성이 높은 이 원소의 반감기는 모두 1,000분의 1초 단위로 측정된다. 리버모륨을 발견하고자 하는 시도는 1976년부터 있었고 2000년까지 많은 연구소에서 합성 실험이 이루어졌으나 쉽지 않았다. 그런데 로렌스 버클리 국립연구소에서 합성 성공이 발표되고 학술지에까지 실린 논문이 있었으나 주 저자가 실험 데이터를 조작한 것으로 밝혀지기도 했다.

tennessine

Ts 117

294 g/mol

테네신

[Rn]$5f^{14}6d^{10}7s^{2}7p^{5}$

가장 최근에 발견된 원소이다. 게다가 발견에 참여한 팀이 가장 많고 대부분 입자 물리학자이다. 2010년, 러시아 두브나 합동원자핵연구소(JINR)와 첨단 원자로 연구소(RIAR), 미국 로렌스 리버모어 국립연구소(LLNL), 오크릿지 국립연구소(ORNL), 밴더빌트대학과 네바다 라스베이거스 캠퍼스의 공동연구로 합성됐다. 이 원소는 안정성의 섬 이론과 일치한다. 안정성의 섬은 질량이 큰 원소가 매우 불안정한 데 반해 양성자와 중성자수가 조건에 맞으면 질량이 커질수록 더 안정되고 수명이 길어진다는 이론이다.

oganesson

Og 118

294 g/mol

오가네손

[Rn]$5f^{14}6d^{10}7s^{2}7p^{6}$

2006년 러시아와 미국 공동연구팀이 캘리포늄(Cf)에 칼슘(Ca)을 충돌시켜 합성한 원소이다. 초우라늄 원소로 화학적 성질은 바로 위 라돈(Rn)과 비슷한 방사성 기체이다. 원소 중 가장 무겁고 존재하는 시간은 0.89ms이며, 리버모륨과 플레로븀과 같은 중간 원소를 거쳐 최종적으로 코페르니슘이 된다. 이 과정에서 113번에서 118번까지 여섯 개의 원소가 만들어진다. 이름은 러시아 핵물리학자 유리 오가네시안의 이름을 따왔다. 시보귬에 이어 두 번째로 생존해 있는 인물 이름을 따는 영광을 누렸다.